TURING 图灵程序设计丛书

# 图解算法和数据结构

[日] 大槻兼资 著　[日] 秋叶拓哉 审校

唐彬 译

人民邮电出版社

北　京

**图书在版编目（CIP）数据**

图解算法和数据结构 /（日）大槻兼资著 ；唐彬译. --
北京 ： 人民邮电出版社，2025. --（图灵程序设计丛书
）. -- ISBN 978-7-115-66282-8

Ⅰ. TP301.6-64；TP311.12-64

中国国家版本馆CIP数据核字第2025LX6175号

## 内 容 提 要

　　本书由具有丰富编程竞赛经验的作者撰写，荣获日本"2021年IT工程师图书特别大奖"。作为一本算法和数据结构的入门书，本书内容翔实、深入浅出，包含来自知名编程竞赛平台 AtCoder 的丰富例题和大量配以详细注释的 C++ 代码片段，不仅系统地讲解了常见的各类算法，而且通过图解、代码和思考题的方式提高读者的算法实践能力和问题解决能力。这既是一本入门书，能够激发初学者对算法的兴趣，又是一本注重实践的书，让想成为算法高手的读者在深入理解算法和数据结构的基础上快速掌握编程思维，终身受用。

　　本书既适合初学算法的读者，也适合希望深入掌握各类实用算法设计技术的读者阅读和参考。

◆ 著　　　　[日]大槻兼资
　　审　　校　[日]秋叶拓哉
　　译　　　　唐　彬
　　责任编辑　王军花
　　责任印制　胡　南
◆ 人民邮电出版社出版发行　　北京市丰台区成寿寺路11号
　　邮编　100164　电子邮件　315@ptpress.com.cn
　　网址　https://www.ptpress.com.cn
　　北京瑞禾彩色印刷有限公司印刷
◆ 开本：880×1230　1/32
　　印张：10.125　　　　　　　2025年4月第1版
　　字数：353千字　　　　　　2025年4月北京第1次印刷
　　著作权合同登记号　图字：01-2023-1920号

定价：109.80元
读者服务热线：(010)84084456-6009　印装质量热线：(010)81055316
反盗版热线：(010)81055315

## ● 审校者寄语

感谢你选择这本书。可能你是程序员或软件工程师，想要提升自己的水平，也可能你需要在大学课程中取得学分，或者想在编程比赛中获胜，学习算法的动机因人而异。不管你的动机是什么，我都真诚地支持你学习算法的想法。

信息技术仍在以令人目不暇接的速度发展。然而，在计算机科学的发展历程中，算法绝不是一个新兴的领域。与"人工智能""量子计算机"等每天出现在新闻中、被认为会改变世界的热门关键词相比，"算法"可能会给人一种平淡无奇的感觉。也许有人会怀疑，现在学习算法还有意义吗？难道不应该去学习更热门的技术吗？

但是，我坚信，软件工程或计算机科学领域的所有技术人员都应该牢固地掌握算法的基础。从根本上说，"算法"并不是一个能够与"人工智能"或"量子计算机"相提并论的关键词。然而，无论是从事人工智能研究，还是探索量子计算机，都需要理解本书中所教授的算法和计算复杂度理论的基础知识。而且，不同于那些瞬息万变的领域的知识，算法的基础知识可以令人终身受益，无论你从事哪个领域的工作，它都将成为你的基石和优势。

此外，算法的价值不仅仅在于作为一种知识储备，它还能直接提升日常编程的效率。当你能够将算法变成自己的工具，并且能自行选择合适的算法或设计所需的算法时，你解决问题的能力将大大提升。另外，许多编程语言的功能和标准库包含基础的算法和数据结构。通过了解这些机制，你可以更好地把握其性能特点和加速技巧，从而更加灵活地进行运用。

正如前面所述，算法绝不是一个新兴的领域。因此，市面上有许多算法入门书，其中不乏被誉为"名著"的作品。那么，你选择本书的理由是什么呢？事实上，本书在作为入门书涵盖重要基础知识的同时，具有相当个性化的结构。

本书的特点之一是，它不仅介绍了著名算法，还重点关注了算法的实际应用和设计。传统的算法书籍大多采用简单介绍著名算法的形式，对于那些已经知道"想要实现某种处理，可以使用某某算法"的读者来说，这类书籍非常有用。然而，我们在现实世界中遇到的问题往往没有那么简单。很多时候，我们可能不知道应该使用哪种算法或如何使用，甚至需要自己设计算法，或者根本不确定问题能被解决。针对这些更为复杂的情况，本书不仅介绍了著名的算法，还详细讲解了被称为"设计技巧"的算法设计方法，旨在帮助读者在更广泛的场景中运用算法的力量解决问题。

本书的另一特点是，特别注重传达算法的趣味性和美感。精心设计的算法在高效完成计算的过程中具有类似谜题的趣味性，每次理解时都会让人惊叹。此外，一些算法背后蕴含着深奥的离散数学理论，不仅展现了美妙的理论特性，还能够为算法之间的关系提供理论依据。本书在确保初学者能够理解的前提下，尽可能传达这种趣味性和美感。

我希望通过本书所掌握的算法力量能够对大家有所帮助。

秋叶拓哉

# ● 前　言

本书是为那些"希望将算法作为自己的工具"的读者编写的算法入门书。当你听到"算法"这个词时，脑海里会浮现出怎样的画面呢？如果你是信息类专业的学生，可能会觉得算法是课程中必学的内容之一。即便你从未学习过算法，可能也听说过，如今在全球范围内使用的搜索引擎、导航系统等各种服务都依赖于精心设计的算法。实际上，算法是支撑信息技术的核心。计算机科学中有许多重要领域，无论哪个领域，都与算法有着某种关联。对于学习计算机科学的人来说，算法是无法绕开的必修课。

学习算法不仅仅是吸收知识，更是拓展解决世间各种问题的方法。算法本质上是"解决问题的步骤"。只有当你不仅了解算法的具体运行方式，还能用其解决实际问题时，才能称得上真正学会了算法。

近年来，作为使用算法解决问题的训练场，AtCoder 等平台举办的编程竞赛备受关注。AtCoder 举办的竞赛围绕"提出类似谜题的问题，并设计和实现解决这些问题的算法"这一核心进行。本书精心挑选了 AtCoder 过去的竞赛题作为例题，帮助读者学习算法的实用设计技巧。章末思考题也大量采用了编程竞赛的历年真题。

有关注册 AtCoder 账号以及提交源代码的方法请参见标题为《注册 AtCoder 后下一步该做什么——只要解答这 10 道精选真题即可轻松应对挑战》的文章。这篇文章已发布在面向程序员的技术信息共享平台 Qiita 上。此外，我还在 Qiita 上发布了许多关于算法的文章。本书是在总结这些内容的基础上，通过图表扩充解说并添加一些新话题编写而成的。

自从开始学习算法，我对世间各种问题的看法便发生了革命性的变化。在学习算法之前，我总是把解决问题的过程想象成类似于高中数学中的公式那样提供解决方案，也就是下意识地认为，解决问题就是获得该问题的具体且明确的答案。然而，学习算法之后，我逐渐意识到，即使无法直接写出具体的解，只要能够提供获得解的步骤，也可以视为解决了问题。这种新的视角让我感到解决问题的手段得到了极大的扩展。我希望通过本书与读者分享这种全新的感受。如果你能在本书中体验到设计和实现算法的乐趣，那将是我最大的欣慰。

大槻兼资

## ● 本书的结构

本书的结构如图 1 所示。

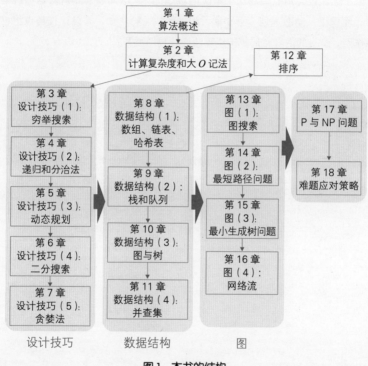

**图1　本书的结构**

首先，第 1 章和第 2 章将分别对算法和计算复杂度进行概述。接下来，第 3～7 章构成了本书的核心部分，将详细讲解算法的设计技巧。许多书通常会在最后简单介绍这些设计技巧，而本书旨在提高读者解决现实世界问题的算法设计能力，因此，本书在前半部分详细讲解算法设计技巧，并展示这些技巧如何在后半部分的各个章节中得到广泛应用。

随后，第 8～11 章将介绍在有效实现设计的算法时至关重要的数据结构。

通过学习数据结构，你不仅可以改善算法的计算复杂度，还可以深入理解 C++、Python 等语言提供的标准库的机制，从而更有效地利用这些工具。

接着，在第 12 章简要介绍排序算法后，第 13～16 章将深入讲解图算法。图是一种非常强大的数学工具，通过将问题转换为与图相关的问题，可以更清晰地进行处理。此外，在设计图算法时，第 3～7 章介绍的设计技巧以及第 8～11 章讲解的数据结构将在各个环节发挥重要作用。

最后，在第 17 章中，我们将探讨 P 与 NP 问题，了解在这个世界上存在许多"似乎无法设计出有效算法来解决的难题"。第 18 章将总结应对这些难题的策略。在这里，动态规划（第 5 章）和贪婪法（第 7 章）等设计技巧也将再次发挥作用。全书的内容布局都围绕算法设计技巧展开。

# ● 本书的使用方法

在此总结一下本书的内容以及学习过程中需要注意的事项。

## ■ 本书的内容

本书不仅仅对算法的运行方式进行解释，更注重从"如何设计出优良的算法"这一视角进行探讨。

无论你是初次学习算法的读者，还是希望掌握对各类企业的研发工作有帮助的实用算法设计技巧的读者，都能从本书中获得广泛的帮助与乐趣。

## ■ 阅读本书所需的预备知识

本书假设你已经掌握高中数学知识，并且有一定的编程经验。部分内容可能需要较高的数学理解能力，对于初学者来说较为困难，这些章节我们已经标注了星号（*）。

此外，书中的源代码均使用 C++ 编写。不过，我们仅使用了基本的功能，所以只要有编程经验，阅读起来就不会有太大困难。C++ 特有的功能中，本书使用了以下几项。

- std::vector 等 STL 容器。
- std::sort() 等标准库函数。
- const 修饰符。
- 模板。
- 指针。
- 引用传递。
- 结构体。

如果在学习过程中遇到无法解决的问题，或者希望更系统地学习 C++ 的基础知识，可以参考 AtCoder 上的 C++ 入门教程 APG4b（https://atcoder.jp/contests/APG4b）。通过系统学习，你可以掌握实现算法所必需的基础知识。

## ■ 本书使用的编程语言和运行环境

本书使用 C++ 编写算法。我们会使用 C++11 及其后续版本的一些功能，如下所示。

- 范围 for 循环。
- 使用 auto 进行类型推断（仅在范围 for 循环中使用）。
- 像 std::vector<int> v = {1, 2, 3}; 这样的 vector 类型变量的初始化。
- 使用 using 声明类型别名。
- 模板实例化时，连续的右尖括号之间不再需要空格。
- std::sort() 的计算复杂度为 $O(N \log N)$[①]，且这一点在标准中得到了保证。

请注意，本书中的大部分源代码仅在使用 C++11 及其后续版本的情况下才能编译成功。此外，本书中提供的所有 C++ 源代码都已在 Wandbox 上的 gcc 9.2.0 环境中运行通过。你可以在作者的 GitHub 页面上找到本书的所有源代码，链接为：https://github.com/drken1215/book_algorithm_solution。你也可以访问图灵社区本书主页下载相关资源，链接为：http://ituring.cn/book/2988。

## ■ 本书的思考题

我们在每章的末尾都准备了思考题，从用于验证理解的简单问题，到需要独立解决的高难度问题，题目的难度跨度较大。思考题的难度分为 5 个等级，具体如表 1 所示。思考题的答案已发布在作者的 GitHub 页面上，你可以通过以下链接查看（在前述图灵社区本书主页下载的资源文件中包含思考题答案的中文版）：

https://github.com/drken1215/book_algorithm_solution

表 1　本书思考题的难易度指南

| 难易度等级 | 难易度说明 |
| --- | --- |
| ★☆☆☆☆ | 为确认你对所讲解主题的理解而设立的问题 |
| ★★☆☆☆ | 为加深你对所讲解主题的理解而设立的问题 |
| ★★★☆☆ | 用于进一步深入探讨所讲解主题的问题 |

---

① 根据 ISO 80000-2: 2019 "Quantities and units-Part 2: Mathematics"，$\log_a x$ 的底数若无须注明，则可省略不写，直接写为 $\log x$。——编者注

| 难易度等级 | 难易度说明 |
| --- | --- |
| ★★★★☆ | 关于所讲解主题的非常难的问题。你可能难以独立解决，但解决此类问题将大大加深你的理解 |
| ★★★★★ | 难度极高的问题。你几乎无法在不了解解法的情况下独立解决，如感兴趣，可以自行查阅相关资料 |

## ■ AtCoder 简介

最后，我想介绍一下 AtCoder，这是一个近年来广受关注的、有趣的算法学习平台。AtCoder 举办的竞赛围绕"提出类似谜题的问题，并设计和实现解决这些问题的算法"这一核心展开。参与者根据竞赛成绩获得相应的评分，这也可以作为算法技能的证明。此外，参与者可以随时自由解答竞赛中提出的问题。参与者需要设计出解决问题的算法并将其实现，然后提交源代码，系统会根据预先准备的多个输入案例判断参与者的代码是否输出了正确的结果。这种在线判题服务的优势在于，不仅能让参与者在理论上解决问题，还可以立即验证其设计的算法是否正确。提供类似的在线判题服务的还有由会津大学运营的 AOJ（Aizu Online Judge）。本书将利用这些平台中的历年真题，帮助读者锻炼实用的算法设计技能。

# ● 目 录

**推荐书目（图灵社区下载）**

# 第 1 章

# 算法概述

## 1.1 ● 算法是什么

　　算法（algorithm）是解决问题的方法或过程。乍一看，你可能会觉得这是一个很难理解的概念，与我们的生活无关，但其实它离我们的生活很近。举个简单的例子，比如猜年龄游戏。

> **猜年龄游戏**
>
> 　　你想猜一下初次见面的 A 女士的年龄。假设已知 A 女士的年龄在 20～35 岁。
>
> 　　你最多可以问 A 女士 4 次答案为"是"或者"否"的问题，然后猜出 A 女士的年龄。如果猜对，那你就赢了；如果猜错，那你就输了。
>
> 　　你能在这个猜年龄游戏中胜出吗？

　　如图 1.1 所示，A 女士的年龄选项有 16 个，分别是 20、21……35。大多数人能够立即想到的方法是依次问"你是 20 岁吗？""你是 21 岁吗？""你是 22 岁吗？""你是 23 岁吗？"……直到得到肯定回答。但是，这种方法最坏的情况是一共需要问 16 次。具体来说，如果 A 女士是 35 岁，那么直到第 16 次你问"你是 35 岁吗？"才会得到肯定回答。因为最多只能问 4 次，所

图 1.1　猜年龄游戏

以你将输掉这个游戏。

因此，我们需要思考更高效的方法。首先问对方："你未满 28 岁吗?"根据
A 女士的回答，我们可以进行如下思考（见图 1.2）。

**图 1.2　将选项范围缩小一半的思考方式**

- 回答"是"的情况：可以看出 A 女士的年龄在 20～27 岁。
- 回答"否"的情况：可以看出 A 女士的年龄在 28～35 岁。

任何一个答案都会将选择范围缩小一半。于是，问之前的 16 个选项变成了 8 个。

同样，第 2 个问题可以将选项由 8 个减少为 4 个。具体来说，如果知道了
A 女士的年龄在 20～27 岁，应该问她是否未满 24 岁；如果 A 女士的年龄在
28～35 岁，应该问她是否未满 32 岁。接着，第 3 个问题会将选项减少为 2 个，
第 4 个问题会将选项变为 1 个。如果 A 女士是 31 岁，你可以使用表 1.1 所示的
流程猜测 A 女士的年龄。

**表 1.1　猜测 A 女士年龄的流程（A 女士 31 岁时的情况）**

| 说话者 | 对　话 | 备　注 |
| --- | --- | --- |
| 你 | 你未满 28 岁吗 | |
| A 女士 | 否 | 范围缩小到 28～35 岁（28、29、30、31、32、33、34、35 岁），从中切开 |
| 你 | 你未满 32 岁吗 | |

| 说话者 | 对　话 | 备　注 |
|---|---|---|
| A 女士 | 是 | 范围缩小到 28～31 岁（28、29、30、31 岁），从中切开 |
| 你 | 你未满 30 岁吗 | |
| A 女士 | 否 | 范围缩小到 30～31 岁（30、31 岁），从中切开 |
| 你 | 你未满 31 岁吗 | |
| A 女士 | 否 | |
| 你 | 你是 31 岁 | |
| A 女士 | 正确 | |

这是 A 女士 31 岁时的情况。即使遇到其他情况，用同样的方法问 4 个问题（见思考题 1.1）也能猜出其年龄。换句话说，只要知道 A 女士的年龄在 20～35 岁，我们就可以通过将年龄选项"从中切开、缩小范围"的方法来猜测年龄。

这种"从中切开、缩小范围"的方法对应于一种叫作二分搜索法（binary search method）的算法。这里以猜年龄游戏为例做了介绍，但它实际上是计算机科学中无处不在的、很重要的基础算法。有趣的是，如此重要的算法不仅在计算机上有效，而且在猜年龄等游戏中也可以发挥作用。我们将在第 6 章中详细介绍二分搜索法。

需要注意的是，依次问"你是 20 岁吗?""你是 21 岁吗?""你是 22 岁吗?""你是 23 岁吗?"等是一种低效但值得肯定的方法。这种按顺序检查选项的方法对应于线性搜索法（linear search method）。关于线性搜索法，我们将在 3.2 节中详细说明。

利用算法的一大优点是，无论是特定问题还是任何具体案例，我们都能够以相同的方式找到答案。在前面所说的猜年龄游戏中，无论 A 女士的年龄是 20 岁、26 岁、31 岁还是其他，我们都可以用同样的方法（将年龄选项"从中切开、缩小范围"）来猜出年龄。这样的算法系统在现实世界中无处不在。例如，只要你使用了汽车导航系统，无论身在何处，它都会告诉你到目的地的路线；只要你有银行账户，无论你存取多少钱（在允许范围内），都可以正确地实现。此类系统都是以算法为基础的。

## 1.2 ● 算法示例（1）：深度优先搜索和广度优先搜索

在本书中，我们将考虑许多问题并研究解决这些问题的算法。在本节中，我们对一些算法进行简要介绍，首先谈谈搜索这一概念，因为它是所有算法的基础。

### 1.2.1 从虫食算谜题中学习深度优先搜索

我们将使用如图 1.3 所示的虫食算谜题来介绍深度优先搜索（depth-first search，DFS）。虫食算是一种数字谜题，要求将 0～9 的数字填入方框中，使算式完整[①]。注意，不能将 0 放在每行开头的方框中。

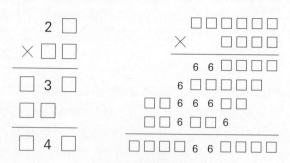

**图 1.3　虫食算谜题**

在深度优先搜索中，对于无数可能的选择，会做出临时决策并持续推进，然后重复这个过程。如果出现矛盾，会后退一步并尝试下一个选项。图 1.4 是通过深度优先搜索求解图 1.3 左侧的虫食算谜题的过程。首先，假设算式右上角的方框里为 1。然后，假设它下面的方框里是 1。然而，这与图 1.4 中蓝色显示的"3"相矛盾。于是假设其为其他值，如果仍有矛盾，则后退一步并尝试下一个数字。如此重复上述搜索。

由此可见，深度优先搜索就是一种重复"向前推进"的动作，直到"走不通"，然后回溯，尝试下一个选项的搜索算法。它基本上是一种依靠蛮力（穷尽式）的搜索算法，但是通过设计搜索顺序可以显著提升性能，这一点对我们来说还是很有吸引力的。深度优先搜索是很多算法的基础，有着广泛的应用场景，举例如下。

- 解决数独等难题。
- 它是游戏搜索的基础，可用于计算机将棋软件等。
- 实现拓扑排序，这是一种排列事物顺序关系的技术（详见 13.9 节）。
- 若在执行过程中逐步记录搜索结果，则可以变成动态规划（详见第 5 章）。
- 作为网络流算法的子程序而发挥作用（详见第 16 章）。

值得注意的是，通过将深度优先搜索视为在图上的搜索，可以使问题更加清晰。关于图搜索，我们将在第 13～16 章进行详细解释。

---

① 虫食算谜题通常被设计成只存在一个答案。

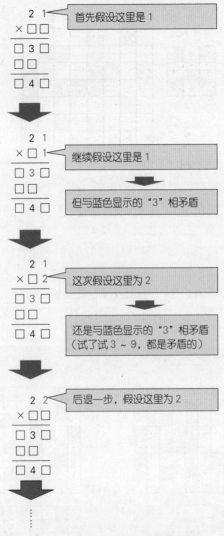

图 1.4　深度优先搜索的示意图

## 1.2.2　从迷宫中学习广度优先搜索

本节我们将使用图 1.5 所示的迷宫来介绍广度优先搜索（breadth-first search，BFS）。假设你想从头（S 方格）走到尾（G 方格），你可以从当前方格移动到上下左右相邻的方格，但是不能进入棕色方格。从 S 方格到 G 方格的最少步数是多少？

图 1.5　迷宫的最短路径问题

　　针对这个迷宫问题的广度优先搜索流程如图 1.6 所示。首先，如图 1.6 左上图所示，在从 S 方格走一步可以到达的方格中写上 "1"。接下来，如图 1.6 右上图所示，在从 "1" 方格走一步可以到达的方格中写上 "2"。这些也是从 S 方格走两步就可以到达的方格。然后，如图 1.6 左下图所示，在从 "2" 方格走一步可以到达的方格中写上 "3"，如此反复，直到最终到达 G 方格，如图 1.6 右下图所示。可见，G 方格中为 "16"。这意味着从 S 方格到 G 方格的最少步数是 16，也就是最短路径长度为 16。另外，请注意，此搜索可以找到从 S 方格到任意方格的最短路径，而不仅仅是 G 方格。

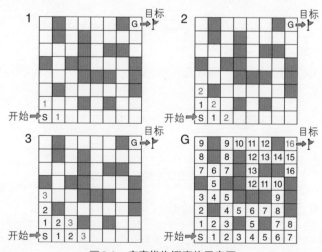

图 1.6　广度优先搜索的示意图

　　如上所述，广度优先搜索是一种 "从出发点附近开始按顺序搜索" 的算法。首先搜索从出发点走一步可以到达的所有地方，完成后再搜索从出发点走两步可以到达的所有地方，接着搜索走三步可以到达的地方，以此类推，直至搜索完所有地方。广度优先搜索与深度优先搜索一样，也是一种穷尽式的搜索算法，但它在"希望知道达成某个目标的最少步骤"的场景中非常有效。同样，将广度优先搜索视为图上的搜索有助于我们理解。相关内容将在第 13~16 章中介绍。

## 1.3 ● 算法示例（2）：匹配

在现代社会，"匹配"这个词无处不在。考虑以下匹配问题。如图 1.7 所示，假设有若干男士和女士，在可以配对的两人之间画一条线。当尝试尽可能多地配对时，最多可以组成多少对？答案是 4 对，如图 1.7 右侧所示。

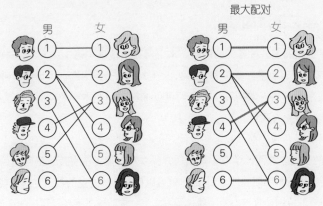

图 1.7　配对问题

像这样思考两个范畴之间联系的问题在互联网广告分发、推荐系统、匹配应用、轮班调度等应用中都有重要的意义，在现实世界中无处不在。第 16 章将详细介绍解决该问题的算法。

## 1.4 ● 算法的描述方法

要将设计的算法以能够让他人理解的形式进行描述，有哪些方法可以考虑呢？到目前为止，以下算法都已用简单的语言进行了解释。

- 猜年龄游戏的线性搜索法和二分搜索法。
- 针对虫食算谜题的深度优先搜索。
- 针对迷宫问题的广度优先搜索。

虽然文本描述可以有效地给出算法行为的广泛意义，但在描述复杂行为时，细节往往会被掩盖。因此，当想要准确地向人们传达一个算法时，我们会采取诸如使用实际的编程语言来描述它的措施。

现在，许多书在描述算法时使用被称为"伪代码"的方法。它采用了"将if循环、for循环和while循环等程序描述抽象化，并与文字解释相结合"的风格。然而，在本书中，我们将算法描述为在计算机上实际运行的程序，这是出于希望将学习到的算法用于解决实际问题的想法。具体来说，就是使用编程语言C++来描述算法，还会提及一部分基于Python的实现方法。本书发布的所有源代码都是在计算机上实现和运行的源代码。关于运行环境等，请参阅"本书的使用方法"。

## 1.5 ● 学习算法的意义

世界上充满了各种各样的问题。本书对穷举搜索（第3章）、动态规划（第5章）、二分搜索（第6章）和贪婪法（第7章）等技术进行了详细解释。通过根据问题来设计出有效的算法，我们可以加深对问题本身的理解，拓宽看待解决问题这一行为的视角。

在我学习算法之前，我把解决问题的行为想象成给出一个类似高中数学中"公式"的东西。然而，学习了算法后，我发现即使无法直接给出问题的具体答案，只要能提供解决问题的"步骤"，就可以拥有一种有益的视角，这种观点拓展了解决问题的范围。我衷心希望通过学习本书，你能够掌握各种算法的设计技巧。

● ● ● ● ● ● ● ● ● ● ● **思考题** ● ● ● ● ● ● ● ● ● ● ●

**1.1** 在猜年龄游戏中，对于A女士的年龄在20～35岁的每一种情况，使用二分搜索法猜出其年龄。（难易度★☆☆☆☆）

**1.2** 在猜年龄游戏中，假设A女士的年龄选项有100个，即0～99岁。若你想通过重复答案为"是"或者"否"的问题来猜测它，6次能猜对吗？或者，7次可以猜对吗？（难易度★★☆☆☆）

**1.3** 找到图1.3左侧虫食算谜题的答案。（难易度★☆☆☆☆）

**1.4** 找到图1.3右侧虫食算谜题的答案。（难易度★★★★☆）

**1.5** 针对图1.6所示的迷宫，讨论如何在给定右下图数字信息的情况下，重建从方格S到方格G的最短路径。（难易度★★★☆☆）

**1.6** 选择一种你喜欢的算法，看看它是如何应用于现实问题的。

# 第 **2** 章

# 计算复杂度和大 *O* 记法

本章介绍计算复杂度的相关知识。计算复杂度是衡量算法质量的重要指标。它可能看起来很难，但是一旦你掌握了它，就会觉得它非常容易使用。无须在计算机上实际执行设计的算法，通过计算复杂度你就能够粗略估计计算时间。在讨论使用哪种算法时，它也很有用。

## 2.1 • 计算复杂度是什么

一般来说，解决一个问题的算法有很多种。因此，我们需要一个标准来判断哪种算法更好。一个特别重要的标准是计算复杂度（computational complexity）。当你掌握它后，将有以下优势。

### 掌握计算复杂度的优势

无须对尝试实现的算法进行实际编程，就可以粗略估计其在计算机上运行所需的时间。

首先，我们看看针对具体的问题，使用不同的算法会引起多大的计算时间差异。第 1 章开头讨论的猜年龄游戏有两种不同的解决方法。

### 猜年龄游戏（再现）

你想猜一下初次见面的 A 女士的年龄。假设已知 A 女士的年龄在 20～35 岁。

你最多可以问 A 女士 4 次答案为"是"或者"否"的问题，然后猜出 A 女士的年龄。如果猜对，那你就赢了；如果猜错，那你就输了。

你能在这个猜年龄游戏中胜出吗？

一种方法是依次问"你是 20 岁吗？""你是 21 岁吗？""你是 22 岁吗？"……直到得到肯定回答。另一种方法是使用"从中切开、缩小范围"的方法。前者称为线性搜索法，后者称为二分搜索法。前一种方法在最坏的情况下需要问 16 次，而后一种方法只需问 4 次就可以猜出年龄。在此做进一步讨论。在这个猜年龄游戏中，A 女士的年龄有 16 个可能的选项，若将选项范围扩大到 $0 \sim 65535$[①] 会怎么样？此时，A 女士的年龄选项为 65536 个。那么，用线性搜索法和二分搜索法猜测 A 女士的年龄需要问的次数分别如下。

- 线性搜索法：65536 次（最坏情况）。
- 二分搜索法：16 次。

区别如此之大！请想一想为什么用二分搜索法只需要问 16 次[②]？

在猜年龄游戏中，实际上并不会处理像 65536 这样庞大的数据量。然而，在每天收集大量数据的当今世界，我们经常面临规模庞大的问题。很多人日常使用的数据库通常有 $10^5$ 条以上的数据量。2008 年 7 月 25 日，谷歌官方宣布其搜索引擎索引的网页数量已达 $10^{12}$。在处理各种问题时，处理的数据量越大，越需要设计对计算时间影响较小的算法。另外，如果可能，在实施设计的算法之前最好能够粗略估计计算时间。计算复杂度作为一个"规则"，能够使我们在不实际实现算法的情况下粗略估计计算时间。

## 2.2 ● 计算复杂度的大 $O$ 记法

在 2.1 节中，我们讨论了"随着数据量的增加，算法的计算时间将如何增加"的重要性。本节将进行深入剖析。

### 2.2.1　计算复杂度的大 $O$ 记法的思考

首先，我们以程序 2.1 和程序 2.2 作为一个简单的例子来说明[③]。改变 $N$ 的值，测量使用 for 循环进行迭代处理所需的计算时间。我们分别进行了单重和双重的 for 循环，结果如表 2.1 所示。对于耗时超过 1 h 的部分，终止处理，写成 ">3600"[④]。

---

① 65535 岁实际上是一个不太可能的设定，为了举例，我们暂且假设存在这种情况。
② 请注意 $2^{16}=65536$ 这一点。
③ 2.1 节的线性搜索法和二分搜索法是解决相同问题的不同算法，但程序 2.1 和程序 2.2 并没有特定的相关性。
④ 用于计算的计算机是 MacBook Air（13-inch，Early 2015），处理器为 1.6 GHz Intel Core i5，内存为 8 GB。

## 程序 2.1　单重的 for 循环（$O(N)$）

```
1   #include <iostream>
2   using namespace std;
3
4   int main() {
5       int N;
6       cin >> N;
7
8       int count = 0;
9       for (int i = 0; i < N; ++i) {
10          ++count;
11      }
12  }
```

## 程序 2.2　双重的 for 循环（$O(N^2)$）

```
1   #include <iostream>
2   using namespace std;
3
4   int main() {
5       int N;
6       cin >> N;
7
8       int count = 0;
9       for (int i = 0; i < N; ++i) {
10          for (int j = 0; j < N; ++j) {
11              ++count;
12          }
13      }
14  }
```

表 2.1　随着 $N$ 的增加，计算时间（单位：s）也增加

| $N$ | 程序 2.1 | 程序 2.2 |
|---|---|---|
| 1000 | 0.0000031 | 0.0029 |
| 10000 | 0.000030 | 0.30 |
| 100000 | 0.00034 | 28 |
| 1000000 | 0.0034 | 2900 |
| 10000000 | 0.030 | > 3600 |
| 100000000 | 0.29 | > 3600 |
| 1000000000 | 2.9 | > 3600 |

从表 2.1 可以看出，由于算法不同，计算时间随着 $N$ 的增加而增加的方式存在很大差异。对于单重的 for 循环程序 2.1，计算时间大致与 $N$ 成正比。换言

之，当 $N$ 增加 10、100、1000 倍时，计算时间增加约 10、100、1000 倍。对于双重的 for 循环程序 2.2，计算时间大致与 $N^2$ 成正比。换言之，当 $N$ 增加 10、100、1000 倍时，计算时间增加约 100、10000、1000000 倍。此时，可以做如下表述。

- 程序 2.1 的计算复杂度是 $O(N)$。
- 程序 2.2 的计算复杂度是 $O(N^2)$。

这种表示法称为 Landau 的大 $O$ 记法[①]，有时称为大 $O$ 符号。Landau 的大 $O$ 记法的确切定义将在 2.7 节中详细说明，目前只需理解以下粗略的解释即可。

> **计算复杂度和大 $O$ 记法**
>
> 算法 $A$ 的计算时间 $T(N)$ 大致与 $P(N)$ 成正比可表示为 $T(N)=O(P(N))$，算法 $A$ 的计算复杂度即为 $O(P(N))$。

接下来，我们考虑一下为什么程序 2.1 和程序 2.2 的计算时间分别与 $N$ 和 $N^2$ 大致成正比。请注意，这不是进行严格论证，只是一般性的讨论。

### 2.2.2　程序 2.1 的计算复杂度

为什么程序 2.1 的计算时间与 $N$ 大致成正比？我们来统计一下在 for 循环中，变量 count 的自增[②]过程（++count）执行的次数。假设索引 $i$ 可以取的值为：

$$i=0, 1, \cdots, N-1$$

$i$ 的值一共为 $N$ 个，所以 ++count 执行 $N$ 次，最后 count 的值为 $N$。由上可知，程序 2.1 的计算时间大致与 $N$ 成正比。实际上，在对索引 $i$ 进行枚举时，初始化（i＝0）、判定 $i$ 是否小于 $N$（i＜N），以及执行递增（++i）等操作都需要时间。这些过程执行的次数分别如下。

- i＝0：1 次。
- i＜N 的判断：$N+1$ 次（注意最后 $i＝N$ 时也要判断）。
- ++i：$N$ 次。

---

① 　$O$ 是 Order 的首字母。
② 　对变量进行递增是指将变量的值增加 1，而将变量的值减少 1 则称为递减。

加上自增变量 count 的执行次数,总次数约为 $3N+2$ 次[1]。事实证明,它与 $N$ 大致成正比。你可能会担心"+2"项,如果 $N$ 足够大,"+2"部分几乎可以忽略不计。你可以通过高中数学中计算极限的以下公式理解这个概念。

$$\lim_{N \to \infty} \frac{3N+2}{N} = 3$$

### 2.2.3　程序 2.2 的计算复杂度

下面考虑为什么程序 2.2 的计算时间与 $N^2$ 大致成正比。和以前一样,计算变量 count 递增的次数。为此,需要计算 for 循环的索引组合 $(i, j)$ 有多少种可能。图 2.1 显示了 $N=5$ 时的情况。由于对于每个 $i=0, 1, 2, \cdots, N-1$,都有 $j=0, 1, 2, \cdots, N-1$ 的处理,因此 ++count 将执行 $N^2$ 次。由上可知,程序 2.2 的计算复杂度为 $O(N^2)$。

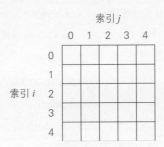

图 2.1　双重 for 循环的示意图

### 2.2.4　计算复杂度的实际计算方法

当某个算法的计算时间 $T(N)$ 表示为 $T(N)=3N^2+5N+100$ 时,应该如何表示它的计算复杂度呢?可以使用具体的说法,比如"该算法在大小为 $N$ 的输入上需要 $3N^2+5N+100$ 的计算时间"。但是,这种具体的说法会随着计算机环境和编程语言的不同而变化,也会随着编译器的不同而变化。为了解决这个问题,在讨论算法的计算时间时最好避免常量倍数和低次项的影响。这时 Landau 的大 $O$ 记法就派上了用场。

---

[1]　实际上,"i<N 的判断"和"++i"所需的时间不一定相等,还受到计算机环境和使用的编译器的影响。但在这里,为简单起见,我们假设它们需要固定的时间。

$$\lim_{N \to \infty} \frac{3N^2 + 5N + 100}{N^2} = 3$$

考虑到以上公式，可以认为 $T(N)$ 与 $N^2$ 大致成正比。我们将其表示为 $T(N) = O(N^2)$。我们也可以说这个算法的计算复杂度为 $O(N^2)$。在实际应用中，可以通过以下步骤获得计算复杂度。

1. 对于 $3N^2 + 5N + 100$，去掉最高次项以外的项得到 $3N^2$。
2. 忽略 $3N^2$ 的系数，令其为 $N^2$。

### 2.2.5　用大 $O$ 记法表示计算复杂度的原因

用大 $O$ 记法表示计算复杂度，使其不受常量倍数和低次项的影响，这不仅可以解决 2.2.4 节所述问题，实际上也是评估算法计算时间的有效标尺。我们以 $T(N) = 3N^2 + 5N + 100$ 为例来说明。

首先，随着 $N$ 的增加，去掉最高次项以外的项的原因变得很清楚。随着 $N$ 的增加，$N^2$ 变得比 $N$ 大得多（见图 2.2）。你可以通过代入 $N = 100000$ 清楚地看到这一点。

$$3N^2 + 5N + 100 = 30000500100$$

$$3N^2 = 30000000000$$

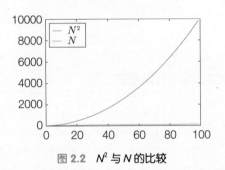

图 2.2　$N^2$ 与 $N$ 的比较

接下来，我们解释忽略系数，令 $3N^2$ 为 $N^2$ 的原因。当然，系数的差异在追求极限速度的情况下是很重要的。然而，在前期，系数的差异几乎可以忽略不计。例如，对于一个需要 $N^3$ 个计算步骤的算法，假设可以得到一个系数为 10 倍，但阶数较小，即需要 $10N^2$ 个计算步骤的算法。如果 $N = 100000$，则有：

$$N^3 = 1000000000000000$$
$$10N^2 = 100000000000$$

显然，$10N^2$ 比 $N^3$ 小得多。由此可见，即使系数变为 10 倍，阶数的降低仍然可以带来性能的巨大提升。

因此，为了缩短算法的计算时间，降低计算复杂度比关注系数更重要。

## 2.3 ● 计算复杂度的示例（1）：偶数的枚举

我们看一些计算特定算法的计算复杂度的示例。第一个示例是输入一个正整数 $N$ 并输出所有小于或等于 $N$ 的正偶数。这可以通过程序 2.3 来实现。

**程序 2.3　偶数的枚举**

```
 1  #include <iostream>
 2  using namespace std;
 3
 4  int main() {
 5      int N;
 6      cin >> N;
 7
 8      for (int i = 2; i <= N; i += 2) {
 9          cout << i << endl;
10      }
11  }
```

评估该算法的计算复杂度。for 循环的迭代次数为 $N/2$ 次（四舍五入到最接近的小数点）。由于计算时间大致与 $N$ 成正比，因此计算复杂度可以表示为 $O(N)$。

## 2.4 ● 计算复杂度的示例（2）：最近点对问题

本节介绍一个计算时间为稍显复杂的多项式的例子，我们将使用穷举搜索法处理在二维平面上的 $N$ 个点中找到最近的两个点的问题。

> **最近点对问题**
>
> 　　给定一个正整数 $N$ 和 $N$ 个坐标值 $(x_i, y_i)$（$i = 0, 1, \cdots, N-1$）。找出最近的两个点之间的距离。

我们通过计算所有点对的距离并输出其中最小的值来解决这个问题。这可以通过程序 2.4 来实现。

**程序 2.4  针对最近点对问题的穷举搜索**

```cpp
1   #include <iostream>
2   #include <vector>
3   #include <cmath>
4   using namespace std;
5
6   // 求得两点（x1，y1）和（x2，y2）之间距离的函数
7   double calc_dist(double x1, double y1, double x2, double y2) {
8       return sqrt((x1 - x2) * (x1 - x2) + (y1 - y2) * (y1 - y2));
9   }
10
11  int main() {
12      // 接收输入数据
13      int N; cin >> N;
14      vector<double> x(N), y(N);
15      for (int i = 0; i < N; ++i) cin >> x[i] >> y[i];
16
17      // 将要求解的值初始化为一个足够大的值
18      double minimum_dist = 100000000.0;
19
20      // 搜索开始
21      for (int i = 0; i < N; ++i) {
22          for (int j = i + 1; j < N; ++j) {
23              // （x[i]，y[i]）和（x[j]，y[j]）之间的距离
24              double dist_i_j = calc_dist(x[i], y[i], x[j], y[j]);
25
26              // 将暂定最小值 minimum_dist 和 dist_i_j 进行比较
27              if (dist_i_j < minimum_dist) {
28                  minimum_dist = dist_i_j;
29              }
30          }
31      }
32
33      // 输出答案
34      cout << minimum_dist << endl;
35  }
```

首先，第 21 行的 for 循环表示按 $N$ 的顺序测试点对的第一个点（假设索引为 $i$）。接下来，第 22 行的 for 循环表示依次测试第二个点（假设索引为 $j$）。这里，待检查的索引 $i$ 和 $j$ 的范围如图 2.3 所示。请注意，索引 $j$ 的移动范围是"从 $i+1$ 到 $N-1$"，而不是"从 0 到 $N-1$"。当然，$j$ 若"从 0 到 $N-1$"也能推导出正确答案，但是在如下情况下，需要重复求解两者，导致浪费时间。因此，

检查满足 $i<j$ 的 $i$ 和 $j$ 就足够了。

- $i=2$，$j=5$ 的时候：$(x_2, y_2)$ 和 $(x_5, y_5)$ 的距离。
- $i=5$，$j=2$ 的时候：$(x_5, y_5)$ 和 $(x_2, y_2)$ 的距离。

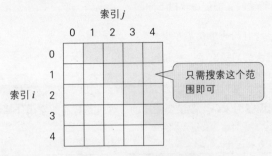

图 2.3　应该搜索的范围

下面求出这个算法的计算复杂度。考虑针对第一个 `for` 循环中每个索引 $i=0, 1, \cdots, N-1$ 的第二个 `for` 循环的迭代次数，我们得到：

- 当 $i=0$ 时，$N-1$ 次（$j=1, 2, \cdots, N-1$）
- 当 $i=1$ 时，$N-2$ 次（$j=2, \cdots, N-1$）
- ……
- 当 $i=N-2$ 时，$1$ 次（$j=N-1$）
- 当 $i=N-1$ 时，$0$ 次

因此，`for` 循环的迭代次数 $T(N)$ 为

$$T(N) = (N-1) + (N-2) + \cdots + 1 + 0 = \frac{1}{2}N^2 - \frac{1}{2}N \text{①}$$

如果我们忽略 $T(N)$ 中的非最高次项，同时忽略最高次项的系数，则得到 $N^2$，因此该算法的计算复杂度可以表示为 $O(N^2)$。

此外，还有一种基于分治法（divide-and-conquer method）的针对最近点对问题的算法，该算法的计算复杂度为 $O(N \log N)$。本书不再介绍细节，感兴趣的读者请阅读推荐书目 [5] 中的"分治法"一章。关于分治法，本书 4.6 节和 12.4 节中有简要说明。

---

① 通过从 $N$ 个物品中选择 2 个的组合数量为 $C(N, 2) = 1/2\,N(N-1)$，也可以得出这个结果。

## 2.5 ● 计算复杂度的使用

本节将说明在针对实际问题设计算法时如何应用计算复杂度。需要注意的是，本节内容强烈依赖于计算执行环境，并不具有普遍性。但大概了解这些内容非常重要。在设计算法时，需要确认以下问题。

- 计算执行时间的限制是多少？
- 你想解决的问题有多大规模？

知道了这些，就可以反算出需要的计算复杂度。这里，我们暂时将计算执行时间的限制设置为 1 s[①]。假设要使用的计算机是普通的家用计算机，以下指南会有所帮助[②]。

> **1 s 内可以处理的计算步数**
>
> 1 s 内可以处理的计算步数约为 $10^9$，即 1000000000。

事实上，根据表 2.1，当 N=1000000000 时，for 循环的 N 次迭代所需的计算时间为 2.9 s。

表 2.2 显示了具有各阶数计算复杂度的算法在输入大小不同的 N 时出现的计算步数的变化（忽略常量倍数的差异）。值为 $10^9$ 或更大的部分表示为 "–"。另外，这里出现了 $O(\log N)$、$O(N \log N)$ 等计算复杂度，在本书中，对数 log 的底数如无特殊说明均假定为 2。对于实数 $a$（$a>1$），以下底数的换算公式成立，所以即使换底数，也只是常量倍数之差。

$$\log_a N = \frac{\log_2 N}{\log_2 a}$$

因此，在计算复杂度的大 O 记法中，底数的差异可以忽略不计。

表 2.2　N 与计算步数的关系

| $N$ | $\log N$ | $N \log N$ | $N^2$ | $N^3$ | $2^N$ | $N!$ |
|------|----------|------------|-------|-------|-------|------|
| 5 | 2 | 12 | 25 | 125 | 32 | 120 |
| 10 | 3 | 33 | 100 | 1000 | 1024 | 3628800 |

---

① 在此，我们假设计算执行时间的限制为 1 s，但实际情况中，搜索查询处理等任务可能希望在 0.1 s 内完成，而大规模模拟运算等可能需要花费一个月的时间。

② 从直觉上来说，由于常常使用 GHz 作为 CPU 时钟频率的单位，因此可以理解这一点。

| $N$ | $\log N$ | $N \log N$ | $N^2$ | $N^3$ | $2^N$ | $N!$ |
|---|---|---|---|---|---|---|
| 15 | 4 | 59 | 225 | 3375 | 32768 | − |
| 20 | 4 | 86 | 400 | 8000 | 1048576 | − |
| 25 | 5 | 116 | 625 | 15625 | 33554432 | − |
| 30 | 5 | 147 | 900 | 27000 | − | − |
| 100 | 7 | 664 | 10000 | 1000000 | − | − |
| 300 | 8 | 2468 | 90000 | 27000000 | − | − |
| 1000 | 10 | 9966 | 1000000 | − | − | − |
| 10000 | 13 | 132877 | 100000000 | − | − | − |
| 100000 | 17 | 1660964 | − | − | − | − |
| 1000000 | 20 | 19931568 | − | − | − | − |
| 10000000 | 23 | 232534967 | − | − | − | − |
| 100000000 | 27 | − | − | − | − | − |
| 1000000000(−) | 30 | − | − | − | − | − |

应该注意的是，仅读取所有输入数据就需要 $O(N)$ 的计算复杂度（和内存）。因此，在处理数据规模极其庞大（如大于 $10^9$）的问题时，往往会采用一种机制——只读取必要的数据并开始处理，而不是读取所有的数据。

另外，查看表 2.2 可以发现，计算复杂度为 $O(\log N)$ 的算法的计算步数很少。无论 $N$ 增加多少，$\log N$ 的变化都较小。相比之下，计算复杂度为 $O(N!)$ 和 $O(2^N)$ 的算法的计算步数很早就超过了 $10^9$。需要 $O(N!)$ 或 $O(2^N)$ 这种数量级的计算复杂度的算法称为指数时间（exponential time）算法。相反，当存在一个常数 $d>0$，使得计算复杂度可以被 $N^d$ 的常数倍限制时，这样的算法称为多项式时间（polynomial time）算法。需要注意的是，$N \log N$ 和 $N\sqrt{N}$ 并不是多项式，但 $O(N \log N)$ 和 $O(N\sqrt{N})$ 这样的计算复杂度是多项式时间复杂度。因为如 $N \log N \leqslant N^2$、$N\sqrt{N} \leqslant N^2$ 所示，$N \log N$ 和 $N\sqrt{N}$ 都可以被多项式 $N^2$ 从上界限制。

指数时间算法具有计算时间随着 $N$ 的增加而迅速增加的特点。例如，在计算复杂度为 $O(2^N)$ 的算法中，假设 $N=100$，则

$$2^N = 1267650600228229401496703205376 \approx 10^{30}$$

由此可见，即使 $N=100$，其计算步骤也非常多。假设 1 s 处理 $10^9$ 次，一年大概 $3 \times 10^7$ s，那么大约需要 $3 \times 10^{13}$ 年，也就是 30 万亿年才能完成计算。考虑到据说从宇宙诞生到现在大约 138 亿年，这个计算时间相当长。

与 $O(2^N)$ 等指数时间算法相比，计算复杂度为 $O(N^2)$ 的算法即使在较大的 $N$

值下仍能在可接受的计算时间内运行，但当 $N \geqslant 10^5$ 时，处理会变得非常耗时。与此相对，即使对于非常大的 $N$，计算复杂度为 $O(N \log N)$ 的算法也能在合理的计算时间内运行。在许多实际问题中，$O(N \log N)$ 和 $O(N^2)$ 之间的差异至关重要。例如，对于 $N = 10^6$ 的数据，在普通计算机上执行计算复杂度为 $O(N^2)$ 的算法大约需要 30 min，但是完成计算复杂度为 $O(N \log N)$ 的算法只需要大约 3 ms。我们可以将算法的计算复杂度由 $O(N^2)$ 优化为 $O(N \log N)$，这将在第 12 章通过排序问题进行解释说明。

另外，以后会出现计算复杂度为 $O(1)$ 的算法。这意味着算法将在与问题大小无关的恒定时间内完成。这样的算法称为常数时间（constant time）算法。虽然计算复杂度为 $O(1)$ 的处理在理想情况下很快，但是由于数据类型处理不当，导致它变成 $O(N)$，从而出现比预期慢得多的场景也很常见。例如，在 Python 中使用大小为 $10^5 \sim 10^7$ 的 list[①] 类型变量 S 时，经常看到以下实现场景。

```
1 │ if v in S:
2 │    （处理）
```

此时需要 $O(N)$ 的时间来判断 v 是否包含在 S 中（详见第 8 章）。为了避免出现这个问题，使用第 8 章介绍的哈希表（hash table）等方法是有效的。Python 使用 set 类型和 dict 类型来代替 list 类型。当将 S 作为 set 类型变量处理时，判断 v 是否在 S 中所需的计算复杂度（平均）为 $O(1)$。

```
1 │ if v in S:
2 │    （处理）
```

S 越大，使用 list 类型和使用 set 类型的效率差异就越大。我们将在第 8 章中详细讨论这些数据类型。

诸如 $O(2^N)$ 之类的指数时间算法虽然经常被人诟病，但在某些情况下，例如解决 $N \leqslant 20$ 等较小的问题时非常有效。无须为此类问题追求不必要的快速算法。通常，重要的是根据要解决的问题的大小来确定要实现的计算复杂度的数量级。

## 2.6 ● 关于计算复杂度的说明

这里有一些关于计算复杂度的注意事项。

---

① 第 8 章将对 list 类型进行解释。这里需要注意的是，Python 的 list 类型并不是链表，而是可变长度数组。

### 2.6.1　时间复杂度和空间复杂度

到目前为止，我们讨论的所有计算复杂度都是根据算法的计算时间来计算的。当我们要强调这个事实时，特别称其为时间复杂度（time complexity）。表示算法执行过程中使用的内存量的空间复杂度（space complexity）也经常被用作衡量算法质量。在本书中，当提及计算复杂度时，一般指的是时间复杂度。

### 2.6.2　最坏时间复杂度和平均时间复杂度

算法的执行时间取决于输入数据的偏差。最坏情况下的时间复杂度称为最坏时间复杂度（worst case time complexity），平均情况下的时间复杂度称为平均时间复杂度（average time complexity）。平均时间复杂度恰好是在假设输入数据的分布时，时间复杂度的预期值。有些算法，例如 12.5 节介绍的快速排序（quicksort）算法，其平均速度很快，但在最坏情况下速度很慢。在本书中，计算复杂度仅指最坏情况下的时间复杂度。

## 2.7 ● Landau 的大 $O$ 记法的细节（＊）

在本章的最后，我们将解释 Landau 的大 $O$ 记法的数学定义，以及相关的 $\Omega$ 记法和 $\Theta$ 记法[①]。

### 2.7.1　Landau 的大 $O$ 记法

> **Landau 的大 $O$ 记法**
>
> 　　令 $T(N)$ 和 $P(N)$ 分别为定义在大于或等于 0 的整数集合上的函数。如果存在某个正实数 $c$ 和一个大于或等于 0 的整数 $N_0$，对任意大于或等于 $N_0$ 的整数 $N$，都有
>
> $$\left|\frac{T(N)}{P(N)}\right| \leqslant c$$
>
> 成立，则 $T(N) = O(P(N))$。

根据这个定义，我们来判断一个计算时间为 $T(N) = 3N^2 + 5N + 100$ 的算法，

---

① $\Omega$ 读作 "omega"，$\Theta$ 读作 "theta"。

其计算复杂度是否为 $O(N^2)$。

$$\frac{3N^2+5N+100}{N^2}=3+\frac{5}{N}+\frac{100}{N^2}$$

对于足够大的整数 $N$ 来说$\frac{5}{N}+\frac{100}{N^2}\leqslant 1$，所以

$$\frac{3N^2+5N+100}{N^2}\leqslant 4$$

因此，$T(N)=O(N^2)$。

此外，需要说明的是，对于 $T(N)=3N^2+5N+100$，$T(N)=O(N^3)$ 和 $T(N)=O(N^{100})$ 也是成立的。然而，由于 $T(N)=3N^2+5N+100$ 的值随着 $N$ 的增加而增加的速度用 $N^2$ 能最准确地表示，因此通常写成 $T(N)=O(N^2)$。

### 2.7.2 $\Omega$ 记法

大 $O$ 记法基于"从上界限制计算时间进行评估"的想法。例如，$O(N^2)$ 的算法也是 $O(N^3)$ 的算法。本节介绍的 $\Omega$ 记法则基于"从下界限制计算时间进行评估"的思想。

---

**$\Omega$ 记法**

令 $T(N)$ 和 $P(N)$ 分别为定义在大于或等于 0 的整数集合上的函数。如果存在某个正实数 $c$ 和大于或等于 0 的整数 $N_0$，对任意大于或等于 $N_0$ 的整数 $N$，都有

$$\left|\frac{T(N)}{P(N)}\right|\geqslant c$$

成立，则 $T(N)=\Omega(P(N))$。

---

$\Omega$ 记法是在评估算法计算复杂度的下限时使用的表示法。例如，在 12.7 节中，基于比较的排序算法的计算复杂度的下限是 $\Omega(N\log N)$。

### 2.7.3 $\Theta$ 记法

$T(N)=O(P(N))$ 且 $T(N)=\Omega(P(N))$ 可以用 $T(N)=\Theta(P(N))$ 来表示。这意味着算法的计算时间 $T(N)$ "无论是从上界还是下界都能被 $P(N)$ 的常数倍限制"，也

就是说评估是渐近逼紧的。

例如，2.3 节"偶数的枚举"和 2.4 节"最近点对问题"所示算法的计算复杂度分别是 $O(N)$ 和 $O(N^2)$，也可以表示为 $\Theta(N)$ 和 $\Theta(N^2)$。不过按照惯例，即使在计算复杂度可以用 $\Theta$ 记法表示的情况下，也经常使用大 $O$ 记法。在本书中，除非想强调计算复杂度"既可以从上界也可以从下界被限制"，否则将使用大 $O$ 记法。

## 2.8 ● 小结

本章对计算复杂度进行了说明，计算复杂度是衡量算法性能的重要指标。在实践中，由于忽略常量乘法和低阶项的影响，计算复杂度可以通过粗略的方法获得，例如评估 for 循环的迭代次数。此外，由此获得的计算复杂度是评估算法计算时间的一个很好的标准。

计算复杂度最初可能让人觉得是一个难以捉摸的概念，但在随后的所有章节中，我们都会对算法进行计算复杂度的分析。让我们在这个过程中慢慢熟悉并掌握它吧。

● ● ● ● ● ● ● ● ● ● ●　思考题　● ● ● ● ● ● ● ● ● ● ●

**2.1**　使用 Landau 的大 $O$ 记法表示以下计算时间（输入大小为 $N$）。（难易度 ★☆☆☆☆）

$$T_1(N) = 1000N$$
$$T_2(N) = 5N^2 + 10N + 7$$
$$T_3(N) = 4N^2 + 3N\sqrt{N}$$
$$T_4(N) = N\sqrt{N} + 5N \log N$$
$$T_5(N) = 2^N + N^{2019}$$

**2.2**　求出下列过程的计算复杂度并用 Landau 的大 $O$ 记法表示。此过程列举了从 $N$ 项中选择 3 项的所有方法。（难易度 ★★☆☆☆）

```
1   for (int i = 0; i < N; ++i) {
2       for (int j = i + 1; j < N; ++j) {
3           for (int k = j + 1; k < N; ++k) {
4
5           }
```

```
6        }
7    }
```

**2.3** 求出下列过程的计算复杂度并用 Landau 的大 $O$ 记法表示。请注意，此函数可以判断正整数 $N$ 是否为素数。（难易度★★☆☆）

```
1    bool is_prime(int N) {
2        if (N <= 1) return false;
3        for (int p = 2; p * p <= N; ++p) {
4            if (n % p == 0) return false;
5        }
6        return true;
7    }
```

**2.4** 在猜年龄游戏中，如果 A 女士的年龄在 $0 \sim 2^k - 1$ 岁，请判断是否可以通过二分搜索法在 $k$ 次尝试内猜到答案。（难易度★★☆☆☆）

**2.5** 在猜年龄游戏中，如果 A 女士的年龄在 $0 \sim N-1$ 岁，请展示如何使用二分搜索法在 $O(\log N)$ 次尝试内猜到答案。（难易度★★★☆☆）

**2.6** 请证明 $1 + \dfrac{1}{2} + \cdots + \dfrac{1}{N} = O(\log N)$ 成立。（难易度★★★☆☆）

第 **3** 章

# 设计技巧（1）：穷举搜索

第 3～7 章将介绍算法的设计技巧。本书的核心目标是让你熟练掌握这些设计技巧。第 8～18 章也将在多处灵活运用这些设计技巧。

本章将介绍穷举搜索，它是设计所有算法的重要基础。穷举搜索是一种通过调查所有可能的解决方案来解决问题的方法。即使你想设计一个高速算法，先考虑简单直接的穷举搜索方法往往也是很有效的。

## 3.1 ● 学习穷举搜索的意义

世界上的许多问题原则上可以通过调查所有可能的情况来解决。例如，寻找从当前位置到达目的地的最快方法的问题，原则上可以通过研究从当前位置到目的地的所有可能路线来解决[1]；在将棋或围棋中寻找获胜策略的问题，原则上可以通过检查所有可能的局面和局面转换来解决[2]。

因此，在为要解决的问题设计算法时，首先考虑如何查找所有情况是非常有用的。正如 2.5 节末尾提到的，即使穷举搜索需要花费指数级的时间，但对于小规模的问题来说仍然足够有效。 例如，3.5 节提出的部分和问题的穷举搜索算法，由于可能的情况有 $2^N$ 种，因此计算复杂度为 $O(N2^N)$，但是如果 $N \leqslant 20$，这个过程可以在 1 s 内完成。更重要的是，设计一个穷举搜索算法往往能让人对要解决的问题的结构有更深的了解，由此而设计出更高效的算法的情况并不少见。本章将详细介绍穷举搜索方法。

---

① 实际上，路径数量相对于交叉点数量呈指数增长，因此枚举和检查所有路径变得十分困难，通常会使用更有效的方法。请参考第 14 章。

② 实际上，将棋和围棋的局面数量远远超过地球上存在的原子数量。如果使用简单的穷举搜索方法，在当前的计算机性能下，在实际时间内很难进行分析。目前还没有其他高效的分析方法。

## 3.2 ● 穷举搜索（1）：线性搜索法

首先，我们处理最简单和最常见的搜索问题：从大量的数据中寻找特定数据。在数据库中搜索特定数据的问题十分普遍，在日常生活中，在字典中查找一个英语单词的行为就属于这类问题。我们将这类问题表述如下。

---

**基本搜索问题**

给出 $N$ 个整数 $a_0, a_1, \cdots, a_{N-1}$ 和一个整数 $v$，请判断是否存在一个数，使得 $a_i = v$。

---

线性搜索法被描述为解决这类问题的一种朴素方法[1]。线性搜索法是一种"依次检查每个元素"的搜索方法。例如，图 3.1 显示了用线性搜索法判断数列 $a=(4, 3, 12, 7, 11)$ 中是否存在值 $v=7$ 的过程。尽管线性搜索法非常简单，但它是所有重要算法的基础，因此希望你能够完全掌握它，包括其实现。

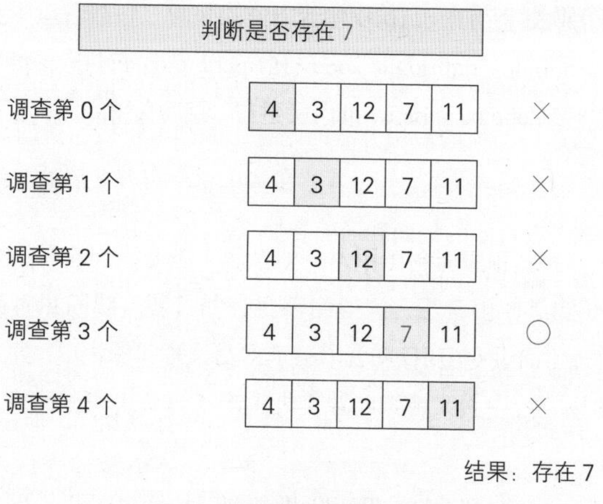

图 3.1 线性搜索法的示意图

线性搜索法检查是否存在 $a_i = v$ 的数据的代码可以像程序 3.1 那样实现，其中使用 for 循环依次检查数列 $a$ 的每个元素。变量 exist 用来保存"到目前

---

[1] 在许多书中，针对这类问题，通常采用这样的结构：线性搜索法效率低下，因此介绍更有效的二分搜索法和哈希法。在本书中，6.1 节将介绍基于二分搜索法的搜索方法，8.6 节将介绍基于哈希法的搜索方法。然而，本书不仅仅将二分搜索法和哈希法视为适用于数组搜索的方法，还将其作为更广泛应用的设计方法进行解释，这使得本书的结构与许多书不同。

为止的检查中是否存在 $v$"这一信息。它最初被设置为 false，在找到 $v$ 后被设置为 true。这种根据特定事件而"开启或关闭"的变量称为标志（flag）。

**程序 3.1　线性搜索法**

```
1   #include <iostream>
2   #include <vector>
3   using namespace std;
4
5   int main() {
6       // 接收输入
7       int N, v;
8       cin >> N >> v;
9       vector<int> a(N);
10      for (int i = 0; i < N; ++i) cin >> a[i];
11
12      // 线性搜索
13      bool exist = false;   // 初始值设为 false
14      for (int i = 0; i < N; ++i) {
15          if (a[i] == v) {
16              exist = true;   // 如果找到，则设置标志
17          }
18      }
19
20      // 输出结果
21      if (exist) cout << "Yes" << endl;
22      else cout << "No" << endl;
23  }
```

此时，该算法的计算复杂度是 $O(N)$，因为 $N$ 个值被依次检查。

注意，在程序 3.1 中，可以考虑一种优化方法：在搜索过程中，如果发现 $v$，则终止搜索并使用 break 退出循环。这样做的好处是，如果在早期找到满足条件的元素，计算会更早地结束。然而，即使采取了这种设计，从计算复杂度的角度来看，算法的效率并不会改变。正如我们在 2.6 节中看到的，计算复杂度通常是针对最坏情况考虑的。如果数列中不存在满足条件的元素，我们将不得不搜索整个数列，因此最坏情况下的计算复杂度仍然为 $O(N)$。

## 3.3 ● 线性搜索法的应用

下面解释与标志变量相关的一些概念。这些内容是实现各种算法的重要基础。

### 3.3.1 了解满足条件的元素所在的位置

除了判断数列中是否存在满足条件的元素，知道满足条件的元素所在的位置对实际工作也很重要。换句话说，在很多情况下，你不仅要判断是否存在满足 $a_i = v$ 的数据，还要找到满足 $a_i = v$ 的具体下标 $i$。这只需对代码进行一些修改就可以实现，如程序 3.2 所示。一旦找到满足条件的下标 $i$，就把它存储在一个叫作 found_id 的变量中。再将变量 found_id 的初始值设置为一个不可能的值，如第 13 行中 found_id = -1[1]，这使得变量 found_id 本身也可以作为一个标志变量，指示是否找到了满足条件的元素。如果在线性搜索结束时 found_id == -1，表示数列中没有满足条件的元素。

**程序 3.2　查找一个特定元素的索引**

```
1   #include <iostream>
2   #include <vector>
3   using namespace std;
4
5   int main() {
6       // 接收输入
7       int N, v;
8       cin >> N >> v;
9       vector<int> a(N);
10      for (int i = 0; i < N; ++i) cin >> a[i];
11
12      // 线性搜索
13      int found_id = -1; // 初始值为 -1 等不可能的值
14      for (int i = 0; i < N; ++i) {
15          if (a[i] == v) {
16              found_id = i; // 找到了就记录下标
17              break; // 跳出循环
18          }
19      }
20
21      // 输出结果（-1 表示未找到）
22      cout << found_id << endl;
23  }
```

### 3.3.2 寻找最小值

下面讨论求解数列中最小值的问题。这可以通过程序 3.3 实现。在使用

---

[1]　有些人可能觉得 -1 像一个魔法数字，并且对其产生抵触情绪。如果是这样，不妨声明一个具有相同含义的常量。

for 循环迭代时，我们用一个名为 min_value 的变量保存目前遇到的最小的值。当出现一个小于 min_value 的值 a[i] 时，min_value 的值将被更新。min_value 的初始值根据问题被设置为表示无穷大的常数 INF[①]。具体来说，它会被设置为大于可能出现的 a[i] 的最大值的值。在程序 3.3 中，a[i] 的值被假定为保证小于 20000000。

**程序 3.3　寻找最小值**

```
 1  #include <iostream>
 2  #include <vector>
 3  using namespace std;
 4  const int INF = 20000000;    // 设为足够大的值
 5
 6  int main() {
 7      // 接收输入
 8      int N;
 9      cin >> N;
10      vector<int> a(N);
11      for (int i = 0; i < N; ++i) cin >> a[i];
12
13      // 线性搜索
14      int min_value = INF;
15      for (int i = 0; i < N; ++i) {
16          if (a[i] < min_value) min_value = a[i];
17      }
18
19      // 输出结果
20      cout << min_value << endl;
21  }
```

# 3.4 ● 穷举搜索（2）：成对的穷举搜索

3.3 节所讨论的问题是最基本的搜索问题：从给定的数据中查找特定的元素。更进一步的，我们可以考虑以下类型的问题。

- 从给定数据中寻找最佳配对的问题。
- 优化从给定的两组数据中分别提取元素的方法的问题。

---

① 在这个问题中，将 min_value 初始化为 a[0] 就无须考虑 INF 的值，但估算可能出现的最大值在实际应用中非常重要。此外，就本例而言，设置 INF = INT_MAX 似乎是合适的，但在某些情况下，可能需要将值添加到 INF 中。在这些情况下，使用 INT_MAX 时需要注意，以防引起溢出问题。

以上问题可以通过使用双重的 for 循环来解决。在 2.7 节中出现的最近点对问题正是前者的一个例子。以下问题为后者的一个示例。

> ### 在大于或等于 $K$ 的配对和中找到最小值
>
> 有 $N$ 个整数 $a_0$, $a_1$, $\cdots$, $a_{N-1}$ 和 $N$ 个整数 $b_0$, $b_1$, $\cdots$, $b_{N-1}$，从这两个整数序列中各选择一个整数，并将其相加求和。请找出大于或等于 $K$ 的所有和中的最小值。假设至少有一对 $(i, j)$ 使得 $a_i + b_j \geqslant K$。

例如，当 $N=3$，$K=10$，$a=(8, 5, 4)$，$b=(4, 1, 9)$ 时，可以从 $a$ 中选择 8，从 $b$ 中选择 4，8+4=12 是满足条件的最小值。解决这个问题时：

- 从 $a_0$, $a_1$, $\cdots$, $a_{N-1}$ 中选择 $a_i$($i=0$, $\cdots$, $N-1$)；
- 从 $b_0$, $b_1$, $\cdots$, $b_{N-1}$ 中选择 $b_j$($j=0$, $\cdots$, $N-1$)。

我们可以通过以上方法穷举所有可能的情况。它可以像程序 3.4 那样实现。可能的情况数为 $N^2$，所以计算复杂度为 $O(N^2)$。

注意，这个问题也可以使用二分搜索法解决，其计算复杂度为 $O(N \log N)$。这将在 6.6 节详细说明。

**程序 3.4** 求解配对和的最小值（和大于或等于 $K$）

```
1   #include <iostream>
2   #include <vector>
3   using namespace std;
4   const int INF = 20000000;    // 设为足够大的值
5
6   int main() {
7       // 接收输入
8       int N, K;
9       cin >> N >> K;
10      vector<int> a(N), b(N);
11      for (int i = 0; i < N; ++i) cin >> a[i];
12      for (int i = 0; i < N; ++i) cin >> b[i];
13
14      // 线性搜索
15      int min_value = INF;
16      for (int i = 0; i < N; ++i) {
17          for (int j = 0; j < N; ++j) {
18              // 当和小于 K 时，舍弃
19              if (a[i] + b[j] < K) continue;
20
```

```
21          // 更新最小值
22          if (a[i] + b[j] < min_value) {
23              min_value = a[i] + b[j];
24          }
25      }
26  }
27
28      // 输出结果
29      cout << min_value << endl;
30  }
```

# 3.5 ● 穷举搜索（3）：组合的穷举搜索（＊）

我们考虑一个更为正式的搜索问题，如下所示。

> **部分和问题**
>
> 给定 $N$ 个正整数 $a_0$, $a_1$, $\cdots$, $a_{N-1}$ 和一个正整数 $W$，判断是否可以从 $a_0$, $a_1$, $\cdots$, $a_{N-1}$ 中选择若干个整数，使它们的和为 $W$。

例如，当 $N=5$，$W=10$，$a=\{1, 2, 4, 5, 11\}$ 时，$a_0+a_2+a_3=1+4+5=10$，所以答案是"是"；当 $N=4$，$W=10$，$a=\{1, 5, 8, 11\}$ 时，无论你如何从 $a$ 中提取整数，其总和都不可能是 10，所以答案是"否"。

一个由 $N$ 个整数组成的集合有 $2^N$ 个子集。例如，当 $N=3$ 时，$\{a_0, a_1, a_2\}$ 有 8 个子集：$\varnothing$，$\{a_0\}$，$\{a_1\}$，$\{a_2\}$，$\{a_0, a_1\}$，$\{a_1, a_2\}$，$\{a_0, a_2\}$，$\{a_0, a_1, a_2\}$。我们考虑如何对这些集合进行穷举搜索。这里介绍一种使用整数的二进制表示和位运算 [1] 的方法。更通用的穷举搜索方法是使用递归函数（recursive function），我们将在 4.5 节中再次讨论。利用递归函数进行穷举搜索的方法与第 5 章解释的动态规划相关，因此也非常重要 [2]。

让我们回到整数的二进制表示。由 $N$ 个元素组成的集合 $\{a_0, a_1, \cdots, a_{N-1}\}$ 的子集，可以通过整数的二进制表示映射到二进制中不超过 $N$ 位的数值上。例如，

---

[1] 整数之间的位运算是指在整数的二进制表示中，对每一位进行位运算操作。例如，将 45 和 25 用二进制表示，分别为 00101101 和 00011001。如果对它们的每一位进行 AND 运算，结果将是 00001001，这意味着 45AND25=9。此外，在 C++ 中，可以使用位运算符 "&" 表示这种 AND 运算。

[2] 在 5.4 节中，我们将讨论针对背包问题的动态规划方法。背包问题在本质上包含部分和问题。

取 $N=8$，则 $\{a_0, a_1, a_2, a_3, a_4, a_5, a_6, a_7\}$ 的子集 $\{a_0, a_2, a_3, a_6\}$ 可以映射到二进制表示的整数值 01001101（第 0 位、第 2 位、第 3 位和第 6 位是 1）上。另外，$N$ 位以下的二进制整数以十进制表示为大于或等于 0 且小于 $2^N$ 的值。当 $N=3$ 时，如表 3.1 所示。

现在回到部分和问题。部分和问题可以通过穷举所有可能的 $\{a_0, a_1, \cdots, a_{N-1}\}$ 的 $2^N$ 种子集来解决。这些子集可以映射到大于或等于 0 且小于 $2^N$ 的整数上。在 C++ 中，可以使用 int 类型和 unsigned int 类型表示大于或等于 0 且小于 $2^N$ 的整数[①]。

表 3.1　将子集映射到整数的二进制表示

| 子　集 | 二进制表示 | 十进制表示 |
| --- | --- | --- |
| ∅ | 000 | 0 |
| $\{a_0\}$ | 001 | 1 |
| $\{a_1\}$ | 010 | 2 |
| $\{a_0, a_1\}$ | 011 | 3 |
| $\{a_2\}$ | 100 | 4 |
| $\{a_0, a_2\}$ | 101 | 5 |
| $\{a_1, a_2\}$ | 110 | 6 |
| $\{a_0, a_1, a_2\}$ | 111 | 7 |

当给定一个大于或等于 0 且小于 $2^N$ 的整数 bit 时，如何还原对应的子集？我们的思路是，对于每个 $i=0, 1, \cdots, N-1$，判断由整数 bit 表示的子集中是否包含第 $i$ 个元素 $a_i$。为此，当整数 bit 以二进制表示时，判断 bit 的第 $i$ 位是否为 1。这可以通过程序 3.5 实现[②]。

**程序 3.5**　判断第 $i$ 个元素是否包含在整数 bit 表示的子集中

```
1  // 第 i 个元素包含在整数 bit 表示的子集中
2  if (bit & (1 << i)) {
3
4  }
5  // 未包含的情况
6  else {
7
8  }
```

---

① 还可以考虑使用 std::bitset 或 std::vector < bool >。

② 1 << i 表示在二进制表示中，从右往左数第 $i$ 位（最右边的位称为第 0 位）为 1。例如，1 << 4 在二进制表示中对应的是 10000，十进制值为 16。

假设当 $N=8$ 时，与子集 $\{a_0, a_2, a_3, a_6\}$ 对应的整数 bit 为 01001101（二进制）。表 3.2 显示了当 $i=0, 1, \cdots, N-1$ 时，bit&(1<<i) 的值。可见，通过程序 3.5 可以判断第 $i$ 个元素是否包含在由整数 bit 表示的子集中 [1]。

表 3.2　判断子集 $\{a_0, a_2, a_3, a_6\}$ 中是否含有第 $i$ 个元素 $a_i$

| $i$ | 1<<i | bit&(1<<i) |
|---|---|---|
| 0 | 00000001 | 01001101 & 00000001 = 00000001 (true) |
| 1 | 00000010 | 01001101 & 00000010 = 00000000 (false) |
| 2 | 00000100 | 01001101 & 00000100 = 00000100 (true) |
| 3 | 00001000 | 01001101 & 00001000 = 00001000 (true) |
| 4 | 00010000 | 01001101 & 00010000 = 00000000 (false) |
| 5 | 00100000 | 01001101 & 00100000 = 00000000 (false) |
| 6 | 01000000 | 01001101 & 01000000 = 01000000 (true) |
| 7 | 10000000 | 01001101 & 10000000 = 00000000 (false) |

综上所述，部分和问题的穷举搜索解法可以实现为程序 3.6。首先，第 14 行的 (1<<N) 表示整数值 $2^N$。也就是说，第 14 行的 for 循环遍历整数变量 bit 大于或等于 0 且小于 $2^N$ 的整数值。这意味着要遍历大小为 $N$ 的集合 $\{a_0, a_1, \cdots, a_{N-1}\}$ 的所有子集。接下来，第 19 行使用 bit&(1<<i) 判断第 $i$ 个元素 $a_i$ 是否包含在由整数 bit 表示的集合中。因此，第 16 行定义的变量 sum 将存储由整数 bit 表示的集合包含的值的总和。总之，程序 3.6 检查大小为 $N$ 的集合 $\{a_0, a_1, \cdots, a_{N-1}\}$ 的所有子集，判断其元素的总和是否和 $W$ 相等。

最后，我们评估程序 3.6 的计算复杂度。对于 $2^N$ 种情况（第 17 行），此算法在索引 $i=0, 1, \cdots, N-1$ 的范围内运行，因此计算复杂度为 $O(N2^N)$。这是指数时间复杂度，此算法不是高效的。

通过使用第 5 章将介绍的动态规划方法，可以将计算复杂度降低到 $O(NW)$。虽然这取决于 $W$ 的大小，但对于 $N$ 而言是线性的，可以实现显著的加速。

**程序 3.6　部分和问题的逐位穷举搜索法**

```
1   #include <iostream>
2   #include <vector>
3   using namespace std;
4
```

---

[1]　需要注意的是，在 C++ 中，非零的整数值表示为 true，而 0 表示为 false。

```
5    int main() {
6        // 接收输入
7        int N, W;
8        cin >> N >> W;
9        vector<int> a(N);
10       for (int i = 0; i < N; ++i) cin >> a[i];
11
12       // bit 将遍历2ᴺ种可能的所有子集
13       bool exist = false;
14       for (int bit = 0; bit < (1 << N); ++bit)
15       {
16           int sum = 0; // 子集所含元素的和
17           for (int i = 0; i < N; ++i) {
18               // 第i个元素a[i]是否包含在子集中
19               if (bit & (1 << i)) {
20                   sum += a[i];
21               }
22           }
23
24           // sum是否和W一致
25           if (sum == W) exist = true;
26       }
27
28       if (exist) cout << "Yes" << endl;
29       else cout << "No" << endl;
30   }
```

## 3.6 ● 小结

本章介绍的穷举搜索法是一种通过调查所有能想到的可能性来解决问题的
方法。它是后文所要介绍算法的基础。然而，为了搜索更复杂的目标，我们需
要更高级的搜索技术。第 4 章将介绍递归，掌握递归后，你将能够为复杂对象
编写清晰的搜索算法。对于 3.5 节涉及的部分和问题，我们将在第 4 章介绍使
用递归函数求解的方法。

此外，第 10 章将解释图（graph）的概念。图使用顶点（vertex）和边（edge）
表示事物之间的关系，如图 3.2 所示。例如，可以将一群人的友谊看作一个图，
人对应于顶点，友谊对应于边。

用图表示事物的好处是可以把各种问题看成图上的搜索问题，从而极大地
提高问题的直观性。我们将在第 13 章及之后的章节中详细解释。

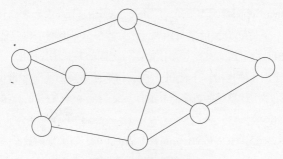

图 3.2　图的示意图

●●●●●●●●●●●●　思考题　●●●●●●●●●●●●

**3.1**　以下代码从 $N$ 个整数 $a_0$, $a_1$, $\cdots$, $a_{N-1}$ 中找到满足 $a_i=v$ 的 $i$。这实际上是程序 3.2 省略中断（break）处理的版本。如果满足条件的 $i$ 值有多个，请确保变量 found_id 中存放的是 $i$ 值最大的一个。（难易度★☆☆☆☆）

```
1 │ int found_id = -1; // 初始值设为不可能的 -1 等
2 │ for (int i = 0; i < N; ++i) {
3 │     if (a[i] == v) {
4 │         found_id = i; // 找到了就记录索引 i
5 │     }
6 │ }
```

**3.2**　设计一个计算复杂度为 $O(N)$ 的算法，找出 $N$ 个整数 $a_0$, $a_1$, $\cdots$, $a_{N-1}$ 中有多少个整数值 $v$。（难易度★☆☆☆☆）

**3.3**　给定 $N$（$N \geqslant 2$）个不同的整数 $a_0$, $a_1$, $\cdots$, $a_{N-1}$。请设计一个计算复杂度为 $O(N)$ 的算法来找出其中第二小的值。（难易度★★☆☆☆）

**3.4**　给定 $N$ 个整数 $a_0$, $a_1$, $\cdots$, $a_{N-1}$，选择其中两个并取其差。请设计一个计算复杂度为 $O(N)$ 的算法来找出差的最大值。（难易度★★☆☆☆）

**3.5**　给定 $N$ 个正整数 $a_0$, $a_1$, $\cdots$, $a_{N-1}$，对这些数重复执行"如果 $N$ 个整数都是偶数，则将每个整数替换为它除以 2 的值"的操作，直到不能操作为止。请设计一个算法来计算需要操作多少次。（来源：AtCoder Beginner Contest 081 B-Shift Only，难易度★★☆☆☆）

**3.6**　给定两个正整数 $K$ 和 $N$。设计一个计算复杂度为 $O(N^2)$ 的算法，找出有多少组整数 $(X, Y, Z)$ 满足 $0 \leqslant X, Y, Z \leqslant K$，且 $X+Y+Z=N$。（来源：AtCoder

Beginner Contest 051 B-Sum of Three Integers，难易度★★☆☆☆）

**3.7** 给定一个长度为 $N$ 的字符串 $S$，其中各个位置上的字符只能是 $1 \sim 9$ 的整数值。你可以在此字符串中的字符之间的某些位置使用"+"，但不能连续使用。你也可以不使用"+"。将由此获得的所有字符串视为数字，请设计一个计算这些数字总和的计算复杂度为 $O(N2^N)$ 的算法。例如，当 $S$="125" 时，125、1+25（=26）、12+5（=17）、1+2+5（=8）的和为 176。（来源：AtCoder Beginner Contest 045 C-大量的数学公式，难易度★★★☆☆）

# 设计技巧（2）：递归和分治法

程序调用自己的过程称为递归调用。递归是一个将在后续几乎所有章节中使用的重要概念。通过使用递归，我们可以为各种问题编写简洁而清晰的算法。本章旨在通过递归调用的实例来介绍其思维方式。此外，本章还将解释利用递归的算法设计技巧——分治法的基本思想。

## 4.1 ● 递归是什么

程序调用自己的过程称为递归调用（recursive call）。进行递归调用的函数称为递归函数（recursive function）。然而，仅通过抽象地表述"调用自己"可能难以让人理解。因此，我们首先看一个简单的递归函数示例（见程序 4.1），以便更好地理解递归的概念。可以看出函数 func 在内部调用了自己。这个函数的功能是计算 $1\sim N$ 的整数总和，即 $1+2+\cdots+N$。

**程序 4.1** 计算 $1\sim N$ 的整数总和的递归函数示例

```
1  int func(int N) {
2      if (N == 0) return 0;
3      return N + func(N - 1);
4  }
```

当递归函数 func 调用 func(5) 时，其行为如图 4.1 所示。首先，当调用 func(5) 时，程序 4.1 的第 2 行的 if 循环条件 $N==0$ 没有被满足，所以跳到第 3 行。第 3 行计算 5+func(4) 并返回计算结果。换句话说，func(5) = 5+func(4)。

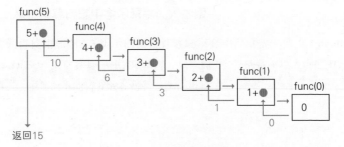

图 4.1 递归函数的概念

接着，程序递归地调用 func(4)，因此我们接下来考虑 func(4)。在 func(4) 中，同样因为第 2 行的 if 循环条件未被满足，所以会跳到第 3 行，计算 4 + func(3) 并返回。换句话说，func(4) = 4 + func(3)。同理，依次递归调用 func(3)、func(2)、func(1)，那么 func(3) = 3 + func(2)，func(2) = 2 + func(1)，func(1) = 1 + func(0)。最后，当调用 func(0) 时，第 2 行的 if 循环条件 N == 0 终于被满足，func(0) 返回 0。综上所述，递归调用的过程如下所示。

0. func(0) 返回 0

1. func(1) 返回 1 + func(0) = 1

2. func(2) 返回 2 + func(1) = 2 + 1 = 3

3. func(3) 返回 3 + func(2) = 3 + 2 + 1 = 6

4. func(4) 返回 4 + func(3) = 4 + 3 + 2 + 1 = 10

5. func(5) 返回 5 + func(4) = 5 + 4 + 3 + 2 + 1 = 15

注意，第一个调用的是 func(5)，但第一个返回值的是 func(0)。func(0) 返回一个值，func(1) 使用 func(0) 的返回值返回一个值，func(2) 使用 func(1) 的返回值返回一个值，以此类推，直到最后 func(5) 返回最终的值。

我们运行程序 4.2 来验证上述行为。程序 4.2 中，为了输出递归函数在运行过程中的行为，将 N + func(N-1) 的值存储在 result 中，然后输出这个值。

**程序 4.2　计算 1～N 的整数总和的递归函数**

```
1  #include <iostream>
2  using namespace std;
3
4  int func(int N) {
```

```
5         // 报告递归函数的调用
6         cout << "调用 func(" << N << ")" << endl;
7
8         if (N == 0) return 0;
9
10        // 递归地计算答案并输出
11        int result = N + func(N - 1);
12        cout << N << " 之前的和 = " << result << endl;
13
14        return result;
15    }
16
17    int main() {
18        func(5);
19    }
```

执行结果如下。

```
调用 func(5)
调用 func(4)
调用 func(3)
调用 func(2)
调用 func(1)
调用 func(0)
1 之前的和 =1
2 之前的和 =3
3 之前的和 =6
4 之前的和 =10
5 之前的和 =15
```

我们整理一下递归函数的构成要素。递归函数通常具有以下形式。在这里，"基本情况"指的是在递归函数内部，不进行递归调用而直接返回的情况。

递归函数的模板

```
（返回值的类型）func（参数）{
    if（基本情况）{
        return 基本情况值;
    }
    // 递归调用
    func（参数修改）;
    return 结果;
}
```

在示例函数 func 中，$N=0$ 的情况是基本情况。如果 $N=0$，则直接返回 0，不进行递归调用。这种针对基本情况的处理非常重要。如果不进行基本情况的处理，递归调用将会无限循环[1]。

要注意的另一点是，当进行递归调用时，参数应该朝着基本情况靠近，否则将导致无限递归。例如，在程序 4.3 中，当调用 func(5) 时，递归调用的参数会持续增加为 6、7、8 等，导致无限递归。

**程序 4.3　永不停止递归调用的递归函数**

```
1 | int func(int N) {
2 |     if (N == 0) return 0;
3 |     return N + func(N + 1);
4 | }
```

## 4.2 ● 递归示例（1）：欧几里得算法

使用递归函数可以得到简洁描述的算法，欧几里得算法就是一个示例。欧几里得算法用于求解两个整数 $m$ 和 $n$ 的最大公约数（记为 GCD $(m, n)$）。它利用以下性质。

---

**最大公约数性质**

　　如果 $r$ 是 $m$ 除以 $n$ 的余数，则

$$GCD(m, n)=GCD(n, r)$$

成立。

---

利用这个性质，我们可以通过以下过程来求解两个整数 $m$ 和 $n$ 的最大公约数。这个过程被称为欧几里得算法。

1. 令 $r$ 为 $m$ 除以 $n$ 的余数。

2. 若 $r=0$，则此时的 $n$ 为最大公约数，输出并退出程序。

3. 若 $r\neq0$，则执行 $m \leftarrow n$，$n \leftarrow r$，并回到步骤 1。

例如，$m=51$ 和 $n=15$ 的最大公约数是通过以下过程获得的。

---

[1]　实际上，递归函数的参数等会被存储在栈区，每次进行递归调用都会消耗栈区并占用内存。因此，随着调用次数的增加，在使用有限资源的情况下，最终会发生栈溢出。

- 因为 $51 = 15 \times 3 + 6$，所以把 $(51, 15)$ 换成 $(15, 6)$。
- 因为 $15 = 6 \times 2 + 3$，所以把 $(15, 6)$ 换成 $(6, 3)$。
- 因为 $6 = 3 \times 2$，即 6 能被 3 整除，所以最大公约数是 3。

下面我们使用递归函数来实现上述过程。

根据上述"最大公约数性质"直接实现，如程序 4.4 所示。另外，欧几里得算法在 $m \geq n > 0$ 时的计算复杂度为 $O(\log n)$。这意味着它在对数阶的时间内运行，非常高效。此处省略了证明其为对数阶的步骤，如果你感兴趣，可以参考推荐书目 [9] 中关于"整数论的算法"的内容。

**程序 4.4　欧几里得算法求最大公约数**

```cpp
#include <iostream>
using namespace std;

int GCD(int m, int n) {
    // 基本情况
    if (n == 0) return m;

    // 递归调用
    return GCD(n, m % n);
}

int main() {
    cout << GCD(51, 15) << endl; // 输出3
    cout << GCD(15, 51) << endl; // 输出3
}
```

# 4.3 ● 递归示例（2）：斐波那契数列

在之前的递归函数示例中，在递归函数内部只进行了一次递归调用。现在，我们来看一个在递归函数内部进行多次递归调用的例子——求解斐波那契数列的递归函数。斐波那契数列的定义如下。

$$F_0 = 0$$

$$F_1 = 1$$

$$\cdots$$

$$F_N = F_{N-1} + F_{N-2} \quad (N = 2, 3, \cdots)$$

根据这个定义，斐波那契数列为 0, 1, 1, 2, 3, 5, 8, 13, 21, 34, 55, …。计算斐

波那契数列第 $N$ 项 $F_N$ 的递归函数可参考上述递归公式来定义，如程序 4.5 所示（这里递归函数的名称是 fibo）。

**程序 4.5　求解斐波那契数列的递归函数**

```
1   int fibo(int N) {
2       // 基本情况
3       if (N == 0) return 0;
4       else if (N == 1) return 1;
5
6       // 递归调用
7       return fibo(N - 1) + fibo(N - 2);
8   }
```

由于在递归函数内部进行了两次递归调用，因此递归调用的流程更加复杂。图 4.2 显示了调用 fibo(6) 时函数 fibo 的参数流。为了确认递归调用的复杂流程，我们尝试运行程序 4.6。这段代码会在递归调用发生的瞬间和递归函数尝试返回值的瞬间分别输出信息。

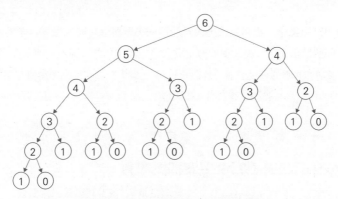

图 4.2　求解斐波那契数列的递归调用

**程序 4.6　求解斐波那契数列的递归函数的递归调用过程**

```
1   #include <iostream>
2   using namespace std;
3
4   int fibo(int N) {
5       // 报告递归函数的调用
6       cout << "调用 fibo(" << N << ")" << endl;
7
```

```
8        // 基本情况
9        if (N == 0) return 0;
10       else if (N == 1) return 1;
11
12       // 递归地计算答案并输出
13       int result = fibo(N - 1) + fibo(N - 2);
14       cout << "第 "<< N << " 项 =" << result << endl;
15
16       return result;
17   }
18
19   int main() {
20       fibo(6);
21   }
```

执行结果如下。

```
调用 fibo(6)
调用 fibo(5)
调用 fibo(4)
调用 fibo(3)
调用 fibo(2)
调用 fibo(1)
调用 fibo(0)
第 2 项 =1
调用 fibo(1)
第 3 项 =2
调用 fibo(2)
调用 fibo(1)
调用 fibo(0)
第 2 项 =1
第 4 项 =3
调用 fibo(3)
调用 fibo(2)
调用 fibo(1)
调用 fibo(0)
第 2 项 =1
调用 fibo(1)
第 3 项 =2
第 5 项 =5
调用 fibo(4)
调用 fibo(3)
调用 fibo(2)
调用 fibo(1)
调用 fibo(0)
第 2 项 =1
```

```
调用 fibo(1)
第 3 项 = 2
调用 fibo(2)
调用 fibo(1)
调用 fibo(0)
第 2 项 = 1
第 4 项 = 3
第 6 项 = 8
```

## 4.4 ● 记忆化处理并应用动态规划

实际上，4.3 节介绍的求斐波那契数列第 $N$ 项的递归函数存在多次执行同一个计算，效率极低的问题。从图 4.2 可以看出，计算 fibo(6) 需要进行 25 次函数调用。如果只有大约 25 次的计算量，情况还不错，但一旦涉及计算 fibo(50) 这样的问题，计算复杂度会急剧增加，导致在合理时间内难以获得答案。计算 fibo(N) 所需的计算复杂度为 $O\left(\left(\dfrac{1+\sqrt{5}}{2}\right)^N\right)$。我们可以看到，随着 $N$ 的增加，计算时间呈指数级增长。详细的分析请参考思考题 4.3 和思考题 4.4 的解析。然而，斐波那契数列的计算也可以简单地从 $F_0 = 0$、$F_1 = 1$ 开始，并按顺序累加前面的两项，最终得到 $F_N$，如程序 4.7 所示。

**程序 4.7** 使用 for 循环通过迭代求解斐波那契数列

```
 1  #include <iostream>
 2  #include <vector>
 3  using namespace std;
 4
 5  int main() {
 6      vector<long long> F(50);
 7      F[0] = 0, F[1] = 1;
 8      for (int N = 2; N < 50; ++N) {
 9          F[N] = F[N - 1] + F[N - 2];
10          cout << "第" << N << "项=" << F[N] << endl;
11      }
12  }
```

通过使用这样的 for 循环迭代方法，仅需进行 $N-1$ 次加法操作就可以计算出斐波那契数列的第 $N$ 项。与使用递归函数的方法需要指数时间（$O\left(\left(\dfrac{1+\sqrt{5}}{2}\right)^N\right)$）相比，使用 for 循环迭代法的计算复杂度为 $O(N)$。

为什么使用递归函数计算斐波那契数列，计算复杂度会急剧增加呢？原因在于存在一些无谓的重复计算，如图 4.3 所示。可以看到，不仅是 `fibo(4)`，在计算 `fibo(3)` 时也重复执行了 3 次。为了避免这种无谓的重复计算，将相同参数的答案"记忆化"是一个有效的方法。

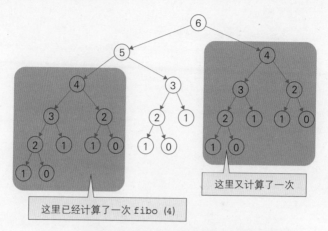

图 4.3　求解斐波那契数列的递归函数中的重复计算

---

## 使用记忆化避免递归函数中的重复计算

memo[v] ← fibo(v) 的答案（未计算时存储 −1）。

---

在递归函数中，如果某个值被计算过，就直接返回记忆化的值，而不再执行递归调用。这种理念也被称为缓存（cache），它可以显著地提高运算速度。通过记忆化，计算复杂度可以降至 $O(N)$。这与使用 `for` 循环迭代法的计算复杂度相同。具体可以按程序 4.8 的方式实现[①]。

**程序 4.8　记忆化求解斐波那契数列的递归函数**

```cpp
1  #include <iostream>
2  #include <vector>
3  using namespace std;
4
```

---

[①]　在这里，为简单起见，我们将数组 `memo` 设置为全局变量。但实际上，滥用全局变量被认为是不理想的做法。为了解决这个问题，可以考虑一些对策，例如将数组 `memo` 设计为递归函数的引用参数，以避免滥用全局变量。

```
 5     // 用于记忆化 fibo(N) 答案的数组
 6     vector<long long> memo;
 7
 8     long long fibo(int N) {
 9         // 基本情况
10         if (N == 0) return 0;
11         else if (N == 1) return 1;
12
13         // 检查缓存（如果已被计算，则返回答案）
14         if (memo[N] != -1) return memo[N];
15
16         // 缓存答案的同时进行递归调用
17         return memo[N] = fibo(N - 1) + fibo(N - 2);
18     }
19
20     int main() {
21         // 将缓存用的数组初始化为 -1
22         memo.assign(50, -1);
23
24         // 调用 fibo(49)
25         fibo(49);
26
27         // 将答案存储在 memo[0], …, memo[49] 中
28         for (int N = 2; N < 50; ++N) {
29             cout << "第" << N << "项=" << memo[N] << endl;
30         }
31     }
```

　　上面的记忆化可以看作使用递归函数实现了一个叫作动态规划（dynamic programming）的框架。动态规划是一种用途广泛且功能强大的算法，我们将在第 5 章中详细介绍。

## 4.5 ● 递归示例（3）：使用递归函数的穷举搜索法

　　第 3 章强调了作为所有算法基础的穷举搜索法的重要性。我们可以使用递归函数编写清晰的搜索算法来处理复杂的问题。作为此类问题的示例，我们再次讨论在 3.5 节中解决过的部分和问题。

### 4.5.1　部分和问题

　　下面重现部分和问题。

> ## 部分和问题（再现）
>
> 　　给定 $N$ 个正整数 $a_0$, $a_1$, $\cdots$, $a_{N-1}$ 和一个正整数 $W$，判断是否可以从 $a_0$, $a_1$, $\cdots$, $a_{N-1}$ 中选择若干个整数，使它们的和为 $W$。

　　我们在 3.5 节中使用整数的二进制表示和位运算设计了一个穷举搜索算法。在本节中，我们使用递归函数设计一个穷举搜索算法。

　　首先，我们大致了解一下解决部分和问题的递归算法。考虑以下两种情况[①]。

- 未选择 $a_{N-1}$。

- 选择 $a_{N-1}$。

　　对于前者，部分和问题可以化简为从 $a_0$, $a_1$, $\cdots$, $a_{N-1}$ 中剔除 $a_{N-1}$ 后，剩余 $N-1$ 个整数，能否从中选取若干个数，使得它们的和等于 $W$。类似地，对于后者，部分和问题可以化简为从 $a_0$, $a_1$, $\cdots$, $a_{N-1}$ 中剔除 $a_{N-1}$ 后，剩余 $N-1$ 个整数，能否从中选取若干个数，使得它们的和等于 $W-a_{N-1}$。上述情况可以总结为图 4.4。

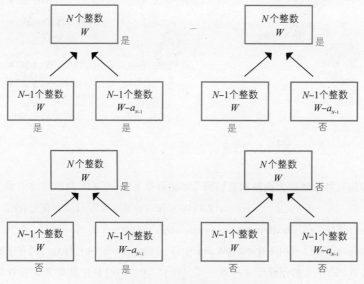

**图 4.4　通过递归算法解决部分和问题**

---

① 在这里，我们考虑选择 $a_{N-1}$ 和不选择 $a_{N-1}$ 两种情况，但是有人认为考虑是否选择 $a_0$ 的方式更自然。无论选择哪种方式，都可以解决问题。但为了与第 5 章介绍的动态规划方法联系起来，我们选择对 $a_{N-1}$ 进行情况划分。

- 从 $N-1$ 个整数 $a_0, a_1, \cdots, a_{N-2}$ 中选择若干个整数，其和能否为 $W$。
- 从 $N-1$ 个整数 $a_0, a_1, \cdots, a_{N-2}$ 中选择若干个整数，其和能否为 $W-a_{N-1}$。

如果两个问题中至少有一个问题的答案为"是"，则原问题的答案为"是"；如果两个问题的答案均为"否"，则原问题的答案也为"否"。

通过这种方式，原问题从关于 $N$ 个整数 $a_0, a_1, \cdots, a_{N-1}$ 的问题，转化为关于 $N-1$ 个整数 $a_0, a_1, \cdots, a_{N-2}$ 的两个问题。同理，我们可以将 $N-1$ 个整数的问题化简为 $N-2$ 个整数的问题，再将其化简为 $N-3$ 个整数的问题，以此类推，递归地重复。

例如，对于 $N=4$, $a=(3, 2, 5, 6)$, $W=14$ 的输入数据，可以如图 4.5 所示递归求解。

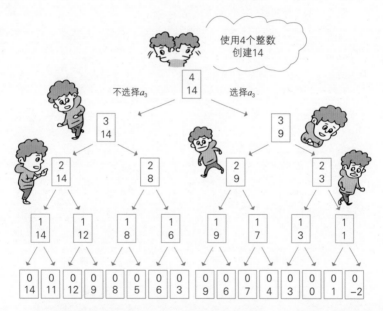

图 4.5　部分和问题的递归解决过程。在图中的每个节点中，上方的数字表示当前问题涉及多少个整数，下方的数字表示想要创建的值。原问题为"使用 4 个整数创建 14"，它可以分解为"使用 3 个整数创建 14"和"使用 3 个整数创建9"两个子问题

原问题"使用 4 个整数创建 14"可以转化为使用 3 个整数创建 14 或 9 的问题。进一步地，这个问题可以转化为使用 2 个整数创建 14、8、9 或 3 的问题。最终得到了这样一个问题：使用 0 个整数创建 14、11、12、9、8、5、6、

3、9、6、7、4、3、0、1、-2 中的任意一个。由于 0 个整数的总和始终为 0，因此如果这 16 个整数中包含 0，则答案为"是"，如果不包含 0，则答案为"否"。由于其中包含 0，因此原问题的答案为"是"（见图 4.6）。

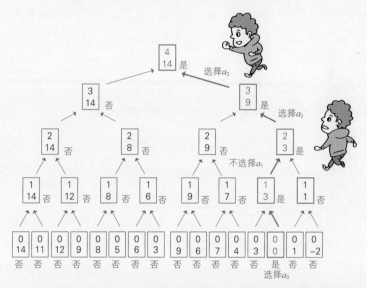

图 4.6  从部分和问题的基本情况开始逐步推导出答案的过程。通过具体的选择，如"选择 $a_3$""选择 $a_2$""不选择 $a_1$""选择 $a_0$"，我们可以看到所选整数的总和变为 $W$

现在我们实现一个解决部分和问题的递归算法。递归函数的定义如下。

> **求解部分和问题的递归函数**
>
>     bool func(int i, int w) ←从 $a_0, a_1, \cdots, a_{N-1}$ 中选取前 $i$ 个数（$a_0,$
> $a_1, \cdots, a_{i-1}$）中选取若干个数，判断它们的总和是否等于 $w$，并以布尔值的形式返回。

在这种情况下，func(N, W) 将成为最终的答案。一般而言，func(i, w) 的值在 func(i-1, w) 和 func(i-1, w-$a_{i-1}$) 中至少有一个为 true 时才为 true。最后，我们来考虑作为基本情况的 func(0, w) 的情况。这相当于问题"能否使用 0 个整数创建 $w$"。由于 0 个整数的总和始终为 0，因此如果 $w=0$，则返回 true，否则返回 false。此外，基本情况在最坏情况下会被调

用 $2^N$ 次。这些基本情况对应着对于 $N$ 个整数 $a_0, a_1, \cdots, a_{N-1}$ 中的每一个整数，都有"选择"或"不选择"这两种选择方式。由于有 $2^N$ 种这样的方式，因此基本情况在最坏情况下会被调用 $2^N$ 次。

综上所述，具体实现如程序 4.9 所示。在递归函数 func 的参数中，还传递了输入数组 a。此外需要注意的是，在处理 func(i, w) 时，如果 func (i-1, w) 的值为 true，那么无须再查看 func(i-1, w-a$_{i-1}$) 的值，因为此时已经确定 func(i, w) 为 true，所以直接返回 true（第 13 行）。此递归算法的计算复杂度为 $O(2^N)$，详细内容将在下一节解释。

**程序 4.9　通过使用递归函数进行穷举搜索来解决部分和问题**

```
1   #include <iostream>
2   #include <vector>
3   using namespace std;
4
5   bool func(int i, int w, const vector<int> &a) {
6       // 基本情况
7       if (i == 0) {
8           if (w == 0) return true;
9           else return false;
10      }
11
12      // 不选择 a[i-1] 的情况
13      if (func(i - 1, w, a)) return true;
14
15      // 选择 a[i-1] 的情况
16      if (func(i - 1, w - a[i - 1], a)) return true;
17
18      // 均为 false 的情况则为 false
19      return false;
20  }
21
22  int main() {
23      // 输入
24      int N, W;
25      cin >> N >> W;
26      vector<int> a(N);
27      for (int i = 0; i < N; ++i) cin >> a[i];
28
29      // 递归解答
30      if (func(N, W, a)) cout << "Yes" << endl;
31      else cout << "No" << endl;
32  }
```

### 4.5.2　针对部分和问题的递归穷举搜索的计算复杂度

我们分析一下程序 4.9 所示算法的计算复杂度。最坏情况即答案为"否"的情况，也就是需要考虑遍历全部 $2^N$ 种选择的情况。此时，递归调用的过程可以用图 4.5 所示的方式表示，函数 func 被调用的次数约为：

$$1 + 2 + 2^2 + \cdots + 2^N = 2^{N+1} - 1 = O(2^N)$$

此外，仔细观察函数 func(i, w) 的处理过程，除了进行递归调用的部分，其他处理的计算复杂度可以视为常数。因此，整体的计算复杂度为 $O(2^N)$。

### 4.5.3　部分和问题的记忆化（＊）

现在，我们已经知道解决部分和问题的递归穷举搜索算法的计算复杂度为 $O(2^N)$。这属于指数时间算法，不是特别高效。然而事实上，通过进行类似于 4.4 节所介绍的记忆化操作，我们可以将计算复杂度优化为 $O(NW)$。思考题 4.6 中提供了相关内容，请务必思考。此外，这种方法也可以被视为使用递归函数实现的动态规划。在 5.4 节中，我们将针对实质上包含部分和问题的背包问题，展示基于动态规划的计算复杂度为 $O(NW)$ 的算法。

## 4.6 ● 分治法

分治法是利用递归的算法设计技巧，本节将解释分治法的理念。首先，回顾一下 4.5.1 节用递归解决部分和问题的方法。我们将关于 $N$ 个整数 $a_0, a_1, \cdots,$ $a_{N-1}$ 的问题分解为关于 $N-1$ 个整数 $a_0, a_1, \cdots, a_{N-2}$ 的两个子问题。同样地，将关于 $N-1$ 个整数的问题分解为关于 $N-2$ 个整数的子问题，然后进一步分解为关于 $N-3$ 个整数的子问题，以此类推，逐步递归地进行。通过这种方式，我们将给定的问题分解为若干子问题，然后递归地解决每个子问题，并将它们的解组合起来构成原问题的解。这种算法被称为分治（divide-and-conquer）法。

分治法是一种非常基础的理念，我们在许多情况下无意识地使用它。上述对部分和问题使用递归，计算复杂度为 $O(2^N)$ 的算法也可以被看作分治法的应用实例之一。而分治法真正发挥作用的是在已经获得多项式时间算法的问题上，为了设计更快的算法，我们会有意识地使用分治法。在 12.4 节中，我们将为具有 $O(N^2)$ 计算复杂度的简单排序算法设计基于分治法的更快的归并排序算法（计算复杂度为 $O(N \log N)$）。

在分析基于分治法的算法的计算复杂度时，通常会考虑与输入大小 $N$ 相关的计算时间 $T(N)$ 的递归式。关于这种计算复杂度的分析方法，我们将在 12.4.3 节中详细解释。

## 4.7 ● 小结

递归是一个在后续几乎所有章节中都会出现的重要概念，务必熟练掌握。

在 4.4 节中，我们通过记忆化技术对用于计算斐波那契数列第 $N$ 项的递归算法进行了优化，这种思路可以视为动态规划的一种形式。关于动态规划，我们将在第 5 章中进行更详细的讲解。

此外，我们还介绍了基于递归函数本质目标，即"将问题分解为更小的子问题并解决"的框架，这就是分治法的理念。第 12 章将对有效应用分治法的示例——归并排序算法——进行解释，并分析其计算复杂度。

● ● ● ● ● ● ● ● ● ● **思考题** ● ● ● ● ● ● ● ● ● ●

**4.1** 泰波那契数列的定义如下。

$T_0 = 0$

$T_1 = 0$

$T_2 = 1$

…

$T_N = T_{N-1} + T_{N-2} + T_{N-3}$（$N = 3, 4, \cdots$）

根据这个定义，泰波那契数列为 0, 0, 1, 1, 2, 4, 7, 13, 24, 44, …。请为求解第 $N$ 项的泰波那契数列值设计递归函数。（难易度★☆☆☆☆）

**4.2** 请利用思考题 4.1 中设计的递归函数，通过使用记忆化技术来提高效率。另外，请对应用记忆化后的计算复杂度进行评估。（难易度★★☆☆☆）

**4.3** 请证明斐波那契数列的一般项可以表示为 $F_N = \dfrac{1}{\sqrt{5}}\left[\left(\dfrac{1+\sqrt{5}}{2}\right)^N - \left(\dfrac{1-\sqrt{5}}{2}\right)^N\right]$。（难易度★★★☆☆）

**4.4** 请证明程序 4.5 中所示算法的计算复杂度为 $O\left(\left(\dfrac{1+\sqrt{5}}{2}\right)^N\right)$。（难易度

★ ★ ★ ☆ ☆ ）

**4.5** 我们定义 "753 数" 为十进制表示中，每位的数字是 7、5 或 3，并且 7、5 和 3 都至少出现一次的整数。给定一个正整数 $K$，设计一个算法来计算不大于 $K$ 的 "753 数" 的数量。请注意，我们希望算法在 $K$ 的位数为 $d$ 的情况下具有大约 $O(3^d)$ 的计算复杂度。（来源：AtCoder Beginner Contest 114 C-755，难易度 ★ ★ ★ ☆ ☆ ）

**4.6** 使用递归函数解决部分和问题的算法（见程序 4.9）的计算复杂度为 $O(2^N)$。请对该算法进行记忆化操作，使其计算复杂度降低至 $O(NW)$。（难易度 ★ ★ ★ ☆ ☆ ，该问题与第 5 章介绍的动态规划相关）

第 **5** 章

# 设计技巧（3）：动态规划

现在我们将学习本书前半部分的重要内容——动态规划。动态规划是一种广泛适用的方法，从计算机科学中的重要问题，到社会各个领域的优化问题，都有其应用。动态规划有许多解决模式，也有许多已知的特殊技巧。然而，如果逐个分析其结构，会发现它们实际上是由一些典型的模式构成的。在本章中，让我们以"实践出真知"的精神，踏入动态规划的世界，探索其中奥妙。

## 5.1 ● 动态规划是什么

在 4.4 节和 4.5.3 节中，我们展示了对使用递归函数的算法进行记忆化可以提高效率。这些可以被视为使用递归函数实现的动态规划（dynamic programming, DP）。除了使用递归函数的方法，实现动态规划还有许多不同的途径。

我们可以从多个角度观察动态规划，所以很难用一句话解释动态规划是什么。抽象地说，动态规划是这样一种方法：将给定的整体问题巧妙地分解为一系列子问题，同时在解决每个子问题时进行记忆化，然后从小的子问题逐步求解出更大的子问题。在这个过程中，如何巧妙将无数可能的状态整合成子问题是关键。

我们以 4.5 节提到的部分和问题为例进行思考。在 4.5 节中，针对涉及 $N$ 个整数 $a_0, a_1, \cdots, a_{N-1}$ 的问题，我们考虑了与最初的 $i$ 个整数 $a_0, a_1, \cdots, a_{i-1}$ 有关的子问题。然后，我们定义了一个递归函数 func(i, w)（w=0, 1, ···, W），并使用 func(i-1, w)（w=0, 1, ···, W）来表示其解。通过这样的方式，我们创建了一个状态，可以按 $i=0, 1, \cdots, N$ 的顺序构建其解[1]。整个流程运用的就是动态规划的核心思想，但你也许对于如何将其应用于其他问题还不太清晰。在本章

_____

[1] 很多人可能会回想起高中数学中的递推式和数学归纳法。

中，我们将通过多个问题，尝试将动态规划的不同思维方式有机地联系在一起。

此外，动态规划可以高效地解决很多问题，以下是其中的一些例子。它的一个重要特点是可以跨领域应用。本书旨在提高读者构建解决实际问题的实用算法的技能，可以说动态规划正是一个核心主题。

- 背包问题。
- 调度问题。
- 发电计划问题。
- 编辑距离（diff 命令）。
- 语音识别模式匹配问题。
- 文本分词。
- 隐马尔可夫模型。

动态规划虽然能够解决众多问题，但它的应用变化丰富，学习起来较为困难。然而，如果关注动态规划中将整体问题分解为一系列子问题这一点，已知的模式并不是那么多。只要进行足够的练习，掌握其中的几种模式，就能够解决许多问题。

## 5.2 ● 动态规划的示例问题

我们通过解决一个简单的问题，引出动态规划中的各个概念。这个问题是来自 AtCoder Educational DP Contest 的 A-Frog1 问题（青蛙问题）。

---

**AtCoder Educational DP Contest A-Frog1**

如图 5.1 所示，有 $N$ 个由树桩组成的台阶，第 $i$（$i$=0, 1, …, $N$−1）个台阶的高度为 $h_i$。一只青蛙最初位于第 0 个台阶上，通过以下两种行动来重复前进，目标是到达第 $N$−1 个台阶。

- 从台阶 $i$ 移动到台阶 $i$+1（代价为 $h_i$−$h_{i+1}$）。
- 从台阶 $i$ 移动到台阶 $i$+2（代价为 $h_i$−$h_{i+2}$）。

请计算青蛙到达第 $N$−1 个台阶所需的最小代价总和。

---

图 5.1　青蛙问题的示意图

青蛙在每一步中都有两个选择，即"移动到下一个台阶"和"跳过一个台阶"。

举个例子，我们考虑 $N=7$，$h=(2, 9, 4, 5, 1, 6, 10)$ 的情况。在这里，我们将青蛙问题的特定情境抽象化，纯粹地将其视为数学问题。如图 5.2 所示，我们用圆圈表示台阶，用箭头表示在台阶之间的移动。同时，我们使用箭头上的权重值表示在台阶之间移动所需的代价。例如，从台阶 0 移动到台阶 1 的代价为 $|2-9|=7$，从台阶 0 移动到台阶 2 的代价为 $|2-4|=2$。

需要注意的是，将对象之间的关系用圆圈和箭头来表示称为图（graph），其中圆圈称为顶点（vertex），箭头称为边（edge）。有关图的详细解释请参见第 10 章和第 13 章以及后续章节。现在，用图的语言来表达，可以将 $N=7$，$h=(2, 9, 4, 5, 1, 6, 10)$ 的青蛙问题重新理解为以下形式。

> **将青蛙问题理解为图问题**
>
> 在图 5.2 中，找出从顶点 0 到顶点 6 的路径中，所经过的每条边的权重之和最小的方法。

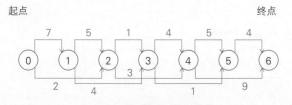

图 5.2　表示青蛙问题的图

通过将要解决的问题形式化为图问题，可以更清晰地处理问题。现在，我们分别计算青蛙到达顶点 0, 1, 2, 3, $\cdots$, 6 的最小代价。虽然最终我们想要计算的是从顶点 0 到达顶点 6 的最小代价，但是直接思考到达顶点 6 的方法可能会让人迷惑。

因此，我们将逐步考虑到达顶点 0, 1, 2, …, 6 的最小代价，并将它们保存在类似图 5.3 所示的 dp 数组中。首先，顶点 0 是起点，所以代价为 0，因此 $dp[0] = 0$。

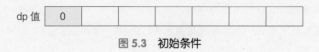

图 5.3　初始条件

接下来我们考虑到达顶点 1 的最小代价。到达顶点 1 的唯一方法是从顶点 0 前往，如图 5.4 所示。该代价为 $0+7=7$，所以 $dp[1]=7$。

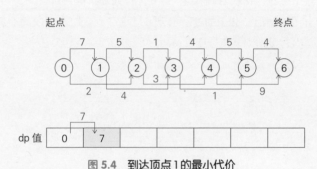

图 5.4　到达顶点 1 的最小代价

然后我们考虑到达顶点 2 的最小代价。要想到达顶点 2，可以使用以下两种方法。

- 从顶点 1 直接移动到相邻的顶点 2。
- 从顶点 0 跳过一个台阶到达顶点 2。

使用前一种方法时，最小代价为 $dp[1]+5 = 12$。使用后一种方法时，最小代价为 $dp[0]+2=2$。因为后者的代价更小，所以 $dp[2]=2$（见图 5.5）。

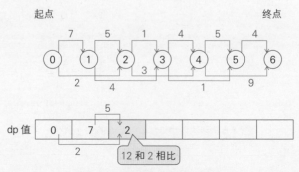

图 5.5　到达顶点 2 的最小代价

我们再考虑到达顶点 3 的最小代价。同样地，通过对前行状态进行分类讨论，可以得到以下两种方法。

- 从顶点 2 直接移动到相邻的顶点 3。
- 从顶点 1 跳过一个台阶到达顶点 3。

前者的最小代价为 dp[2]+1=3，后者的最小代价为 dp[1]+4=11。因为前者的代价更小，所以 dp[3]=3。

按照这个方法，依次对顶点 4、5、6 进行处理，得到 dp[4]= 5，dp[5]=4，dp[6]=8，如图 5.6 所示。以上的过程可以通过程序 5.1 来实现。由于每个顶点的处理时间都是常数，因此计算复杂度为 $O(N)$。

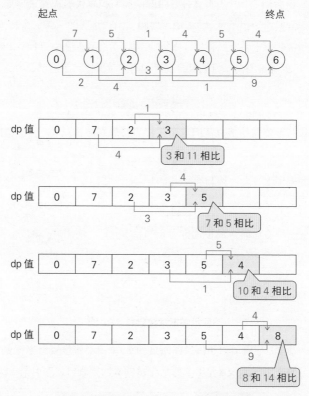

图 5.6　到达顶点 3、4、5、6 的最小代价

## 程序 5.1　用动态规划解决青蛙问题

```cpp
1  #include <iostream>
2  #include <vector>
3  using namespace std;
4  const long long INF = 1LL << 60; // 取足够大的值 ( 此处取 2^60 )
5
6  int main() {
7      // 输入
8      int N;
9      cin >> N;
10     vector<long long> h(N);
11     for (int i = 0; i < N; ++i) cin >> h[i];
12
13     // 定义数组 dp ( 将整个数组初始化为表示无穷大的值 )
14     vector<long long> dp(N, INF);
15
16     // 初始条件
17     dp[0] = 0;
18
19     // 循环
20     for (int i = 1; i < N; ++i) {
21         if (i == 1) dp[i] = abs(h[i] - h[i - 1]);
22         else dp[i] = min(dp[i - 1] + abs(h[i] - h[i - 1]),
23                          dp[i - 2] + abs(h[i] - h[i - 2]));
24     }
25
26     // 答案
27     cout << dp[N - 1] << endl;
28 }
```

总结一下上述流程中的关键点。在这次讨论中，我们将"计算到达顶点 $i$ 的最小代价"这个"大型"问题分解成了两个"小型"子问题。

- 计算到达顶点 $i-1$ 的最小代价 ( 从顶点 $i-1$ 移动到 $i$ 的情况 )。
- 计算到达顶点 $i-2$ 的最小代价 ( 从顶点 $i-2$ 移动到 $i$ 的情况 )。

前者的最小代价计算过程汇总在 $dp[i-1]$ 这个值中，后者的最小代价计算过程汇总在 $dp[i-2]$ 这个值中。例如，对于前者而言，关键在于"到达顶点 $i-1$ 有无数种方法，但只需考虑其中代价最小的那一种"。也就是说，如果存在一条到达顶点 $i$ 的最小代价路径 $p$，且 $p$ 的上一个移动是从顶点 $i-1$ 到顶点 $i$ 的移动，那么路径 $p$ 中到达顶点 $i-1$ 之前的部分也必须实现最小代价。这种在考虑原问题的最优性时，也要求子问题具有最优性的结构被称为最优子结构 ( optional substructure )。利用这种结构，我们按顺序确定每个子问题的最优值，这种方法被称为动态规划。最优子结构展示了动态规划理念中"通过整合可归并的计算避免重复计算，以提高效率"的概念。

## 5.3 ● 关于动态规划的各种概念

本节将介绍与动态规划相关的概念。

### 5.3.1 松弛

松弛（relaxation）是动态规划的核心概念之一。请注意，"松弛"的含义将在第 14 章中再次详细解释。在本章中，只需理解以下内容即可：将 dp 数组中的每个值逐渐更新为较小的值。

现在，我们回到之前的动态规划实现程序 5.1。我们在图 5.7 中详细分解了更新顶点 3 的 dp 值的过程。

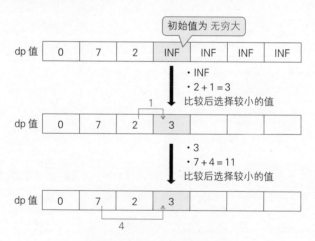

**图 5.7 分解 dp[3] 的更新过程**

首先，我们将 dp[3] 的值初始化为无穷大（INF）。

然后，我们考虑从顶点 2 移动而来的情况，计算代价 dp[2]+1（=3），与当前 dp[3]（=∞）进行比较。因为 dp[2]+1（=3）更小，所以我们将 dp[3] 的值从 ∞ 更新为 3。

最后，我们考虑从顶点 1 移动而来的情况，计算代价 dp[1]+4（=11），与当前 dp[3]（=3）进行比较。因为 dp[3]（=3）更小，所以我们保持 dp[3] 的值不变，仍为 3。

打个比方，dp[3] 就像是在保持着当前可考虑的最小值这个"冠军"，它要与 dp[2]+1 或者 dp[1]+4 这些"挑战者"进行竞争。如果挑战者拥有比冠军更小的值，那么 dp[3] 的值将会被更新为挑战者的值。为了更便捷地实现这样的处理，可以使用程序 5.2 中的 chmin[①] 函数。函数的第一个参数 a 代表之前比喻中的冠军，第二个参数 b 代表挑战者。而且，考虑到 a 和 b 可以是整型、浮点型等不同类型，chmin 被设计成一个模板函数。

**程序 5.2　实现松弛处理的函数** chmin

```
1  template<class T> void chmin(T& a, T b) {
2      if (a > b) {
3          a = b;
4      }
5  }
```

若使用函数 chmin，先前提到的更新 dp[3] 的操作可以如下一般简洁地实现。

- 将 dp[3] 初始化为无穷大。
- chmin(dp[3], dp[2]+1)。
- chmin(dp[3], dp[1]+4)。

一般情况下，在图中，如果存在从顶点 $u$ 到顶点 $v$ 的转移边，其转移代价用 $c$ 表示，那么

$$chmin(dp[v], dp[u]+c)$$

这个操作，就是针对这条边进行的松弛操作。需要注意的是，函数 chmin 的第一个参数是引用类型[②]。通过这种方式，当执行 chmin(dp[v], dp[u]+c) 时，会将 dp[v] 的值在更新时进行改写。

现在，我们尝试在青蛙问题中纳入松弛的概念，并实现动态规划，可如程序 5.3 一样实现[③]。由于对每个顶点执行了常数时间的处理，因此计算复杂度为 $O(N)$。

---

① chmin 是 choose minimum 的缩写。
② 若对"引用类型"这个概念还不太了解，可以尝试阅读 AtCoder 平台上关于 C++ 的教材 APG4b 中的"引用类型"部分。
③ 第 29 行 if（i>1）的检查是为了确保数组 dp 不会发生数组越界访问。当 i=1 时，需要注意 dp[i-2] 的索引值会变成 −1。

**程序 5.3　用纳入松弛概念的动态规划解决青蛙问题**

```
1   #include <iostream>
2   #include <vector>
3   using namespace std;
4
5   template<class T> void chmin(T& a, T b) {
6       if (a > b) {
7           a = b;
8       }
9   }
10
11  const long long INF = 1LL << 60; // 取足够大的值（此处取 2⁶⁰）
12
13  int main() {
14      // 输入
15      int N;
16      cin >> N;
17      vector<long long> h(N);
18      for (int i = 0; i < N; ++i) cin >> h[i];
19
20      // 初始化（因为要求最小值，所以初始化为 INF）
21      vector<long long> dp(N, INF);
22
23      // 初始条件
24      dp[0] = 0;
25
26      // 循环
27      for (int i = 1; i < N; ++i) {
28          chmin(dp[i], dp[i - 1] + abs(h[i] - h[i - 1]));
29          if (i > 1) {
30              chmin(dp[i], dp[i - 2] + abs(h[i] - h[i - 2]));
31          }
32      }
33
34      // 答案
35      cout << dp[N - 1] << endl;
36  }
```

### 5.3.2　基于拉取和基于推送

　　我们通过稍微改变动态规划的松弛方式来实现另一种解法。到目前为止，松弛处理如图 5.8 左侧所示，采用了"考虑指向顶点 $i$ 的转移"（这里称其为基于拉取，即 pull-based）的形式。相比之下，我们也可以采用如图 5.8 右侧所示的"考虑从顶点 $i$ 发出的转移"（这里称其为基于推送，即 push-based）的形式。基于拉取是在 dp[$i-2$] 或 dp[$i-1$] 的值已确定时更新 dp[$i$] 的值，而基于推送是在 dp[$i$] 的值已确定时，使用该值来更新 dp[$i+1$] 或 dp[$i+2$] 的值。使用基于推送的形式实现动态规划如程序 5.4 所示。计算复杂度与使用基于拉取形式时相同，仍为 $O(N)$。

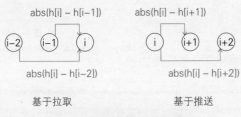

图 5.8　基于拉取和基于推送

### 程序 5.4　用基于推送的形式解决青蛙问题

```cpp
#include <iostream>
#include <vector>
using namespace std;

template<class T> void chmin(T& a, T b) {
    if (a > b) {
        a = b;
    }
}

const long long INF = 1LL << 60; // 取足够大的值（此处取 2⁶⁰）

int main() {
    // 输入
    int N;
    cin >> N;
    vector<long long> h(N);
    for (int i = 0; i < N; ++i) cin >> h[i];

    // 初始化（因为要求最小值，所以初始化为 INF）
    vector<long long> dp(N, INF);

    // 初始条件
    dp[0] = 0;

    // 循环
    for (int i = 0; i < N; ++i) {
        if (i + 1 < N) {
            chmin(dp[i + 1], dp[i] + abs(h[i] - h[i + 1]));
        }
        if (i + 2 < N) {
            chmin(dp[i + 2], dp[i] + abs(h[i] - h[i + 2]));
```

```
33              }
34          }
35
36          // 答案
37          cout << dp[N - 1] << endl;
38  }
```

### 5.3.3  基于拉取和基于推送的比较

到目前为止，我们讨论了基于拉取和基于推送两种形式。无论采用哪种形式，都对图 5.2 中的所有边执行了一次松弛处理。基于拉取和基于推送实际上只是松弛处理边的顺序有所不同。在任何一种形式中，都要注意以下要点。

> **松弛处理的顺序要点**
>
> 为了使从顶点 $u$ 到顶点 $v$ 的转移边的松弛处理有效，需要确保 $dp[u]$ 的值已确定。

在第 14 章中，我们将讨论更一般的图的最短路径问题。我们将介绍贝尔曼 – 福特算法和迪杰斯特拉算法，无论哪种算法，实现的关键都是满足这个前提条件。

### 5.3.4  将动态规划视为穷举搜索的记忆化

关于我们之前讨论的青蛙问题，本节将进一步解释另一种思考方式。动态规划是一种强有力的工具，它能够将呈现指数时间复杂度的简单穷举搜索算法转化为多项式时间复杂度的算法。实际上，在青蛙问题中，如图 5.2 所示，从顶点 0 到顶点 $N-1$ 的可能路径数量呈指数级增长[①]。因此，我们可以尝试使用对这些路径进行穷举搜索的方法来解决青蛙问题。我们可以借助第 4 章介绍的递归函数，按照程序 5.5 的方式进行实现[②]。

---

① 如果进行粗略的分析，每一步有两种选择，所以总共有大约 $2^N$ 种路径。如果进行更详细的分析，这实际上会变成一个求解斐波那契数列通项的问题，从而得知路径的数量为 $O\left(\left(\dfrac{1+\sqrt{5}}{2}\right)^N\right)$。

② 递归函数的名称 rec 是 recursive function 的缩写。

**程序 5.5 对于青蛙问题，使用递归函数进行简单的穷举搜索**

```
1   // rec(i)：从台阶 0 到达台阶 i 所需要的最小代价
2   long long rec(int i) {
3       // 台阶 0 的代价为 0
4       if (i == 0) return 0;
5
6       // 将存储答案的变量初始化为 INF
7       long long res = INF;
8
9       // 从台阶 i-1 移动来的情况
10      chmin(res, rec(i - 1) + abs(h[i] - h[i - 1]));
11
12      // 从台阶 i-2 移动来的情况
13      if (i > 1) chmin(res, rec(i - 2) + abs(h[i] - h[i - 2]));
14
15      // 返回答案
16      return res;
17  }
```

通过使用这个递归函数，调用 rec(N-1) 可以求解最小代价。然而，这种方法是指数时间的算法，会导致花费很长的计算时间。造成这种情况的原因与4.4 节中的"求解斐波那契数列的递归函数中存在一些无谓的重复计算"完全相同（见图 5.9）。这个问题的解决方法在 4.4 节中提到过。以下实施记忆化的方法是有效的。

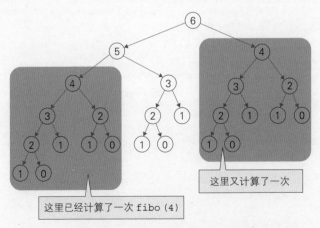

**图 5.9 求解斐波那契数列的递归函数中的重复计算（再现）**

　　像这种实施记忆化的递归被称为记忆化递归。使用记忆化递归，可以像程
序 5.6 一样解决青蛙问题。在这里，算法使用 dp 数组来进行记忆化，其计算复
杂度与基于拉取和基于推送的算法的计算复杂度相同，都是 $O(N)$。

### 程序 5.6　用记忆化递归解决青蛙问题

```
1   #include <iostream>
2   #include <vector>
3   using namespace std;
4
5   template<class T> void chmin(T& a, T b) {
6       if (a > b) {
7           a = b;
8       }
9   }
10
11  const long long INF = 1LL << 60; // 将其设定为一个足够大的值
12
13  // 输入数据和用于记忆化的动态规划（DP）表
14  int N;
15  vector<long long> h;
16  vector<long long> dp;
17
18  long long rec(int i) {
19      // 如果 dp[i] 的值已经被更新，则直接返回
20      if (dp[i] < INF) return dp[i];
21
22      // 基本情况：台阶 0 的代价为 0
23      if (i == 0) return 0;
24
25      // 将表示答案的变量初始化为 INF
26      long long res = INF;
27
28      // 从台阶 i-1 移动来的情况
29      chmin(res, rec(i - 1) + abs(h[i] - h[i - 1]));
30
31      // 从台阶 i-2 移动来的情况
32      if (i > 1) chmin(res, rec(i - 2) + abs(h[i] - h[i - 2]));
33
34      // 同时记忆化结果并返回
35      return dp[i] = res;
```

```
36    }
37
38    int main() {
39        // 接收输入
40        cin >> N;
41        h.resize(N);
42        for (int i = 0; i < N; ++i) cin >> h[i];
43
44        // 初始化（因为是最小化问题，所以初始化为 INF）
45        dp.assign(N, INF);
46
47        // 答案
48        cout << rec(N - 1) << endl;
49    }
```

在这里，我们提取程序 5.6 中递归函数 rec 内部的递归调用部分。

- chmin(res, rec(i-1)+abs(h[i]-h[i-1]));
- chmin(res, rec(i-2)+abs(h[i]-h[i-2]));

将其与程序 5.3 中展示的动态规划（基于拉取形式）中的松弛处理进行比较。通过将变量 res 替换为 dp[i]，将 rec(i-1) 和 rec(i-2) 分别替换为 dp[i-1] 和 dp[i-2]，可以看出这两者执行的是完全相同的松弛处理。由此可知，记忆化递归实际上可以被视为通过递归函数实现的动态规划。

在这里，我们回顾一下记忆化递归中 dp 数组的含义。数组 dp 用于对通过递归函数进行穷举搜索获得的结果进行记忆化。换句话说，变量 dp[i] 中包含从台阶 0 到台阶 i 的搜索结果的精简总结。通过这个方式，算法实现了将可被总结的搜索情况汇总在一起，并避免重复计算的设计，从而实现了显著的加速。这种"汇总搜索情况"的思想正是动态规划的核心。

## 5.4 ● 动态规划示例（1）：背包问题

本节将深入讨论在动态规划入门中必定会涉及的背包问题。需要注意的是，当尝试解决背包问题时，意识到除了动态规划，还有其他解决方案是很重要的。例如，在第 18 章中，我们将使用基于分支限界法的解法和基于贪婪法的近似算法来解决背包问题。

背包问题与 3.5 节和 4.5 节中多次讲解的部分和问题非常相似。

有 $N$ 个物品，第 $i$（$i=0, 1, \cdots, N-1$）个物品的重量为 $\text{weight}_i$，价值为 $\text{value}_i$。

从这 $N$ 个物品中选择一些物品，使其总重量不超过 $W$，求所选物品的总价值的最大值（$W$ 和 $\text{weight}_i$ 均为非负整数）。

在动态规划中，许多问题可以通过以下方式构建子问题，并通过考虑子问题之间的转移关系来解决。在 4.5 节中也有类似的思路。

## 动态规划中构建子问题的基本模式

对于与 $N$ 个对象 $\{0, 1, \cdots, N-1\}$ 相关的问题，考虑关于前 $i$ 个对象 $\{0, 1, \cdots, i-1\}$ 的子问题。

前文所述的青蛙问题是关于 $N$ 个台阶的问题，我们将其分解为关于前 $i$ 个台阶的子问题来解决。在青蛙问题中，青蛙在每个台阶上都有两种选择，即"移动到下一个台阶"和"跳过一个台阶"。而在背包问题中，从 $0, 1, \cdots, i-1$ 个物品中选择一些物品后有两种选择，即"选择第 $i$ 个物品"和"不选择第 $i$ 个物品"。这种在每个阶段都有多个选择的情况表明可以有效地应用动态规划。首先，我们可以尝试将动态规划的子问题划分如下：

$\text{dp}[i]$ ←在从 $0, 1, \cdots, i-1$ 个物品中选择总重量不超过 $W$ 的物品时，所选物品的总价值的最大值。

然而，如果按照这样的方式，我们将无法建立子问题之间的转移。当考虑从 $\text{dp}[i]$ 到 $\text{dp}[i+1]$ 的转移时，会涉及选择第 $i$ 个物品和不选择第 $i$ 个物品这两种选择。然而，在决定选择第 $i$ 个物品时，我们并不知道总重量是否会超过 $W$。为了解决这个问题，我们将动态规划的子问题（表）的定义改变如下。

## 解决背包问题的动态规划

$\text{dp}[i][w]$ ←在从 $0, 1, \cdots, i-1$ 个物品中选择总重量不超过 $W$ 的物品时，所选物品的总价值的最大值。

在无法成功地为设计的表建立转移时，我们通常会添加更多的索引以确保能够建立有效的转移。添加索引的过程通常对应于将选择归纳为更细粒度的组。事实上，动态规划的核心概念是将可能的情况按组归纳。组的数量以及组之间的转移数量将最终决定计算的复杂度。因此，我们希望将组合并的粒度尽可能变大，但太大可能会导致无法建立转移。为了确保能够建立组之间的转移，我们通常会尽量将粒度调整到合适的程度，这正是动态规划的精髓所在。对于背包问题，原本有 $O(2^N)$ 种选择，但通过分组，最终可以将其归纳到 $O(NW)$ 个组中。

接下来，我们将详细考虑背包问题的动态规划。初始条件是当没有任何物品可选时，重量和价值都为 0，因此

$$dp[0][w] = 0(w = 0, 1, \cdots, W)$$

在已经计算出 $dp[i][w] = 0(w = 0, 1, \cdots, W)$ 的情况下，考虑如何计算 $dp[i+1][w](w = 0, 1, \cdots, W)$。我们分情况来思考。在 5.3.1 节中我们定义了 chmin 函数，而背包问题是最大化问题，所以这里会使用与之相反的 chmax 函数。

### 当选择第 $i$ 个物品时

如果在选择后进入状态 $(i+1, w)$，那么在选择前的状态是 $(i, w - weight[i])$，并且该状态的价值会增加 value[i]，变为：

`chmax(dp[i+1][w], dp[i][w-weight[i]]+value[i])`

取两者中较大值（仅在 $w - weight[i] \geq 0$ 时）

### 当不选择第 $i$ 个物品时

如果不选择，重量和价值都不会发生变化，所以直接取较大值：

`chmax(dp[i+1][w], dp[i][w])`

通过逐步对这些移动进行松弛操作，可以依次求出数组 dp 中的每个单元格的值。这可以通过程序 5.7 来实现。假设共有 6 个物品，其重量和价值分别为 (weight, value) = {(2, 3), (1, 2), (3, 6), (2, 1), (1, 3), (5, 85)}。在图 5.10 中，我们展示了这个问题的松弛处理过程。

- 对于红色单元格，选择"选择"会得到更高的价值。
- 对于蓝色单元格，选择"不选择"会得到更高的价值。

最后，我们计算上述算法的计算复杂度。由于有 $O(NW)$ 个子问题，每个子问题的松弛操作可以在 $O(1)$ 时间内完成，因此总计算复杂度为 $O(NW)$。

| i/w | 0 | 1 | 2 | 3 | 4 | 5 | 6 | 7 | 8 | 9 | 10 | 11 | 12 | 13 | 14 | 15 |
|---|---|---|---|---|---|---|---|---|---|---|---|---|---|---|---|---|
| 0 | 0 | 0 | 0 | 0 | 0 | 0 | 0 | 0 | 0 | 0 | 0 | 0 | 0 | 0 | 0 | 0 |
| 1 | 0 | 0 | 3 | 3 | 3 | 3 | 3 | 3 | 3 | 3 | 3 | 3 | 3 | 3 | 3 | 3 |
| 2 | 0 | 2 | 3 | 5 | 5 | 5 | 5 | 5 | 5 | 5 | 5 | 5 | 5 | 5 | 5 | 5 |
| 3 | 0 | 2 | 3 | 6 | 8 | 9 | 11 | 11 | 11 | 11 | 11 | 11 | 11 | 11 | 11 | 11 |
| 4 | 0 | 2 | 3 | 6 | 8 | 9 | 11 | 11 | 12 | 12 | 12 | 12 | 12 | 12 | 12 | 12 |
| 5 | 0 | 3 | 5 | 6 | 9 | 11 | 12 | 14 | 14 | 15 | 15 | 15 | 15 | 15 | 15 | 15 |
| 6 | 0 | 3 | 5 | 6 | 9 | 85 | 88 | 90 | 91 | 94 | 96 | 97 | 99 | 99 | 100 | 100 |

图 5.10　针对背包问题的动态规划表的更新过程

**程序 5.7　针对背包问题的动态规划**

```cpp
#include <iostream>
#include <vector>
using namespace std;

template<class T> void chmax(T& a, T b) {
    if (a < b) {
        a = b;
    }
}

int main() {
    // 输入
    int N; long long W;
    cin >> N >> W;
    vector<long long> weight(N), value(N);
    for (int i = 0; i < N; ++i) cin >> weight[i] >> value[i];

    // 定义 DP 表
    vector<vector<long long>> dp(N + 1, vector<long long>(W + 1, 0));

    // DP 循环
    for (int i = 0; i < N; ++i) {
        for (int w = 0; w <= W; ++w) {
            // 选择第 i 个物品的情况
            if (w - weight[i] >= 0) {
                chmax(dp[i + 1][w], dp[i][w - weight[i]] + value[i]);
            }

            // 不选择第 i 个物品的情况
            chmax(dp[i + 1][w], dp[i][w]);
        }
    }

    // 输出最适值
    cout << dp[N][W] << endl;
}
```

## 5.5 ● 动态规划示例（2）：求解编辑距离

到目前为止，我们已经通过一套动态规划方法解决了一系列问题。这些问题的类型是针对 $N$ 个目标对象的问题，在前 $i$ 个对象上构建子问题，并在 $i$ 逐步增加的过程中进行更新。本节将探讨这类问题的延展问题，即涉及多个序列并沿着这些序列前进的问题，因此需要设计具有多个索引的动态规划方法。

具体来说，我们将求解编辑距离（edit distance）。编辑距离用于测量两个字符串 $S$ 和 $T$ 的相似度。一般来说，衡量两个序列相似度的问题在许多应用中具有重要地位，例如：

- diff 命令
- 拼写检查器
- 空间识别、图像识别、语音识别等领域的模式匹配
- 生物信息学（用于测量两个 DNA 之间的相似度等应用，也称为序列比对，即 sequence alignment）

例如，对于 $S=$ "bag" 和 $T=$ "big"，因为只有中间的字符（a 和 i）不同，所以我们可以认为二者的相似度为 1。而对于 $S=$ "kodansha" 和 $T=$ "danshari"，我们可以从 $S$ 中删除前两个字符 k、o，然后在末尾添加两个字符 r、i，从而使得它与 $T$ 一致，因此我们可以认为二者的相似度为 2+2=4。基于以上观察，我们考虑下面的最优化问题。

---

**编辑距离**

给定两个字符串 $S$ 和 $T$。我们希望通过以下 3 种操作来将字符串 $S$ 转换为 $T$。请计算在这一系列操作中，操作次数的最小值。这个最小值被称为 $S$ 和 $T$ 之间的编辑距离。

- 变更：选择 $S$ 中的一个字符并将其改为任意其他字符。
- 删除：选择 $S$ 中的一个字符并将其删除。
- 插入：在 $S$ 的任意位置插入一个字符。

---

假设 $S=$ "logistic"，$T=$ "algorithm"，由图 5.11 可知，编辑距离为 6[1]。

---

[1] 注意，即使两个字符串 $S$ 和 $T$ 的长度不同，编辑距离仍然可以被定义。

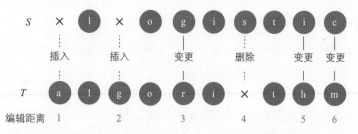

图 5.11　$S=$ "logistic" 和 $T=$ "algorithm" 之间的编辑距离

注意，以下两个操作是等价的。

- 在 $S$ 的任意位置插入一个字符。
- 选择 $T$ 中的一个字符并将其删除。

因此，"在 $S$ 的任意位置插入一个字符"操作可以被替换为"选择 $T$ 中的一个字符并将其删除"操作。

尽管编辑距离问题与背包问题等相比涉及多个序列，但仍然可以通过类似的算法来解决。我们尝试定义动态规划的子问题（表）如下。

---

**求解编辑距离的动态规划**

　　$dp[i][j]$ ←字符串 $S$ 的前 $i$ 个字符与字符串 $T$ 的前 $j$ 个字符之间的编辑距离。

---

首先，初始条件为 $dp[0][0]=0$。这表示字符串 $S$ 的前 0 个字符与字符串 $T$ 的前 0 个字符都是空字符串，因为空字符串之间无须进行任何编辑操作即可匹配。

然后，我们开始考虑状态转移。对于字符串 $S$ 的前 $i$ 个字符和字符串 $T$ 的前 $j$ 个字符，我们通过分析它们各自的最后一个字符[1]是如何对应的来分情况讨论。

### 变更操作（将 $S$ 的第 $i$ 个字符与 $T$ 的第 $j$ 个字符进行对应）

　　当 $S[i-1]=T[j-1]$ 时，不需要增加额外的编辑成本，因此：

　　chmin( dp[i][j], dp[i-1][j-1] )

---

[1]　$S$ 的前 $i$ 个字符的最后一个字符在 C++ 编程中表示为 S[i-1]，请注意这一点。这是因为第 1 个字符表示为 S[0]。

当 $S[i-1] \neq T[j-1]$ 时，需要进行变更操作，因此：

chmin( dp[i][j], dp[i-1][j-1]+1 )

### 删除操作（删除 $S$ 的第 $i$ 个字符）

执行删除 $S$ 的第 $i$ 个字符的操作，因此：

chmin( dp[i][j], dp[i-1][j]+1 )

### 插入操作（删除 $T$ 的第 $j$ 个字符）

执行删除 $T$ 的第 $j$ 个字符的操作，因此：

chmin( dp[i][j], dp[i][j-1]+1 )

利用上述转移方式进行松弛操作，其实现如程序 5.8 所示。另外，对于例子 $S$ = "logistic"，$T$ = "algorithm"，我们在图 5.12 中展示了对其进行松弛操作的过程。我们可以将这个求解编辑距离问题的示例视为求解图 5.12 中从左上角的顶点到右下角的顶点的最短路径长度问题。

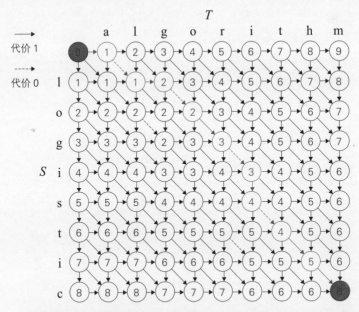

图 5.12　求解编辑距离问题的动态规划的过程。连接顶点的箭头中，实线箭头表示移动代价为 1，虚线箭头表示移动代价为 0。红色标记的路径展示了实现最小代价的方法。向右移动表示对 $S$ 进行字符的"插入"，向下移动表示对 $S$ 进行字符的"删除"。而在向右下角移动的路径中，代价为 1 的部分表示对 $S$ 进行字符的"变更"

这个算法的计算复杂度是 $O(|S||T|)$。另外请注意，在程序 5.8 中，通过插入 if(i>0) 这样的 if 循环等措施来确保数组 dp 的索引不会变成负数。

**程序 5.8　利用动态规划来求解编辑距离**

```cpp
1  #include <iostream>
2  #include <string>
3  #include <vector>
4  using namespace std;
5
6  template<class T> void chmin(T& a, T b) {
7      if (a > b) {
8          a = b;
9      }
10 }
11
12 const int INF = 1 << 29; // 取足够大的值（此处取 2²⁹）
13
14 int main() {
15     // 输入
16     string S, T;
17     cin >> S >> T;
18
19     // 定义 DP 表
20      vector<vector<int>> dp(S.size() + 1, vector<int>(T.size() + 1, INF));
21
22     // DP 初始条件
23     dp[0][0] = 0;
24
25     // DP 循环
26     for (int i = 0; i <= S.size(); ++i) {
27         for (int j = 0; j <= T.size(); ++j) {
28             // 变更操作
29             if (i > 0 && j > 0) {
30                 if (S[i - 1] == T[j - 1]) {
31                     chmin(dp[i][j], dp[i - 1][j - 1]);
32                 }
33                 else {
34                     chmin(dp[i][j], dp[i - 1][j - 1] + 1);
35                 }
36             }
37
38             // 删除操作
39             if (i > 0) chmin(dp[i][j], dp[i - 1][j] + 1);
40
41             // 插入操作
42             if (j > 0) chmin(dp[i][j], dp[i][j - 1] + 1);
43         }
44     }
```

```
45
46        // 输出答案
47        cout << dp[S.size()][T.size()] << endl;
48  }
```

求解编辑距离的方法为"如何求解长度不同的序列之间的相似度"的问题提供了一种指导。通常，在求解长度不同的两个序列之间的相似度时，可以采用图 5.13 中的两种思考方式：一种是如何将每个元素互相对应起来以获得最佳匹配（左侧），另一种是如何在保持顺序的情况下匹配各个元素（右侧）。这两种思考方式都可以通过动态规划进行优化。求解编辑距离采用了左侧的思考方式。右侧的优化问题被称为最小成本弹性匹配问题，在语音识别等领域得到应用。关于通过动态规划解决最小成本弹性匹配问题的方法，你可以阅读推荐书目 [1] 中的"动态规划"章节了解更多细节。

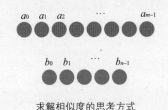

求解相似度的思考方式

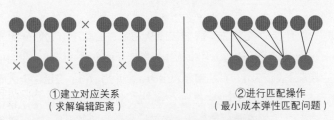

①建立对应关系　　　　　　②进行匹配操作
（求解编辑距离）　　　　（最小成本弹性匹配问题）

图 5.13　求解长度不同的序列之间的相似度

## 5.6 ● 动态规划示例（3）：区间分割的最优化

最后，我们考虑一个将排成一列的 $N$ 个对象分割到各个区间的最优化问题（见图 5.14）。

求最优分割

**图 5.14** 将 *N* 个对象分割到各个区间的问题的示意图

与 5.5 节的编辑距离问题类似，区间分割的最优化问题也有多种多样的应用，例如：

- 分词
- 发电计划问题（优化开关电源的时机）
- 区间最小二乘法（使用分段线性函数进行拟合）
- 各种调度问题

这里，分词是指将句子，如"我爱你"，分成"我 / 爱 / 你"的单词分割任务。在本节中，我们将解决这种区间分割的最优化问题。

在解决区间分割的最优化问题之前，我们先来看看区间的表示方法。如图 5.15 所示，当有 *N* 个元素 $a_0, a_1, \cdots, a_{N-1}$ 排成一列时，这些元素的"两端"和"空隙"共有 *N*+1 个位置。我们按照从左到右的顺序给它们分配编号 0，1，$\cdots$，*N*。区间对应于从这些编号中选择两个编号的方式。因此，我们可以将区间的左端编号表示为 *l*，右端编号表示为 *r*，并用 [*l*, *r*) 表示这个区间。在这种情况下，区间 [*l*, *r*) 中包含 $a_l, a_{l+1}, \cdots, a_{r-l}$ 共 *r*−*l* 个元素。请注意，该区间不包括元素 $a_r$。[①] 现在我们抽象化地考虑区间分割的最优化问题，看看以下的问题描述。

---

① 当用 [*l*, *r*) 表示元素列的区间时，要注意左边包含元素 $a_l$，右边不包含元素 $a_r$。这种左闭右开的区间表示形式在 C++ 和 Python 等标准库中被广泛采用。例如，在使用 Python 中的列表切片功能时，如果要提取 *a*=[0, 1, 2, 3, 4] 的第 1 个元素（1）和第 2 个元素（2），需要使用 *a*[1:3] 而不是 *a*[1:2]。

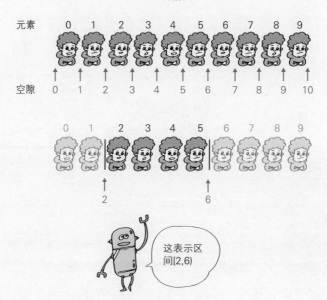

图 5.15　区间的表示方法

## 区间分割的最优化问题

假设有 $N$ 个元素排在一列，我们希望将其分割为若干个区间。每个区间 $[l, r)$ 都附带分数 $c_{l, r}$。

取正整数 $K$（$K \leq N$），当 $K+1$ 个整数 $t_0, t_1, \cdots, t_k$ 满足 $0=t_0<t_1<\cdots<t_k=N$ 时，区间分割 $[t_0, t_1), [t_1, t_2), \cdots, [t_{K-1}, t_K)$ 的分数被定义为

$$c_{t_0, t_1}+c_{t_1, t_2}+\cdots+c_{t_{K-1}, t_K}$$

请考虑所有可能的 $N$ 元素的区间分割方式，并求出可能的最小分数。

例如，如图 5.16 所示，当 $N=10$，$K=4$，$t=(0, 3, 7, 8, 10)$ 时，分数为 $c_{0, 3}+c_{3, 7}+c_{7, 8}+c_{8, 10}$。

分数：$c_{0,3}+c_{3,7}+c_{7,8}+c_{8,10}$

图 5.16　区间分割的分数

在解决这个问题时，动态规划提取子问题的方法跟目前为止介绍的方法没有什么区别。

---

**区间分割的动态规划**

dp[i] ← 对于区间 $[0, i)$，求将其分成几个区间的最小成本。

---

初始条件是 dp[0]＝0。接下来考虑松弛处理。在分割区间 $[0, i)$ 的方法中，根据最终分割的位置来分情况讨论，如图 5.17 所示。当最后一个分割位置为 $j$（$j=0, 1, \cdots, i-1$）时，区间 $[0, i)$ 的分割可以看作"在区间 $[0, i)$ 的分割基础上添加一个新的区间 $[j, i)$"。因此，松弛处理可以表示如下：

```
chmin(dp[i], dp[j]+c[j][i])
```

上述处理可以用程序 5.9 来实现。需要注意的是，应谨慎对待这种算法的计算复杂度。在之前的动态规划算法中，数组 dp 的大小决定了计算复杂度。而这一次，数组大小为 $O(N)$，但由于每个数组的松弛处理都要执行 $O(N)$ 次，因此总体计算复杂度为 $O(N^2)$。应该注意的是，动态规划的计算复杂度不仅取决于数组 dp 的大小，还取决于松弛处理中的转移次数。

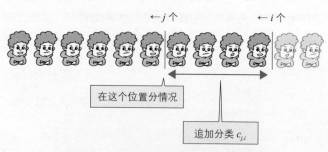

$\leftarrow j$ 个　　　　　　$\leftarrow i$ 个

在这个位置分情况

追加分类 $c_{j,i}$

图 5.17　区间分割的动态规划的转移概念

```
1   #include <iostream>
2   #include <vector>
3   using namespace std;
4
5   template<class T> void chmin(T& a, T b) {
6       if (a > b) {
7           a = b;
8       }
9   }
10
11  const long long INF = 1LL << 60; // 取足够大的值（此处取 2^60）
12
13  int main() {
14      // 输入
15      int N;
16      cin >> N;
17      vector<vector<long long>> c(N + 1, vector<long long>(N + 1));
18      for (int i = 0; i < N + 1; ++i) {
19          for (int j = 0; j < N + 1; ++j) {
20              cin >> c[i][j];
21          }
22      }
23
24      // 定义 DP 表
25      vector<long long> dp(N + 1, INF);
26
27      // DP 初始条件
28      dp[0] = 0;
29
30      // DP 循环
31      for (int i = 0; i <= N; ++i) {
32          for (int j = 0; j < i; ++j) {
33              chmin(dp[i], dp[j] + c[j][i]);
34          }
35      }
36
37      // 输出答案
38      cout << dp[N] << endl;
39  }
```

## 5.7 ● 小结

　　动态规划是解决许多问题的有效手段。迄今为止，我们已经设计出如此多的技术和模式，以至于很容易让你认为要掌握动态规划并不容易。其实，当你关注动态规划表的设计模式时，会发现已知的模式出奇地少。尽管本章介绍的问题存在一些差异，但它们都属于"对于涉及 $N$ 个对象的问题，将前 $i$ 个对象的问题视为子问题"的模式。当然，有很多问题不符合这个模式（例如思考题 5.9），但仅仅掌握这个模式就足以解决大量问题。

以"实践出真知"的精神来解决各种问题非常重要。最终，你将能够把具体问题分解为全局模式和该问题特有的情况来思考。

● ● ● ● ● ● ● ● ● ● ● ● **思考题** ● ● ● ● ● ● ● ● ● ● ● ●

**5.1** 假设有一个持续 $N$ 天的暑假，第 $i$ 天在海边游泳的幸福感为 $a_i$，捉虫的幸福感为 $b_i$，做作业的幸福感为 $c_i$。每一天你都可以从这 3 种活动中选择一种进行，但不能连续两天选择相同的活动。请设计一个计算复杂度为 $O(N)$ 的算法，求得 $N$ 天内幸福感的最大值。（来源：AtCoder Educational DP Contest C-Vacation，难易度 ★ ★ ☆ ☆ ☆）

**5.2** 请设计一个计算复杂度为 $O(NW)$ 的算法，用于判断从 $N$ 个正整数 $a_0$, $a_1$, $\cdots$, $a_{N-1}$ 中选择若干个数，其总和是否等于给定的整数 $W$。（3.5 节和 4.5 节的部分和问题，难易度 ★ ★ ☆ ☆ ☆）

**5.3** 给定 $N$ 个正整数 $a_0$, $a_1$, $\cdots$, $a_{N-1}$ 和正整数 $W$。从这些数中选择若干个，取它们的和，求出总和为 $1 \sim W$ 的整数有多少种可能。请设计一个计算复杂度为 $O(NW)$ 的算法来解决这个问题。（来源：AtCoder Typical DP Contest A-竞赛，难易度 ★ ★ ☆ ☆ ☆）

**5.4** 给定 $N$ 个正整数 $a_0$, $a_1$, $\cdots$, $a_{N-1}$ 和正整数 $W$。请设计一个计算复杂度为 $O(NW)$ 的算法，用于判断从 $N$ 个整数中选择不超过 $k$ 个整数，使其总和等于 $W$ 是否可行。（难易度 ★ ★ ★ ☆ ☆）

**5.5** 给定 $N$ 个正整数 $a_0$, $a_1$, $\cdots$, $a_{N-1}$ 和正整数 $W$。当允许对这 $N$ 个整数进行任意次数的累加时，设计一个计算复杂度为 $O(NW)$ 的算法，用于判断是否可以通过累加使得这 $N$ 个整数的总和等于 $W$。（无限制的部分和问题，难易度 ★ ★ ★ ☆）

**5.6** 给定 $N$ 个正整数 $a_0$, $a_1$, $\cdots$, $a_{N-1}$ 和正整数 $W$。当允许对这 $N$ 个整数分别累加 $m_0$, $m_1$, $\cdots$, $m_{N-1}$ 次时，设计一个计算复杂度为 $O(NW)$ 的算法，判断是否可以通过累加使得这 $N$ 个整数的总和等于 $W$。（有个数限制的部分和问题，难易度 ★ ★ ★ ☆）

**5.7** 给定两个字符串 $S$ 和 $T$。通常，我们可以从字符串中提取一些字符而不

改变其顺序，将它们连接起来形成一个新的字符串，并称其为子字符串。设计一个计算复杂度为 $O(|S||T|)$ 的算法，求解既是 $S$ 的子字符串又是 $T$ 的子字符串的最长字符串。（来源：AtCoder Educational DP Contest F-LCS，最长公共子序列问题，难易度★★★☆☆）

**5.8** 假设要将 $N$ 个整数 $a_0, a_1, \cdots, a_{N-1}$ 分成 $M$ 个连续的区间。请设计一个计算复杂度为 $O(N^2M)$ 的算法，求得这些区间的平均值之和的最大值。（来源：立命馆大学编程竞赛 2018 day1 D-水槽，难易度★★★☆☆）

**5.9** 有 $N$ 只史莱姆排成一行，每只史莱姆的大小分别是 $a_0, a_1, \cdots, a_{N-1}$。进行以下操作：选择相邻的两只史莱姆合并，直到只剩下一只史莱姆为止。合并大小为 $x$ 和 $y$ 的史莱姆会得到大小为 $x+y$ 的史莱姆，合并的成本为 $x+y$。请设计一个计算复杂度为 $O(N^3)$ 的算法，求得将史莱姆合并为一只所需的最小总成本。（来源：AtCoder Educational DP Contest N-Slimes，最优二叉查找树问题，难易度★★★★☆）

第 **6** 章

# 设计技巧（4）：二分搜索

当提到二分搜索时，许多人可能会想到一种"从已排序的数组中快速搜索目标值"的算法。然而，将二分搜索视为一种"通过逐步将搜索范围减半来求解问题"的方法，可以使它的适用范围更广泛。在本章中，我们将展示通过将二分搜索应用于各种问题，设计出更高效的算法。

## 6.1 ● 数组的二分搜索

在 1.1 节中，我们介绍了一种基于二分搜索的方法作为赢得猜年龄游戏的策略。传统意义上，二分搜索很少被视为一种设计技巧，这是因为二分搜索从狭义上来说指的是一种从已排序的数组中快速搜索目标值的算法。然而，二分搜索的思想具有更广泛的通用性，可以用于解决各种问题。因此，在本书中，我们不仅将二分搜索视为一种数组搜索技巧，还将其作为一种适用范围更广的算法设计技巧来进行讲解。

在本节中，我们首先在传统的"从已排序的数组中快速搜索目标值的算法"语境下解释二分搜索。在后文中，为了能够将其应用于更多问题，我们将对二分搜索的思想进行抽象化处理。

### 6.1.1 数组的二分搜索方法

要执行数组的二分搜索，必须确保数组已经排序。如果未排序，首先需要对数组进行排序处理。有关排序算法，我们将在第 12 章中进行详细说明，在此我们将介绍能够以 $O(N \log N)$（$N$ 是数组大小）的计算复杂度实施"将数组元素按升序排列"操作的方法。

以 $N=8$ 的已排序数组 $a=\{3, 5, 8, 10, 14, 17, 21, 39\}$ 为例，假设我们想要在其中查找值 key 是否存在。如图 6.1 所示，首先我们将 left 设为 0，将 right 设为 $N-1$（此例中为 7），然后比较 key 的值与 $a[(\text{left}+\text{right})/2]$。在这里，$(\text{left}+\text{right})/2$

为 7/2，注意要舍去结果的小数部分，只取整数部分 3。我们将 key 的值与 $a[(left+right)/2]$ 进行比较，按以下方式进行。

- 如果 key=$a[(left+right)/2]$，则返回"是"并结束搜索。
- 如果 key<$a[(left+right)/2]$，则只保留数组的左半部分。
- 如果 key>$a[(left+right)/2]$，则只保留数组的右半部分。

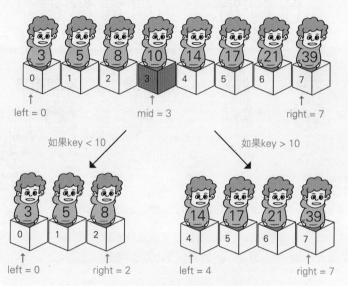

图 6.1　在数组中查找元素的二分搜索机制

假设 key=9，由于 $a[(left+right)/2]$=10，key<$a[(left+right)/2]$，因此只保留数组的左半部分。无论是仅保留左半部分还是仅保留右半部分，搜索范围都会缩小至一半以下。这种"将搜索范围缩小一半"的操作将一直重复，直到数组大小变为 1 或更小。

我们根据每个 key 的值，将二分搜索的过程整理成流程图，如图 6.2 所示。如果 key=17，首先与数组的中间元素 10 进行比较，由于 17 大于 10，因此向右移动。然后，与剩余数组的中间元素 17 进行比较，由于二者相等，因此立即返回"是"。如果 key=15，执行与 key=17 时类似的步骤，当与 17 进行比较时，由于 15 小于 17，因此向左移动。此时，剩余数组大小为 1，因此判断 key 是否跟该值（14）相等，然后结束处理。由于此情况下二者不相等，因此返回"否"。

实现上述二分搜索的程序如程序 6.1 所示。在这里，不仅判断数组中是否包含 key，还将返回满足 $a[i]$=key 的索引 $i$。

图 6.2　在数组中查找元素的二分搜索流程图

此外，我们简单评估一下数组的二分搜索所需的计算复杂度。在二分搜索中，数组大小每一步都减半。例如，当 $N=2^{10}$ 时，数组大小变化为：

$$1024 \rightarrow 512 \rightarrow 256 \rightarrow 128 \rightarrow 64 \rightarrow 32 \rightarrow 16 \rightarrow 8 \rightarrow 4 \rightarrow 2 \rightarrow 1$$

如上所述，经过 10 步后，数组大小变为 1。通常情况下，当 $N=2^{k}$ 时，数组大小将在 $k$ 步内减小到 1。由于 $k=\log N$，因此计算复杂度为 $O(\log N)$。我们将在下一节进行更严谨的论述。

**程序 6.1**　用于在数组中搜索目标值的二分搜索

```
1   #include <iostream>
2   #include <vector>
3   using namespace std;
4
5   const int N = 8;
6   const vector<int> a = {3, 5, 8, 10, 14, 17, 21, 39};
7
8   // 返回目标值 key 的索引（如果不存在，则返回 -1）
9   int binary_search(int key) {
10      int left = 0, right = (int)a.size() - 1; // 数组 a 的左边界
    和右边界
11      while (right >= left) {
```

```
12              int mid = left + (right - left) / 2; // 区间的中间位置
13              if (a[mid] == key) return mid;
14              else if (a[mid] > key) right = mid - 1;
15              else if (a[mid] < key) left = mid + 1;
16          }
17          return -1;
18  }
19
20  int main() {
21      cout << binary_search(10) << endl;       // 3
22      cout << binary_search(3) << endl;        // 0
23      cout << binary_search(39) << endl;       // 7
24
25      cout << binary_search(-100) << endl;     // -1
26      cout << binary_search(9) << endl;        // -1
27      cout << binary_search(100) << endl;      // -1
28  }
```

### 6.1.2　数组的二分搜索所需的计算复杂度

在本节中，我们将更精确地计算数组的二分搜索的计算复杂度。仍然要关注每一步中数组大小的减半。更确切地说，如果数组大小 $m$ 是偶数，则根据保留数组的左半部分还是右半部分来判断数组大小，但考虑到最坏情况（保留数组的右半部分），我们将数组大小视为 $m/2$。如果数组大小 $m$ 是奇数，则无论是保留数组的左半部分还是右半部分，数组大小都为 $m/2$（舍去小数部分）。

在这里，我们注意到对于原始数组大小 $N$，存在一个非负整数 $k$，满足：

$$2^k \leqslant N < 2^{k+1}$$

$k$ 是 $\log N$ 的下舍整数值。此时，在最坏情况下，需要 $k$ 个步骤才能将数组大小减小为 1。由此可知，数组的二分搜索的计算复杂度为 $O(\log N)$。

## 6.2 ● C++ 的 `std::lower_bound()`

我们进一步将 6.1 节所介绍的数组的二分搜索提升为具有更高通用性的方法。我们不仅可以判断要搜索的值是否存在于数组中，还可以在相同的计算复杂度下获取更丰富的信息。例如，C++ 标准库中的 `std::lower_bound()` 函数具有以下规格[①]。

---

① 类似的函数 `std::upper_bound()` 也存在于标准库中。该函数返回在数组 $a$ 中满足条件 $a[i] > key$ 的最小索引 $i$。

> ## C++ 中 `std::lower_bound()` 函数的规格
>
> 在已排序的数组 $a$ 中，`std::lower_bound()` 函数返回满足条件 $a[i] \geq$ key 的最小索引 $i$（确切地说，返回一个 iterator）。该处理所需的计算复杂度为 $O(\log N)$，其中 $N$ 为数组大小。

通过使用 `std::lower_bound()`，我们不仅可以简单地搜索数组 $a$ 中是否存在 key，还可以获得更多信息。

- 即使数组 $a$ 中不存在值 key，我们也可以了解大于或等于 key 的范围内的最小值。
- 当数组 $a$ 中存在多个值等于 key 时，我们还可以找到其中最小的索引。

此外，当数轴被分为多个区间（见图 6.3）时，我们还可以利用 `std::lower_bound()` 来确定值 key 所属的区间。关于如何实现 `std::lower_bound()`，将在 6.3 节以更通用的形式进行解释。

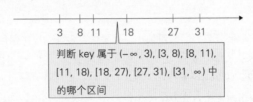

图 6.3　利用 `std::lower_bound()` 来确定值 key 所属的区间

## 6.3 ● 泛化的二分搜索

通过引入 C++ 中 `std::lower_bound()` 函数的思想，我们可以进一步扩展二分搜索的适用范围。进一步泛化后，二分搜索还可以解决以下问题（见图 6.4）。

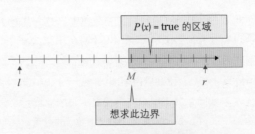

图 6.4　泛化的二分搜索思路

## 泛化的二分搜索

对于每个整数 $x$，给定一个条件 $P$，它返回 true 或 false 的判断。假设存在整数 $l, r$（$l < r$），满足以下条件：

- $P(l) =$ false；
- $P(r) =$ true；
- 存在某个整数 $M$（$l < M \leqslant r$），对于 $x < M$，$P(x) =$ false，对于 $x \geqslant M$，$P(x) =$ true。

在此情况下，使 $D = r - l$，二分搜索可以在 $O(\log D)$ 的计算复杂度内找到 $M$，这里 $D$ 表示区间长度。

为了实现泛化的二分搜索，首先准备两个变量 left 和 right，并按以下方式初始化：

- 将 left 初始化为 $l$；
- 将 right 初始化为 $r$。

此时，满足 $P(\text{left}) =$ false，$P(\text{right}) =$ true。然后，按图 6.5 所示的方式，逐步缩小范围，直到 right $-$ left $= 1$ 为止。

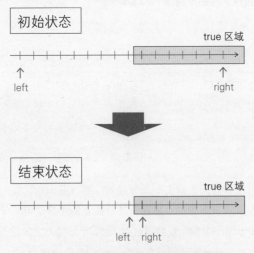

图 6.5　二分搜索中的搜索范围思路

具体而言，当 mid=(left+right)/2 时：

- 如果 $P(\text{mid})=\text{true}$，则将 right 更新为 mid；
- 如果 $P(\text{mid})=\text{false}$，则将 left 更新为 mid。

更新时，一个重要的性质是，从算法的初始状态到结束状态，变量 left 始终在 false 一侧，变量 right 始终在 true 一侧。当算法结束时：

- right 将成为满足 $P(\text{right})=\text{true}$ 的最小整数值；
- left 将成为满足 $P(\text{left})=\text{false}$ 的最大整数值。

以上过程的具体实现参见程序 6.2。值得注意的是，这种泛化的二分搜索的思想在现实世界中也常被用于程序调试等场景。当已知程序中某行出现错误时，通过二分搜索的方式找出错误发生的位置是一种有效的方法。

**程序 6.2　泛化的二分搜索的基本形式**

```
1   #include <iostream>
2   using namespace std;
3
4   // x是否满足条件
5   bool P(int x) {
6
7   }
8
9   // 返回满足 P(x)=true 的最小整数值
10  int binary_search() {
        // 使得 P(left) = false, P(right) = true
11      int left, right;
12
13      while (right - left > 1) {
14          int mid = left + (right - left) / 2;
15          if (P(mid)) right = mid;
16          else left = mid;
17      }
18      return right;
19  }
```

本节的最后还将提到实数上的二分搜索。到目前为止，我们所讨论的二分搜索都是针对整数搜索问题的。然而，二分搜索的思想也可以应用于实数搜索问题。与整数搜索情况类似，我们通过在 false/true 边界之间进行搜索来确定搜索范围。与整数搜索情况下的结束条件为"搜索范围长度为 1"不同，在实数搜索中，我们根据所需的精度来定义结束条件。值得注意的是，对于这种实数上的二分搜索，有许多人称之为"二分法"，以与整数上的二分搜索区别开来。

## 6.4 ● 进一步泛化的二分搜索（＊）

我们进一步将二分搜索进行泛化。迄今为止，我们一直假设整个区域被二分为 "false 区域" 和 "true 区域"（我们将这个假设称为单调性假设），并考虑寻找其边界的方法，如图 6.6 所示。

现在，我们放弃区域被二分为 false 区域和 true 区域的假设[①]。假设整个区域被分为表示 false 的区域和表示 true 的区域，且在 $x=l, r$（$l<r$）处位于不同侧。在这种情况下，我们可以将二分搜索视为在从 $l$ 侧颜色向 $r$ 侧颜色变化的边界中求出任意一个边界的算法（见图 6.7）。由于放弃了单调性假设，边界可能不止一个，但可以通过二分搜索找到其中的任意一个。

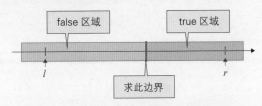

图 6.6  被分为 false 区域和 true 区域的情况

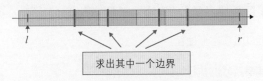

图 6.7  不依赖单调性假设的二分搜索

这种泛化在以下情况下特别有效。

---

**泛化的实数上的二分搜索**

给定一个在某个实数区间内的连续函数 $f(x)$，假设在该区间内的两个点 $l, r$（$l<r$）满足 $f(l)$ 和 $f(r)$ 中的一方为正，另一方为负。在这种情况下，通过二分搜索（或称为二分法），可以在任意高的精度下找到满足 $f(x)=0$ 的实数 $x$（$l<x<r$）。

---

① 如果放弃该假设，可以构造出"当 $x$ 为有理数和无理数时颜色不同"的异常情况，所以我们暂且假设颜色的边界是有限的。

虽然放弃了单调性假设，但在函数 $f(x)$ 上施加了连续性的条件。在这种情况下，根据中间值定理（intermediate value theorem），可以保证存在满足 $f(x) = 0$ 的实数 $x$（$l < x < r$）。

## 6.5 ● 应用示例（1）：猜年龄游戏

我们可以使用泛化的二分搜索来解决一些问题。首先，我们考虑 1.1 节介绍的猜年龄游戏。

> **猜年龄游戏（再现）**
>
> 你想猜一下初次见面的 A 女士的年龄。假设已知 A 女士的年龄在 20～35 岁。
>
> 你最多可以问 A 女士 4 次答案为"是"或者"否"的问题，然后猜出 A 女士的年龄。如果猜对，那你就赢了；如果猜错，那你就输了。
>
> 你能在这个猜年龄游戏中胜出吗？

准备好变量 left 和 right，并在缩小范围时维持以下两个条件。

- $x$=left 表示"A 女士的年龄小于 $x$"的条件不成立。
- $x$=right 表示"A 女士的年龄小于 $x$"的条件成立。

程序 6.3 可以实现这个过程。

**程序 6.3　猜年龄游戏的执行**

```
1   #include <iostream>
2   using namespace std;
3
4   int main() {
5       cout << "Start Game!" << endl;
6
7       // 用区间 [left, right) 来表示 A 女士年龄的候选范围
8       int left = 20, right = 36;
9
10      // 不能确定 A 女士的确切年龄时，重复以下步骤
11      while (right - left > 1) {
12          int mid = left + (right - left) / 2; // 正中间
13
14          // 询问是否大于或等于 mid，然后接收 yes/no 的回答
15          cout << "Is the age less than " << mid << " ? (yes
    / no)" << endl;
```

```
16        string ans;
17        cin >> ans;
18
19        // 根据回答缩小可能的年龄范围
20        if (ans == "yes") right = mid;
21        else left = mid;
22    }
23
24    // 准确猜中
25    cout << "The age is " << left << "!" << endl;
26 }
```

如果 A 女士的年龄是 31 岁，游戏将按以下方式进行。

```
Start Game!
Is the age less than 28 ? (yes / no)
no
Is the age less than 32 ? (yes / no)
yes
Is the age less than 30 ? (yes / no)
no
Is the age less than 31 ? (yes / no)
no
The age is 31!
```

## 6.6 ● 应用示例（2）：std::lower_bound() 的使用示例

我们重新考虑一个已经在 3.4 节中解决的问题，展示如何有效使用 std::lower_bound()。3.4 节展示了基于穷举搜索的解法，其计算复杂度为 $O(N^2)$。在这里，我们将展示如何将计算复杂度优化为 $O(N \log N)$。

> **在大于或等于 K 的配对和中找到最小值（再现）**
>
> 　有 N 个整数 $a_0, a_1, \cdots, a_{N-1}$ 和 N 个整数 $b_0, b_1, \cdots, b_{N-1}$，从这两个整数序列中各选择一个整数，并将其相加求和。请找出大于或等于 K 的所有和中的最小值。假设至少有一对 $(i, j)$ 使得 $a_i + b_j \geq K$。

首先，从 $a_0, a_1, \cdots, a_{N-1}$ 中选择一个数字，并固定它。假设选择 $a_i$。配对和问题的最优化可以归结为以下问题。可以看出，这个问题可以通过 std::lower_bound() 函数来解决。

## $a_i$ 被固定时的问题

给定 $N$ 个正整数 $b_0, b_1, \cdots, b_{N-1}$，求解其中大于或等于 $K-a_i$ 的最小值。

需要注意的是，要事先对整数序列 $b_0, b_1, \cdots, b_{N-1}$ 进行排序，这需要 $O(N \log N)$ 的计算复杂度。$a_i$ 的固定方法有 $N$ 种，每种都可以在 $O(\log N)$ 的计算复杂度内解决。因此，我们可以在总体上以 $O(N \log N)$ 的计算复杂度解决整个问题。

以上的解法可以如程序 6.4 所示执行。关于程序中使用的 std::sort() 和 std::lower_bound() 的详细用法，你可以通过阅读程序来了解其大致情况，或者参考官方文档等资料获取更多信息。

**程序 6.4** 使用二分搜索加速解决 "优化配对和问题" 的穷举搜索

```
1   #include <iostream>
2   #include <vector>
3   #include <algorithm> // 需要 sort() 和 lower_bound()
4   using namespace std;
5   const int INF = 20000000; // 取足够大的值
6
7   int main() {
8       // 接收输入
9       int N, K;
10      cin >> N >> K;
11      vector<int> a(N), b(N);
12      for (int i = 0; i < N; ++i) cin >> a[i];
13      for (int i = 0; i < N; ++i) cin >> b[i];
14
15      // 存储临时最小值的变量
16      int min_value = INF;
17
18      // 将 b 进行排序
19      sort(b.begin(), b.end());
20
21      // 向 b 中添加表示无穷大的值（INF）
22      // 通过执行这些步骤，排除变成 iter=b.end() 的可能性
23      b.push_back(INF);
24
25      // 固定 a 求解
26      for (int i = 0; i < N; ++i) {
27          // 找到 b 中大于或等于 K-a[i] 的最小值的迭代器
28          auto iter = lower_bound(b.begin(), b.end(), K - a[i]);
29
30          // 提取迭代器指示的值
31          int val = *iter;
32
```

```
33          // 与 min_value 比较
34          if (a[i] + val < min_value) {
35              min_value = a[i] + val;
36          }
37      }
38      cout << min_value << endl;
39  }
```

## 6.7 ● 应用示例（3）：将最优化问题归约为判定问题

我们经常会遇到"寻找满足条件的最小值"的最优化问题。在这个问题中，存在某个边界值 $v$，满足条件的值大于或等于 $v$，不满足条件的值小于 $v$。在这种情况下，通常可以采用将这类最优化问题归约为判定问题的方法，如下所示。

> **将最优化问题归约为判定问题**
>
> 请判断 $x$ 是否满足条件。

如果能够解决这个判定问题，那么通过二分搜索，只需在对数阶的次数范围内解决判定问题即可解决最优化问题[1]。我们以解决问题"AtCoder Beginner Contest 023 D-射击王"来作为一个例子。

> **AtCoder Beginner Contest 023 D-射击王**
>
> 有 $N$ 个气球，每个气球的初始高度为 $H_i$，每秒上升 $S_i$。需要将所有气球击破，其中 $H_i$ 和 $S_i$ 都是正整数。
>
> 比赛开始时可以击破一个气球，然后每秒可以选择击破一个气球。最终目标是击破所有气球，但可以自由选择击破的顺序。
>
> 每次击破气球时产生的惩罚分数与当前气球的高度数值相等。最终的惩罚分数是击破各个气球后惩罚分数中的最大值。请找到最终惩罚分数的最小可能值。

基于二分搜索的思想，我们考虑这样一个判定问题：给定整数 $x$，判断是否可以将最终惩罚分数限制在 $x$ 以下。这个问题可以进一步解释为：判断是否可以将所有（$N$ 个）气球的惩罚分数限制在 $x$ 以下。

---

[1] 将最优化问题归约为判定问题的思想将在 17.2 节中出现。

首先，由于需要将每个气球的惩罚分数限制在 $x$ 以下，因此我们需要确定每个气球必须在多少秒内被击破。然后，我们按照时间限制的紧迫顺序依次击破气球，如果最终成功击破了所有气球，则返回"是"；如果在中途出现了高度超过 $x$ 的气球，则返回"否"。上述思考可以实现为程序 6.5。

我们评估一下计算复杂度。二分搜索的迭代次数为 $O(\log M)$，其中 $M = \max$ $(H_0 + NS_0, \cdots, H_{N-1} + NS_{N-1})$。在每个迭代中，解决判定问题的计算复杂度主要由对时间限制进行排序的部分决定，为 $O(N \log N)$。于是，总计算复杂度为 $O(N \log N \log M)$。

**程序 6.5  解决射击王问题的二分搜索**

```cpp
#include <iostream>
#include <algorithm>
#include <vector>
using namespace std;

int main() {
    // 接收输入
    int N;
    cin >> N;
    vector<long long> H(N), S(N);
    for (int i = 0; i < N; i++) cin >> H[i] >> S[i];

    // 确定一个足够大的值
    long long M = 0;
    for (int i = 0; i < N; ++i) M = max(M, H[i] + S[i] * N);

    // 二分搜索
    long long left = 0, right = M;
    while (right - left > 1) {
        long long mid = (left + right) / 2;

        // 判定
        bool ok = true;
        vector<long long> t(N, 0);  // 击破每个气球的时间限制
        for (int i = 0; i < N; ++i) {
            // 如果 mid（中间值）小于气球的初始高度，那么返回 false
            if (mid < H[i]) ok = false;
            else t[i] = (mid - H[i]) / S[i];
        }
        // 按紧急程度对时间限制进行排序
        sort(t.begin(), t.end());
        for (int i = 0; i < N; ++i) {
            // 发生超时，返回 false
            if (t[i] < i) ok = false;
        }
```

```
36
37          if (ok) right = mid;
38          else left = mid;
39      }
40
41      cout << right << endl;
42  }
```

现在，我们探讨一下为什么将"射击王"问题归约为判定问题并使用二分搜索解决会如此高效。回顾这个问题，它实际上是一个形式为"最小化 $N$ 个值的最大值"的优化问题。事实上，类似"最大值的最小化"的优化问题在世界各地广泛存在。例如，它会出现在"为了满足业务平衡的要求，使 $N$ 名工作人员的工作时间的最大值尽可能小"这样的调度问题中。如下所示，将这种优化问题归约为二分搜索的判定问题，可以使问题更加明确和易于处理。

> **将"最大值的最小化"问题归约为判定问题**
>
> 请判断是否可以将所有（$N$ 个）值限制在 $x$ 以下。

## 6.8 ● 应用示例（4）：求解中位数

为简单起见，我们假定 $N$ 是奇数。$N$ 个值 $a_0, a_1, \cdots, a_{N-1}$ 的中位数（median）是指这些值按升序排列后的第 $(N-1)/2$ 个值（最小的值是第 0 个）。例如，当 $N=7$，$a=(1, 7, 2, 6, 5, 4, 3)$ 时，$a$ 的中位数是 4。

在本节中，我们将介绍在寻找中位数时二分搜索可以发挥作用的情况。一种求解中位数的方法是对整个 $a$ 进行排序，答案为 $a[(N-1)/2]$，这种方法很简单。排序的计算复杂度为 $O(N \log N)$，因此求得中位数的计算复杂度也为 $O(N \log N)$[①]。在这里，我们还将介绍另一种方法，即针对 $a_0, a_1, \cdots, a_{N-1}$ 的值都是非负整数的情况，当 $A=\max(a_0, a_1, \cdots, a_{N-1})$ 时，如何以 $O(N \log A)$ 的计算复杂度求解中位数。我们考虑以下判定问题。

---

① 还有一种方法，可以在第 12 章的思考题 12.5 中找到。使用这种方法可以在 $O(N)$ 的计算复杂度内找到中位数。然而，尽管这种方法在理论上很有吸引力，但在 $O(N)$ 的计算复杂度中，省略的常数部分较大，因此被认为不太实用。

　　中位数即为使得上述判定问题的答案为"是"的最小整数 $x$。因此，一旦能够解决这个判定问题，我们就可以使用二分搜索以 $O(\log A)$ 的计算复杂度求解中位数。此外，这个判定问题可以使用线性搜索方法，通过检查每个整数是否小于或等于 $x$ 来解决，所以判定问题的计算复杂度为 $O(N)$。因此，我们可以得出求解中位数问题的总体计算复杂度为 $O(N \log A)$。

## 6.9 ● 小结

　　在本章中，我们扩展了"从已排序的数组中快速搜索目标值"这个二分搜索的框架，将其视为一种非常通用的方法，展示了它在广泛的应用领域中的潜力和适用性，尤其是将优化问题归约为判定问题的思想在实践中非常有用。

　　另外，当需要搜索值时，除了二分搜索，使用哈希表的方法也很有潜力。我们将在 8.6 节详细介绍哈希表。

● ● ● ● ● ● ● ● ● ● ● ●　**思考题**　● ● ● ● ● ● ● ● ● ● ● ●

**6.1**　给定包含 $N$ 个相异整数的整数序列 $a_0, a_1, \cdots, a_{N-1}$。请设计一个计算复杂度为 $O(N \log N)$，能够确定每个 $a_i$ 在整体中位置的算法，其中 $i = 0, 1, \cdots, N-1$。例如，对于 $a = 12, 43, 7, 15, 9$，答案是 $(2, 4, 0, 3, 1)$。（著名问题[①]，难易度★★☆☆☆）

**6.2**　给定由 $N$ 个元素组成的 3 个整数序列 $a_0, a_1, \cdots, a_{N-1}$、$b_0, b_1, \cdots, b_{N-1}$ 和 $c_0, c_1, \cdots, c_{N-1}$。请设计一个能够找到满足 $a_i < b_j < c_k$ 的所有 $i, j, k$ 组合的算法，要求该算法的计算复杂度为 $O(N \log N)$。（来源：AtCoder Beginner Contest 077 C-Snuke Festival，难易度★★★☆☆）

**6.3**　给定 $N$ 个正整数 $a_0, a_1, \cdots, a_{N-1}$。从这些数中选择 4 个，可以重复选择，并计算它们的总和，以在不超过 $M$ 的范围内找到最大值。请设计一个计算复杂度为 $O(N^2 \log N)$ 的算法解决这个问题。（来源：第 7 届日本信息学

---

① 编程竞赛参与者将这种处理称为"坐标压缩"。

奥林匹克竞赛决赛问题 3-飞镖，难易度★★★★☆）

**6.4** 有 $N$ 个小屋沿着一条直线排列，它们的坐标分别为 $a_0, a_1, \cdots, a_{N-1}$。现在，我们想从中选择 $M$（$M \leq N$）个小屋，并尽量增大这些选定小屋之间的距离。请设计一个算法，用于找到选定的 $M$ 个小屋中任意两个小屋之间距离的最小值的最大值。要求算法的计算复杂度为 $O(N \log A)$，其中 $A = a_{N-1}$。（来源：POJ No. 2456 Aggressive cows，难易度★★★☆☆）

**6.5** 给定两个包含 $N$ 个元素的正整数序列 $a_0, a_1, \cdots, a_{N-1}$ 和 $b_0, b_1, \cdots, b_{N-1}$。请设计一个算法，从这些序列中各选择一个元素相乘，得到 $N^2$ 个整数，然后找到其中第 $K$ 小的值。请注意，最大可能的乘积值被称为 $C$，并要求以约为 $O(N \log N \log C)$ 的计算复杂度实现这个算法。（来源：AtCoder Regular Contest 037 C-亿规模计算，难易度★★★★☆）

**6.6** 给定正整数 $A, B, C$。请找出一个满足 $At + B\sin(Ct\pi) = 100$ 的正实数 $t$，要求精度在 $10^{-6}$ 以下。（来源：AtCoder Beginner Contest 026 D-高桥球 1 号，难易度★★★☆☆）

**6.7** 给定一个非负整数序列 $a_0, a_1, \cdots, a_{N-1}$（最大值为 $A$）。这个整数序列可以被看作有 $N(N+1)/2$ 种可能的连续子区间，对于每个区间，我们要计算该区间内的值的总和。请设计一个算法来找出 $N(N+1)/2$ 个整数的中位数。注意，需要以约为 $O(N \log N \log A)$ 的计算复杂度来实现这个算法。（来源：AtCoder Regular Contest 101 D-Median of Medians，难易度★★★★★）

第 **7** 章

# 设计技巧（5）：贪婪法

当需要解决最优化问题时，通常会考虑一种算法形式，该算法形式涉及从多个选择中逐步选择并依次执行的步骤，就如在动态规划中的一样。在每个步骤中，只考虑下一步的情况来进行优化决策并重复这一过程来构建解决方案的方法称为贪婪法。贪婪法并不一定在整个过程中产生最优解，但对某些类型的问题非常有效。

## 7.1 ● 贪婪法是什么

第 5 章介绍的动态规划适用于解决具有 $N$ 个阶段选择步骤，并且旨在优化最终结果的问题。对于这类问题，动态规划将问题分解为多个子问题，每个子问题都被视为优化到某一选择点（直到第 $i$ 个选择点）的一部分，并考虑子问题之间的转移。

贪婪法也适用于解决通过反复选择以优化结果的问题。但与动态规划不同的是，贪婪法并不考虑所有可能的转移，而是只关注下一步的情况，并反复做出最优选择。我们以下面所述的硬币问题作为贪婪法的示例，这是一个非常常见的问题。

> **硬币问题**
>
> 假设有 500 日元硬币、100 日元硬币、50 日元硬币、10 日元硬币、5 日元硬币和 1 日元硬币，它们的数量分别为 $a_0$、$a_1$、$a_2$、$a_3$、$a_4$ 和 $a_5$ 枚，如图 7.1 所示。
>
> 现在，我们想要支付 $X$ 日元，同时希望使用尽可能少的硬币。那么，我们最少需要多少枚硬币来支付？请注意，我们假设至少存在一种支付方式。

对于这个问题，可以基于"优先使用大面额的硬币"的朴素直觉来得出以下的贪婪法最优解法。

**图 7.1** 硬币问题

1. 在不超过 $X$ 日元的范围内尽可能多地使用 500 日元硬币。

2. 在剩余金额中尽可能多地使用 100 日元硬币。

3. 在剩余金额中尽可能多地使用 50 日元硬币。

4. 在剩余金额中尽可能多地使用 10 日元硬币。

5. 在剩余金额中尽可能多地使用 5 日元硬币。

6. 使用 1 日元硬币支付剩余金额。

这种方法会逐步确定使用 500、100、50、10、5、1 日元硬币的数量，共涉及 6 个决策步骤。在确定首次使用多少枚 500 日元硬币时，我们不考虑后续步骤，只是选择"尽可能多地使用 500 日元硬币"。在下一步考虑使用多少枚 100 日元硬币时，也不考虑后续步骤，只是选择"尽可能多地使用 100 日元硬币"。贪婪法就是一种反复选择"当下的最佳选择"，而不考虑未来的方法。以上基于贪婪法的解法可以像程序 7.1 一样实现。

**程序 7.1** 用贪婪法解决硬币问题

```cpp
1   #include <iostream>
2   #include <vector>
3   using namespace std;
4
5   // 硬币的金额
6   const vector<int> value = {500, 100, 50, 10, 5, 1};
7
8   int main() {
```

```
 9          // 输入
10          int X;
11          vector<int> a(6);
12          cin >> X;
13          for (int i = 0; i < 6; ++i) cin >> a[i];
14
15          // 贪婪法
16          int result = 0;
17          for (int i = 0; i < 6; ++i) {
18              // 没有硬币数量限制的情况下的硬币数量
19              int add = X / value[i];
20
21              // 考虑枚数限制
22              if (add > a[i]) add = a[i];
23
24              // 计算剩余金额并将结果累加到答案中
25              X -= value[i] * add;
26              result += add;
27          }
28          cout << result << endl;
29  }
```

## 7.2 ● 贪婪法不一定产生最优解

在 7.1 节中，我们使用贪婪法解决了硬币问题。然而，一般来说，贪婪法可能会舍弃那些在当前步骤中不是最佳，但在未来可能最优的选择，因此并不总是能够产生最优解。对于硬币问题，只需稍微改变问题设置，贪婪法就可能不再适用。如果硬币的面额是 1 日元、4 日元和 5 日元，当需要支付 8 日元时，贪婪法得出的解和最优解分别如下。

- 贪婪法：$5+1+1+1=8$，需要 4 枚硬币。
- 最优解：$4+4=8$，只需 2 枚硬币。

因此，贪婪法得出的解并不是最优的。另一个例子可以在 18.3 节中找到，那里说明了对于背包问题，贪婪法得出的解也不一定是最优的。

考虑到以上情况，可以说能够通过贪婪法得到最优解的问题，通常具有内在的良好结构特性。因此，从问题结构出发考虑为何贪婪法能够得出最优解是非常重要的。

在这方面，第 15 章介绍的最小生成树问题就是一个明显的例子。最小生成树问题可以通过基于贪婪法的克鲁斯卡尔（Kruskal）算法得到最优解。这个问题蕴含着拟阵性质和离散凸性等深刻的结构。

另外，本章虽然只考虑了适用贪婪法得出最优解的问题，但即使在不一定能得到最优解的情况下，使用贪婪法也经常能够得到接近最优解的解答。在18.3 节和 18.7 节中，我们将会提供这样的例子。

## 7.3 ● 贪婪法模式（1）：不会变差的交换

在解决最优化问题时，无论使用贪婪法还是其他方法，考虑是否可以事先缩小搜索范围都非常有效。一个常见的思维方式如下。

---

**解决最优化问题的关键点**

假设需要找到关于 $x$ 的函数 $f(x)$ 的最大值。对于任意的 $x$，如果我们可以通过对其进行微小调整，获得一个与 $x$ 相似但满足某个性质 $P$ 的另一个解 $x'$，使得

$$f(x') \geq f(x)$$

成立，那么，即使我们只考虑满足性质 $P$ 的所有 $x$，仍然可能存在一个 $x$，使得 $f(x)$ 是最大的。

---

利用这种思维方式可以有效地缩小搜索范围的问题非常常见。我们以著名的区间调度问题（interval scheduling problem）为例进行介绍。

---

**区间调度问题**

有 $N$ 个任务，第 $i$（$i=0, 1, \cdots, N-1$）个任务从时间 $s_i$ 开始，于时间 $t_i$ 结束。我们想选择尽可能多的任务，但不能选择重叠时间的多个任务。我们最多能够完成多少个任务？

---

例如，在图 7.2 所示的情况下，我们可以选择 3 个任务。值得注意的是，问题中提到的"任务"在数学上实际上是指"区间"。因此，从现在开始我们称之为"区间"。

为了应用贪婪法，首先需要巧妙地确定对于给定的 $N$ 个区间，应该以什么顺序执行选择或不选择的决策。在这里，我们按照图 7.3 所示的方式，按区间结束时间从早到晚进行排序。一般来说，当涉及区间问题时，首先按照区间的结束时间进行排序会更容易处理。

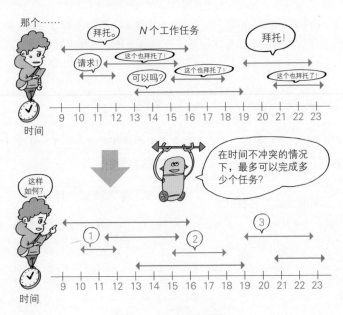

图 7.2　区间调度问题

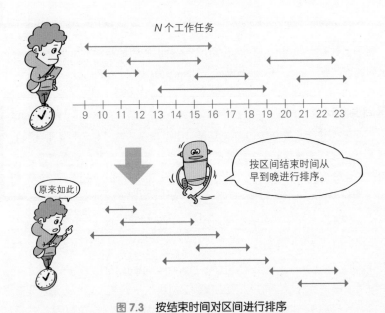

图 7.3　按结束时间对区间进行排序

　　我们将具有最早结束时间的区间称为 $p$。在这种情况下，事实上，我们姑且选择 $p$ 也不会有问题。我们基于本节开头提到的"解决最优化问题的关键点"

来说明这一点。具体来说，对于任何区间的选择方式，我们可以通过不减少所选区间的数量来进行修改，以确保包括区间 $p$ 在内。在任意的区间选择方式 $x$ 中，将最左边的区间称为 $p'$。因此，根据 $p$ 的定义，满足

区间 $p$ 的结束时间 ≤ 区间 $p'$ 的结束时间

在 $x$ 中，对于除 $p'$ 以外的任何区间 $q$，满足

区间 $p'$ 的结束时间 ≤ 区间 $q$ 的开始时间

因此，综合考虑，有

区间 $p$ 的结束时间 ≤ 区间 $q$ 的开始时间

至此，我们可以得出，对于区间的选择方式 $x$，即使将 $p'$ 与 $p$ 进行交换，也不会减少所选区间的数量，同时能够保证区间之间没有重叠（见图 7.4）。因此，我们可以将解决区间调度问题的搜索范围限制在仅包含区间 $p$ 的区间上。

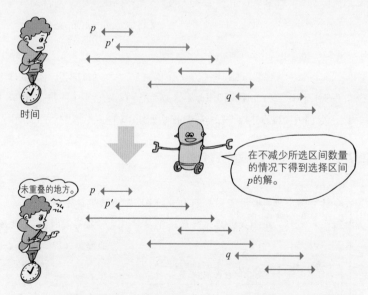

**图 7.4　可以将任意的区间选择方式更改为选择具有最早结束时间的区间**

在选择区间 $p$ 之后，删除与 $p$ 重叠的所有区间，并对剩余的区间执行相同的操作。总结上述步骤，如图 7.5 所示。

A：从剩余的区间中选择具有最早结束时间的区间（这部分基于贪婪法）。

B：删除与所选区间重叠的区间。

重复执行上述操作，直到所有区间都被删除。上述步骤可以用程序 7.2 进行实现。关于将区间按照结束时间升序排序的部分，我们已经定义了一个专用函数并将其传递给标准库的 `std::sort()`。

　　最后，我们将评估这个算法的计算复杂度。将区间按照结束时间升序排序的部分需要 $O(N \log N)$ 的计算复杂度。基于贪婪法选择区间的部分可以在 $O(N)$ 的计算复杂度内完成。总体来看，整个算法的计算复杂度由首次排序的部分决定，因此总体计算复杂度为 $O(N \log N)$。

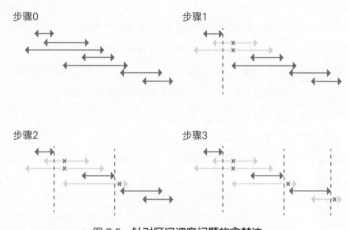

图 7.5　针对区间调度问题的贪婪法

**程序 7.2　针对区间调度问题的贪婪法**

```
 1   #include <iostream>
 2   #include <vector>
 3   #include <algorithm>
 4   #include <functional>
 5   using namespace std;
 6
 7   // 用 pair<int, int> 来表示区间
 8   typedef pair<int, int> Interval;
 9
10   // 根据结束时间比较区间大小的函数
11   bool cmp(const Interval &a, const Interval &b) {
12       return a.second < b.second;
13   }
14
15   int main() {
16       // 输入
17       int N;
18       cin >> N;
```

```
19        vector<Interval> inter(N);
20        for (int i = 0; i < N; ++i)
21            cin >> inter[i].first >> inter[i].second;
22
23        // 按照结束时间从早到晚的顺序对区间进行排序
24        sort(inter.begin(), inter.end(), cmp);
25
26        // 用贪婪法选择
27        int res = 0;
28        int current_end_time = 0;
29        for (int i = 0; i < N; ++i) {
30            // 删除与选择的区间重叠的区间
31            if (inter[i].first < current_end_time) continue;
32
33            ++res;
34            current_end_time = inter[i].second;
35        }
36        cout << res << endl;
37    }
```

## 7.4 ● 贪婪法模式（2）：现在越好，未来也越好

贪婪法是一种在每个步骤中只考虑下一步的情况，从而做出最优选择的方法论。这种方法论通常适用于求得最优解的问题结构，其中经常出现下面这种与"单调性"相关的结构。需要注意的是，这并不是一个严谨的表述。

**贪婪法的单调性条件**

考虑一个最优化问题：通过进行 $N$ 个步骤的选择来最大化最终的"分数"。该问题的结构特点是，在前 $i$ 个步骤中获得的"分数"越高，那么通过优化剩余的步骤得到的最终"分数"也会越高。在这种情况下，可以通过贪婪法来独立地选择每个步骤，以确保在每个时间点的"分数"都最大化，从而最大化整个过程的"分数"。

下面是具有这种结构的问题的一个示例。题目来源于 AtCoder Grand Contest 009 A-Multiple Array。

**AtCoder Grand Contest 009 A-Multiple Array**

给定一个由 $N$ 个非负整数组成的序列 $A_0, A_1, \cdots, A_{N-1}$ 和 $N$ 个按钮。

按下第 $i$（$i=0, 1, \cdots, N-1$）个按钮时，$A_0, A_1, \cdots, A_i$ 的值分别增加 1（见图 7.6）。另外，给定一个由 $N$ 个大于 1 的整数组成的序列 $B_0, B_1, \cdots, B_{N-1}$。目标是通过按下几次按钮，使得对于所有 $i$，$A_i$ 都为 $B_i$ 的倍数。请找出按下按钮的最小次数。

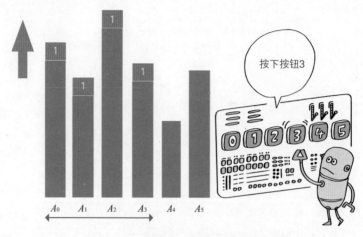

图 7.6　按下按钮使 $A_i$ 成为 $B_i$ 的倍数的问题

定义 $D_0, D_1, \cdots, D_{N-1}$ 分别为按下按钮 $0, 1, \cdots, N-1$ 的次数，那么问题可以描述为找到 $D_0+D_1+\cdots+D_{N-1}$ 的最小值，以满足以下条件。

- $A_0+(D_0+D_1+\cdots+D_{N-1})$ 是 $B_0$ 的倍数。
- $A_1+(D_1+\cdots+D_{N-1})$ 是 $B_1$ 的倍数。

　……

- $A_{N-1}+D_{N-1}$ 是 $B_{N-1}$ 的倍数。

我们考虑以 $D_{N-1}, D_{N-2}, \cdots, D_0$ 的顺序来确定按下按钮的次数。首先，我们考虑满足条件 "$A_{N-1}+D_{N-1}$ 是 $B_{N-1}$ 的倍数" 的 $D_{N-1}$。为了提高可读性，我们令 $a=A_{N-1}$，$b=B_{N-1}$，$d=D_{N-1}$。在这种情况下，满足 $a+d$ 是 $b$ 的倍数的 $d$ 可能的取值如下。

- 当 $a$ 是 $b$ 的倍数时：$d=0, b, 2b, \cdots$。
- 否则：设 $a$ 除以 $b$ 的余数为 $r$，则 $d=b-r, 2b-r, 3b-r, \cdots$。

那么，作为 $D_{N-1}$，应该选择这些选项中的哪一个呢？这里我们需要注意的是，没有必要将 $D_{N-1}$ 选得比实际需要的更大。因此，$d=D_{N-1}$ 的选择方式可以如下。

- 当 $A_{N-1}$ 是 $B_{N-1}$ 的倍数时：$D_{N-1}=0$。
- 否则：设 $A_{N-1}$ 除以 $B_{N-1}$ 的余数为 $r$，则 $D_{N-1} = B_{N-1}-r$。

通过类似的方式，可以继续确定后续步骤的 $D_{N-2}, \cdots, D_0$，从而得到最优解。以上的过程可以用程序 7.3 实现。在程序中，我们使用变量 sum 来存储至今为止按下按钮 $N-1, N-2, \cdots$ 的总次数。这个算法的计算复杂度为 $O(N)$。

**程序 7.3** AtCoder Grand Contest 009 A-Multiple Array 的答案示例

```
1   #include <iostream>
2   #include <vector>
3   using namespace std;
4
5   int main() {
6       // 输入
7       int N;
8       cin >> N;
9       vector<long long> A(N), B(N);
10      for (int i = 0; i < N; ++i) cin >> A[i] >> B[i];
11
12      // 答案
13      long long sum = 0;
14      for (int i = N - 1; i >= 0; --i) {
15          A[i] += sum; // 将之前的操作次数相加
16          long long amari = A[i] % B[i];
17          long long D = 0;
18          if (amari != 0) D = B[i] - amari;
19          sum += D;
20      }
21      cout << sum << endl;
22  }
```

## 7.5 ● 小结

本章研究了通过"不考虑未来，只考虑下一步的情况，从而做出最优选择并反复执行"的贪婪法来获得最优解的问题。接下来的章节还会涉及许多基于贪婪法的算法，如解决最短路径问题的迪杰斯特拉算法（参见 14.6 节）和解决最小生成树问题的克鲁斯卡尔算法（参见第 15 章）等。

此外，在本章中，我们提到的关于问题结构的思考要点不仅适用于贪婪法的框架，还具有更广泛的适用性。虽然表述很抽象，但在算法设计中，以下推理方法都非常常见。

- 通过限制搜索范围，可以在合理的计算时间内进行穷举搜索。
- 由于可以确定决策的顺序遵循某种标准，因此可以通过动态规划按照这个顺序获得最优解。

希望你能在仔细考虑问题的结构，设计出充分利用这种结构的算法的过程中发现一些有趣之处。

至于使用贪婪法可以获得最优解的问题，通常是因为问题本身具有良好的结构。在现实世界中，这类问题确实很少。然而，在现实世界的许多问题中，通过贪婪法得到的解虽然不一定是最优解，但通常会接近最优解（参见 18.3 节和 18.7 节）。第 17 章将介绍在现实的计算时间内难以获得最优解的难题，对于这类问题，首先考虑贪婪法是一种有效的方法。

● ● ● ● ● ● ● ● ● ● ● **思考题** ● ● ● ● ● ● ● ● ● ● ●

**7.1** 给定 $N$ 个整数 $a_0, a_1, \cdots, a_{N-1}$ 和 $N$ 个整数 $b_0, b_1, \cdots, b_{N-1}$。从 $a_0, a_1, \cdots, a_{N-1}$ 和 $b_0, b_1, \cdots, b_{N-1}$ 中各选择若干个数，以创建一些配对。每个配对 $(a_i, b_j)$ 必须满足 $a_i < b_j$。请设计一个计算复杂度为 $O(N \log N)$ 的算法，求解最多可以创建多少个这样的配对。（著名问题，难易度★★★☆☆）

**7.2** 在二维平面上，有 $N$ 个红点和 $N$ 个蓝点。当红点的 $x$ 坐标和 $y$ 坐标都小于蓝点的 $x$ 坐标和 $y$ 坐标时，它们被称为"关系融洽"。现在考虑将关系融洽的红点和蓝点配对。每个点只能属于一个配对。请设计一个计算复杂度为 $O(N^2)$ 的算法，求解最多可以创建多少个这样的配对。（来源：AtCoder Regular Contest 092 C-2D Plane 2N Points，著名问题，难易度★★★★☆）

**7.3** 有 $N$ 个工作，完成第 $i$ 个工作需要 $d_i$ 的时间，工作的截止时间是 $t_i$。不能同时执行多个工作。从时刻 0 开始工作，请设计一个计算复杂度为 $O(N \log N)$ 的算法，用于判断是否能够在时刻 0 开始完成所有工作。（来源：AtCoder Beginner Contest 131 D-Megalomania，著名问题，难易度★★★☆☆）

第 **8** 章

# 数据结构（1）：
# 数组、链表、哈希表

前 7 章讨论了算法及其设计技巧的相关话题。从本章开始，我们将转变方向，介绍有效地实现算法所需的数据结构。数据结构指的是组织数据的方式。在执行算法时，数据的组织方式会极大地影响效率。在本章中，我们将解释基本的数据结构，包括数组、链表和哈希表。

## 8.1 ● 学习数据结构的意义

数据结构（data structure）是指组织数据的方式。在实现算法时，通常需要以数据结构的形式保存读取的值或在计算中得到的值，并且在许多情况下需要从数据结构中提取所需的值。像这样将值插入数据结构中以进行管理，或从数据结构中提取所需值的操作称为查询（query）。在本章中，我们将介绍 3 种类型的查询操作，它们经常在以下情况下被请求。

- 查询类型 1：将元素 $x$ 插入数据结构中。
- 查询类型 2：从数据结构中删除元素 $x$。
- 查询类型 3：判断元素 $x$ 是否包含在数据结构中。

虽然有许多数据结构可以实现这些查询操作，但使用的数据结构不同，计算时间会有很大的差异。通过学习数据结构，我们可以改善算法的计算复杂度，并且可以理解 C++ 或 Python 等提供的标准库机制，以便更有效地利用它们。

本章将介绍基本的数据结构，包括数组、链表和哈希表。每种数据结构都有其擅长和不擅长的查询操作（见表 8.1）。因此，根据情况选择合适的数据结构非常重要。我们将在下文中详细解释表 8.1 中的内容。

**表 8.1　3 种数据结构的各个查询的计算复杂度**

| 标准库和查询 | 数　组 | 链　表 | 哈希表 |
| --- | --- | --- | --- |
| C++ 标准库 | `vector` | `list` | `unordered_set` |
| Python 标准库 | `list` | - | `set` |
| 访问第 $i$ 个元素 | $O(1)$ | $O(N)$ | - |
| 插入元素 $x$ | $O(1)$ | $O(1)$ | $O(1)$ |
| 在特定元素之后插入元素 $x$ | $O(N)$ | $O(1)$ | $O(1)$ |
| 删除元素 $x$ | $O(N)$ | $O(1)$ | $O(1)$ |
| 搜索元素 $x$ | $O(N)$ | $O(N)$ | $O(1)$ |

## 8.2 ● 数组

当面对大量数据时，为了轻松访问每个元素，我们常用数组（array）这种数据结构。

数组的示意图如图 8.1 所示。它将元素排成一排，以便轻松访问每个元素。如果将数组命名为 $a$，那么从左边开始，第 0, 1, 2…个元素可以分别表示为 $a[0]$，$a[1]$, $a[2]$…[①]。图 8.1 显示了将数列 $a=(4, 3, 12, 7, 11, 1, 9, 8, 14, 6)$ 表示为数组的示例。此时，$a[0]=4$，$a[1]=3$，$a[2]=12$ 等关系成立。

当在 C++ 中实现使用数组的操作时，使用 `std::vector` 非常方便，如程序 8.1 所示（在之前的章节中使用过）。在 Python 中，使用 `list` 表示数组，但需要注意的是，Python 中的 `list` 与 8.3 节将解释的链表不同[②]。

**图 8.1　数组的示意图**

## 程序 8.1　数组（`std::vector`）的使用方法

```cpp
1  #include <iostream>
2  #include <vector>
3  using namespace std;
```

---

[①] 在许多编程语言（如 C++ 和 Python）中，数组的第 1 个元素被认为是第 0 个元素，这种索引的思维方式被称为 "zero-based"（从零开始）。

[②] 值得注意的是，Python 中的列表（list）实际上是一个指针数组，数据实体存储在数组之外。

```
 4
 5  int main() {
 6      vector<int> a = {4, 3, 12, 7, 11, 1, 9, 8, 14, 6};
 7
 8      // 输出第 0 个元素（4）
 9      cout << a[0] << endl;
10
11      // 输出第 2 个元素（12）
12      cout << a[2] << endl;
13
14      // 将第 2 个元素替换为 5
15      a[2] = 5;
16
17      // 输出第 2 个元素（5）
18      cout << a[2] << endl;
19  }
```

执行该程序将产生以下结果。

```
4
12
5
```

在程序 8.1 中，我们使用索引 $i$ 来访问数组 $a$，输出数据 $a[i]$ 的值或更改 $a[i]$ 的值。能够高速执行访问数据 $a[i]$ 的操作是数组的优点之一。具体来说，使用数组可以在 $O(1)$ 的计算复杂度内访问 $a[i]$。通常情况下，无论数据的存储位置或写入顺序如何，能够直接访问数据而不受限制被称为随机访问（random access）。然而，数组不擅长以下操作。

- 在元素 $y$ 之后插入元素 $x$（见图 8.2）。
- 删除元素 $x$（见图 8.3）。

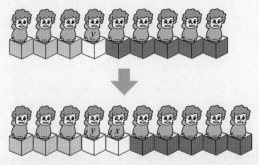

图 8.2  在数组中执行"在特定元素之后插入元素"操作的情况

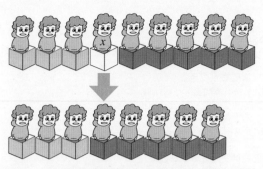

**图 8.3 在数组中执行"删除特定元素"操作的情况**

如果数组的大小为 $N$，这些操作在最坏情况下的计算复杂度为 $O(N)$。对于在数组中将元素 $x$ 插入元素 $y$ 之后的操作，首先需要确定元素 $y$ 在数组中的位置，这可以使用 3.2 节介绍的线性搜索方法实现，执行这个操作的计算复杂度为 $O(N)$。此外，为了将元素 $x$ 插入，需要将图 8.2 中所示的红色部分向右移动[①]，这个操作的计算复杂度也为 $O(N)$。

删除数组元素 $x$ 的操作需要先搜索元素 $x$，再将其删除，这些操作的计算复杂度都为 $O(N)$。

## 8.3 • 链表

链表（linked list）是应对数组弱点（插入和删除查询）的更强大的数据结构。链表可以在 $O(1)$ 的计算复杂度下执行插入和删除操作，这正是数组所不擅长的。

链表的示意图如图 8.4 所示。它将元素通过称为指针（pointer）的"箭头"连成一列。我们将构成链表的每个元素称为节点。每个节点都有一个指向下一个节点的指针。在图 8.4 所示的情况下，"佐藤"节点的下一个节点是"铃木"，然后是"高桥"，再是"伊藤"，接着是"渡边"，最后是"山本"。"山本"节点之后没有其他节点，表示为空。需要注意的是，我们准备了一个称为哑节点（dummy node）的 nil 节点来表示空。为方便起见，我们假定 nil 的下一个节点是链表的头节点"佐藤"。正如后面将解释的，通过准备这样的哑节点，可以更简洁地实现对链表的插入和删除操作。为此目的准备的特殊节点有时被称为"哨兵"（sentinel）。

---

[①] 我们有时将数组视为大小预先确定的数据结构。在这种情况下，将元素插入数组通常是不可行的。在本书中，当我们提到数组时，通常是指可变长度数组。

链表可以类比为学校集合活动中调整队形的"向前看齐"。在这种情况下，每个学生只需要知道前面的学生是谁，而无须知道自己在整体中的位置，就可以形成一列。链表与数组不同，它不管理每个节点在整体中的位置这种信息。链表正是为插入和删除查询而设计的数据结构，但为了完成这些查询，需要更新每个节点在整体中的位置信息，这将需要很长的计算时间。

为了实现每个节点都通过指针连接的结构，我们可以使用自引用结构体（self-referencing structure），如程序 8.2 所示。自引用结构体是指具有指向自身类型的指针作为其成员的结构体。链表的每个节点可以用自引用结构体的实例来表示。

nil → 佐藤 铃木 高桥 伊藤 渡边 山本 → nil

图 8.4　链表的示意图

**程序 8.2　自引用结构体**

```
1   struct Node {
2       Node* next;    // 下一个节点指向哪个节点
3       string name;   // 与节点关联的值
4
5       Node(string name_ = "") : next(NULL), name(name_) { }
6   };
```

## 8.4 ● 链表的插入操作和删除操作

在本节中，我们将探讨如何在链表中执行插入和删除元素的操作。首先，我们将讨论插入操作。

### 8.4.1　链表的插入操作

通常情况下，在特定元素之后插入其他元素的操作可以通过改变指针（箭头）来实现，如图 8.5 所示。这个插入操作可以像程序 8.3 一样实现，其中定义了一个将节点 $v$ 插入节点 $p$ 之后的函数。

图 8.5 在链表中执行"在特定元素之后插入其他元素"操作的情况

**程序 8.3 链表的插入操作**

```
1   // 将节点 v 插入节点 p 之后
2   void insert(Node* v, Node* p) {
3       v->next = p->next;
4       p->next = v;
5   }
```

现在，我们使用这个插入函数来构建图 8.4 所示的链表。图 8.4 所示的链表可以从空链表开始，通过逐个插入每个节点来构建。具体来说，可以像程序 8.4

一样实现。首先，初始的空链表只包含充当哨兵的 nil 节点 [1]，此时，将 nil 节点的下一个节点设置为 nil 本身。在程序 8.4 中，对这个空链表执行以下操作。

1. 在 nil 节点之后插入"山本"节点。

2. 在 nil 节点之后插入"渡边"节点。

3. 在 nil 节点之后插入"伊藤"节点。

4. 在 nil 节点之后插入"高桥"节点。

5. 在 nil 节点之后插入"铃木"节点。

6. 在 nil 节点之后插入"佐藤"节点。

通过逐步执行这些插入操作，我们构建了图 8.4 所示的链表。最后，第 24 行的 `printList` 函数用于依次输出链表中每个节点存储的值。从链表的头节点（哨兵节点 nil 的下一个节点）开始，重复执行以下操作。

- 输出与节点关联的字符串。

- 移动到下一个节点。

**程序 8.4** 使用插入操作来构建链表

```
1   #include <iostream>
2   #include <string>
3   #include <vector>
4   using namespace std;
5
6   // 表示链表中每个节点的结构体
7   struct Node {
8       Node* next; // 下一个节点指向哪个节点
9       string name; // 与节点关联的值
10
11      Node(string name_ = "") : next(NULL), name(name_) { }
12  };
13
14  // 将表示哨兵的节点放置在全局范围内
15  Node* nil;
16
17  // 初始化
18  void init() {
19      nil = new Node();
20      nil->next = nil; // 在初始状态下，让 nil 指向自己（nil）
21  }
22
```

---

[1] 为了提高算法本身的可读性，我们将 nil 置于全局范围内。实际上，更好的做法是定义一个表示整个链表的结构体，并将 nil 作为其成员变量之一。

```
23    // 输出链表的内容
24    void printList() {
25        Node* cur = nil->next; // 从链表的头部开始
26        for (; cur != nil; cur = cur->next) {
27            cout << cur->name << " -> ";
28        }
29        cout << endl;
30    }
31
32    // 在节点 p 之后插入节点 v
33    // 将节点 p 的默认参数设置为 nil
34    // 因此，调用 insert(v) 的操作表示将 v 插入链表的开头
35    void insert(Node* v, Node* p = nil) {
36        v->next = p->next;
37        p->next = v;
38    }
39
40    int main() {
41        // 初始化
42        init();
43
44        // 想要创建的节点的名称列表
45        // 注意，要从最后一个节点（"山本"）开始逐个插入
46        vector<string> names = {"山本",
47                                "渡边",
48                                "伊藤",
49                                "高桥",
50                                "铃木",
51                                "佐藤"};
52
53        // 生成每个节点，并将它们逐个插入链表的开头
54        for (int i = 0; i < (int)names.size(); ++i) {
55            // 创建节点
56            Node* node = new Node(names[i]);
57
58            // 将创建的节点插入链表的开头
59            insert(node);
60
61            // 输出每个步骤中链表的状态
62            cout << "step " << i << ": ";
63            printList();
64        }
65    }
```

执行这些操作后，将获得期望的输出结果。

```
step 0: 山本 ->
step 1: 渡边 -> 山本 ->
step 2: 伊藤 -> 渡边 -> 山本 ->
```

```
step 3：高桥 -> 伊藤 -> 渡边 -> 山本 ->
step 4：铃木 -> 高桥 -> 伊藤 -> 渡边 -> 山本 ->
step 5：佐藤 -> 铃木 -> 高桥 -> 伊藤 -> 渡边 -> 山本 ->
```

### 8.4.2　链表的删除操作

在本节中，我们将解释如何在链表中执行删除特定元素的操作。与插入操作相比，删除操作略显复杂，需要一些技巧。如图 8.6 所示，要删除"渡边"节点，需要对位于"渡边"节点之前的"伊藤"节点执行操作。这是因为需要将"伊藤"节点的指针从指向"渡边"节点改为指向"山本"节点。换句话说，当想要删除特定节点时，必须能够获取该节点之前的节点。

**图 8.6　在链表中执行"删除特定元素"操作的情况**

解决这个问题的方法有多种，其中使用双向链表（doubly linked list）是一种简单的方法，如图 8.7 所示。在双向链表中，节点之间的指针具有双向性。为了实现这一点，可以修改程序 8.2 所示的自引用结构体，如程序 8.5 所示。在每个节点的成员变量中，除了包括指向下一个节点的指针 \*next，还包括指向

前一个节点的指针 *prev。另外，如果链表没有双向性，需要特别强调链表是单向的，可以称之为单向链表。

图 8.7　双向链表的示意图

**程序 8.5　具有双向性的自引用结构体**

```
1   struct Node {
2       Node *prev, *next;
3       string name; // 与节点关联的值
4
5       Node(string name_ = "") :
        prev(NULL), next(NULL), name(name_) { }
    };
```

使用修正后的自引用结构体，双向链表可以像程序 8.6 一样实现。我们逐步分析一下。首先，要将链表变为双向链表，需要更改插入操作，如图 8.8 所示。虽然有点复杂，但可以像程序 8.6 中的 insert 函数一样实现。然后，执行删除操作，如图 8.9 所示。这可以像程序 8.6 中的 erase 函数一样实现。

**程序 8.6　支持删除操作的双向链表**

```
1    #include <iostream>
2    #include <string>
3    #include <vector>
4    using namespace std;
5
6    // 表示链表中每个节点的结构体
7    struct Node {
8        Node *prev, *next;
9        string name; // 与节点关联的值
10
11       Node(string name_ = "") :
12       prev(NULL), next(NULL), name(name_) { }
13   };
14
15   // 将表示哨兵的节点放置在全局范围内
16   Node* nil;
```

```
17
18    // 初始化
19    void init() {
20        nil = new Node();
21        nil->prev = nil;
22        nil->next = nil;
23    }
24
25    // 输出链表的内容
26    void printList() {
27        Node* cur = nil->next; // 从链表的头部开始
28        for (; cur != nil; cur = cur->next) {
29            cout << cur->name << " -> ";
30        }
31        cout << endl;
32    }
33
34    // 在节点 p 之后插入节点 v
35    void insert(Node* v, Node* p = nil) {
36        v->next = p->next;
37        p->next->prev = v;
38        p->next = v;
39        v->prev = p;
40    }
41
42    // 删除节点
43    void erase(Node *v) {
44        if (v == nil) return; // 如果 v 是哨兵节点，则不执行任何操作
45        v->prev->next = v->next;
46        v->next->prev = v->prev;
47        delete v; // 释放内存
48    }
49
50    int main() {
51        // 初始化
52        init();
53
54        // 想要创建的节点的名称列表
55        // 注意，要从最后一个节点（"山本"）开始逐个插入
56        vector<string> names = {"山本",
57                                "渡边",
58                                "伊藤",
59                                "高桥",
60                                "铃木",
61                                "佐藤"};
62
63        // 创建链表：生成每个节点并将其插入链表的开头
64        Node *watanabe;
65        for (int i = 0; i < (int)names.size(); ++i) {
66            // 创建节点
67            Node* node = new Node(names[i]);
68
69            // 将创建的节点插入链表的开头
```

```
70          insert(node);
71
72          // 保留 "渡边" 节点
73          if (names[i] == " 渡边 ") watanabe = node;
74      }
75
76      // 删除 "渡边" 节点
77      cout << "before: ";
78      printList(); // 输出删除前的状态
79      erase(watanabe);
80      cout << "after: ";
81      printList(); // 输出删除后的状态
82  }
```

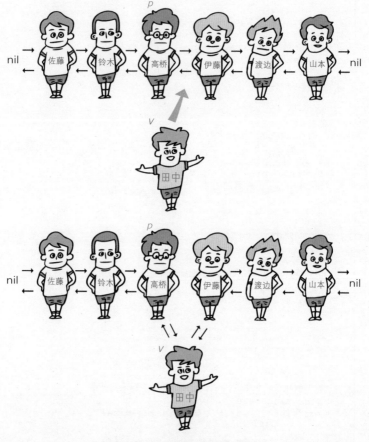

图 8.8　双向链表中的插入操作

程序 8.6 具体执行以下操作。

1. 使用 insert 函数构建包含"渡边"节点的双向链表。

2. 使用 erase 函数删除"渡边"节点。

图 8.9　双向链表中的删除操作

执行这些操作后，将获得期望的输出结果。

```
before: 佐藤 –> 铃木 –> 高桥 –> 伊藤 –> 渡边 –> 山本 –>
after: 佐藤 –> 铃木 –> 高桥 –> 伊藤 –> 山本 –>
```

## 8.5 ● 数组与链表的比较

我们来总结一下数组和链表的优缺点。数组的主要优点是访问第 $i$ 个元素的计算复杂度为 $O(1)$，但将元素 $x$ 插入元素 $y$ 之后或删除元素 $x$ 时，计算复杂度为 $O(N)$，这是其主要缺点。链表则可以以 $O(1)$ 的计算复杂度执行插入和删除操作，这是它的优点。然而，在链表中访问第 $i$ 个元素的计算复杂度为 $O(N)$，这是链表的主要缺点[1]。

———————

[1]　在链表中，要访问第 $i$ 个元素，需要从头开始依次遍历 $i$ 个节点。

在实际应用中，由于访问第 $i$ 个元素的需求非常频繁，因此经常使用数组，而使用链表的机会可能较少。但是链表在特定情境下能够发挥强大的作用。此外，链表通常用作各种数据结构的组件，而不是单独用于特定应用场合。数组与链表的比较，可以参考表 8.2。

表 8.2　数组与链表的比较

| 查询 | 数组 | 链表 | 备注 |
|---|---|---|---|
| 访问第 $i$ 个元素 | $O(1)$ | $O(N)$ | |
| 在末尾插入元素 $x$ | $O(1)$ | $O(1)$ | |
| 在特定元素之后插入元素 $x$ | $O(N)$ | $O(1)$ | 在链表中，如果已经指定了特定节点 $p$，那么将元素插入节点 $p$ 的后面通常只需要 $O(1)$ 的计算复杂度 |
| 删除元素 $x$ | $O(N)$ | $O(1)$ | 在链表中，如果需要搜索特定元素 $x$，通常需要 $O(N)$ 的计算复杂度 |
| 搜索元素 $x$ | $O(N)$ | $O(N)$ | 适用于第 3 章介绍的线性搜索法 |

在这里，我们要讨论对数组执行插入操作的注意事项。对于数组来说，在特定元素的后面执行插入操作需要 $O(N)$ 的计算复杂度，但是在末尾插入元素，可以以 $O(1)$[①] 的计算复杂度实现。如果在设计计算法时，执行插入后元素的顺序并不重要，那么使用数组将非常方便。此外，对于 C++ 的 std::vector 和 Python 的 list（它们都是数组而不是链表），向数组 $a$ 的末尾插入元素 $x$ 的操作可以如下所示实现。

```
1  a.push_back(x); // C++
```

```
1  a.append(x) # Python
```

从表 8.2 可以看出，无论使用数组还是链表，搜索元素 $x$ 的过程都需要 $O(N)$ 的计算复杂度。判断元素 $x$ 是否包含在数组 $a$ 中的操作，使用 C++ 的 std::vector 和 Python 的 list 分别实现如下。

```
1  // C++
2  if (find(a.begin(), a.end(), x) != a.end()) {
3    （操作）
4  }
```

---

① 严格来说，这是一种摊还复杂度，我们不进行深入讨论。

```
1  # Python
2  if x in a:
3      （操作）
```

由于它在 Python 中的描述非常简单，我们很容易忽视它通常需要 $O(N)$ 的计算复杂度。在处理大型数组时要注意这一点。

基于上述情况，我们需要一种能够快速判断是否包含特定元素 $x$ 的数据结构，例如以下数据结构。

- 哈希表：通常情况下，可以在 $O(1)$ 的计算复杂度内进行搜索。
- 平衡二叉树：可以在 $O(\log N)$ 的计算复杂度内进行搜索。

关于哈希表，我们将在 8.6 节进行详细解释。哈希表可以平均以 $O(1)$ 的计算复杂度实现元素 $x$ 的搜索，而且可以平均以 $O(1)$ 的计算复杂度实现元素的插入和删除。就性能来说，哈希表似乎是数组和链表的增强版。然而，需要注意的是，它不存储元素之间的顺序信息，如"第 $i$ 个元素"或"下一个元素"等。至于平衡二叉树，我们不在本书中进行详细介绍，只在 10.8 节中提供概述。

## 8.6 ● 哈希表

### 8.6.1　哈希表的概念

为了理解哈希表的概念，我们首先看一个简单的例子。假设 $M$ 是正整数，$x$ 是 $0 \sim M-1$ 的整数，我们希望能够高效地处理以下 3 种查询。

- 查询类型 1：将整数 $x$ 插入数据结构中。
- 查询类型 2：从数据结构中删除整数 $x$。
- 查询类型 3：判断整数 $x$ 是否包含在数据结构中。

与先前的插入、删除和搜索查询不同，这里查询的目标元素 $x$ 被限制为 $0 \sim M-1$ 的整数[①]。在这种情况下，我们可以创建一个名为 $T[x]$ 的数组，用于表示哈希表的概念。

---

① 当采用后面介绍的方法来实现查询处理时，需要 $O(M)$ 的内存容量。如果使用一台普通家用计算机，那么极限值是 $M=10^9 \sim 10^{10}$。

使用数组 $T[x]$，我们可以实现每个查询，如表 8.3 所示。可以看到，插入、删除和搜索查询都可以在 $O(1)$ 的计算复杂度下处理。

表 8.3　使用桶进行插入、删除和搜索查询的处理

| 查　询 | 计算复杂度 | 执　行 |
| --- | --- | --- |
| 插入整数 $x$ | $O(1)$ | $T[x]$ ← true |
| 删除整数 $x$ | $O(1)$ | $T[x]$ ← false |
| 搜索整数 $x$ | $O(1)$ | $T[x]$ 是否为 true |

这种数组有时被称为桶（bucket）。通过有效地使用桶，可以实现快速的算法，如桶排序（见 12.8 节）。桶的概念非常吸引人。但是，桶仅适用于查询对象是 $0 \sim M-1$ 的整数的情况。为了让这个概念更加通用，人们使用了哈希表（hash table）。在哈希表中，对于通用数据集合 $S$ 中的每个元素 $x$（$x$ 不一定是整数），考虑将其映射到满足 $0 \leq h(x) < M$ 的整数 $h(x)$。这里 $h(x)$ 被称为哈希函数（hash function）[1]，$x$ 被称为哈希表的键，$h(x)$ 的值被称为哈希值（hash value）。如果对于所有的键 $x \in S$，哈希值 $h(x)$ 都是不同的，那么这种哈希函数被称为完全哈希函数（perfect hash function）。如果可以设计出完全哈希函数，那么通过准备与上述相似的数组 $T$，可以在 $O(1)$ 的计算复杂度内执行插入、删除和搜索等查询。具体来说，如图 8.10 所示，对于 $S$ 的每个元素 $x$，都将其映射到整数 $h(x)$，并将表 8.3 修改为表 8.4，以此来处理每个查询。通过这种机制处理各种查询的数据结构被称为哈希表。

---

[1]　如果 $S$ 是字符串的集合，$a$ 为整数，可以考虑以下的哈希函数。对于字符串 $x = c_1c_2 \cdots c_m$，哈希函数 $h(x) = (c_1a^{m-1} + c_2a^{m-2} + \cdots + c_ma^0) \bmod M$。在这种情况下，$h(x)$ 的值为 $0 \sim M-1$ 的整数。这种类型的哈希函数被称为滚动哈希函数。

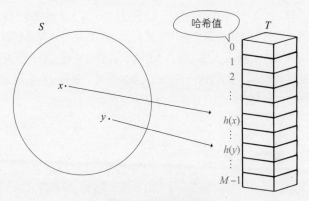

图 8.10 哈希表的概念

表 8.4 在成功设计出完全哈希函数的情况下，哈希表内的插入、删除和搜索查询操作

| 查 询 | 计算复杂度 | 执 行 |
|---|---|---|
| 插入元素 $x$ | $O(1)$ | $T[h(x)] \leftarrow$ true |
| 删除元素 $x$ | $O(1)$ | $T[h(x)] \leftarrow$ false |
| 搜索元素 $x$ | $O(1)$ | $T[h(x)]$ 是否为 true |

### 8.6.2 解决哈希冲突的方法

在 8.6.1 节中，我们讨论了当完全哈希函数可以实现时的哈希表。然而，在实际应用中，设计完全哈希函数非常困难。对于不同的元素 $x, y \in S$，若它们的哈希值相等，则称为哈希冲突（hash collision）。解决哈希冲突的方法有很多，一种常见的方法是为每个哈希值构建一个链表，如图 8.11 所示。

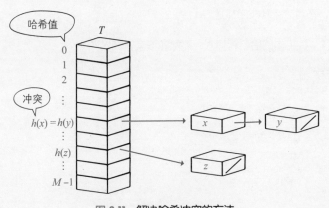

图 8.11 解决哈希冲突的方法

首先，我们对 8.6.1 节提到的数组 $T$ 进行修改。对于 $S$ 的每个元素 $x$，我们在具有相同哈希值 $h(x)$ 的元素之间构建链表，并在 $T[h(x)]$ 中存储指向该链表开头的指针。当要将元素 $x \in S$ 插入哈希表中时，我们将它插入哈希值 $h(x)$ 对应的链表中，并将 $T[h(x)]$ 更新为指向新链表头部的指针。此外，当从哈希表中搜索元素 $x \in S$ 时，我们遍历 $T[h(x)]$ 指向的链表，并将链表中的每个节点与 $x$ 进行匹配。

### 8.6.3  哈希表的计算复杂度

我们来探讨使用链表实现的哈希表的计算复杂度。最坏情况是，我们插入数据结构中的 $N$ 个键都具有相同的哈希值。在这种情况下，查找键将需要 $O(N)$ 的计算复杂度。

然而，当哈希函数的性能足够好时，在理想情况下，如果哈希函数满足简单均匀哈希（simple uniform hashing）的假设，即 "对于任意给定的键，哈希值取特定值的概率为 $1/M$，对于任意两个键，无论它们的相似性如何，哈希值发生冲突的概率都为 $1/M$"，这时访问每个元素的计算复杂度平均为 $O(1 + N/M)$。$a = N/M$ 称为负载因子（load factor）。负载因子是衡量哈希表性能的重要指标。根据经验，如果将 $a$ 设置为 $1/2$，那么通常可以达到 $O(1)$ 的计算复杂度。

### 8.6.4  C++ 和 Python 中的哈希表

本节将介绍 C++ 和 Python 中的哈希表。在 C++ 中，可以使用 `std::unordered_set`，而在 Python 中，可以使用集合类型 `set`。插入元素 $x$、删除元素 $x$ 和搜索元素 $x$ 的操作可以通过程序 8.7（C++）和程序 8.8（Python）来实现，平均计算复杂度都是 $O(1)$。

**程序 8.7  C++ 中的哈希表插入、删除和搜索查询操作**

```
 1 │ // 插入元素 x
 2 │ a.insert(x);
 3 │
 4 │ // 删除元素 x
 5 │ a.erase(x);
 6 │
 7 │ // 搜索元素 x
 8 │ if (a.count(x)) {
 9 │   （操作）
10 │ }
```

**程序 8.8　Python 中的哈希表插入、删除和搜索查询操作**

```
1   # 插入元素 x
2   a.add(x);
3
4   # 删除元素 x
5   a.remove(x)
6
7   # 搜索元素 x
8   if x in a:
9       （操作）
```

另外，在 C++ 中，使用 std::set 也是一种很有效的方法。std::set 可以在 $O(\log N)$ 的计算复杂度内执行插入、删除和搜索操作，速度相当快。std::set 通常使用一种自平衡二叉查找树（self-balancing binary search tree）——红黑树（red-black tree）来实现。

### 8.6.5　关联数组

通常，数组 $a$ 只能以非负整数而不能以字符串作为索引，如 $a$["cat"] 使用字符串 "cat" 作为索引，这是不允许的。但是，通过设计适当的哈希函数 $h$，可以将通用数据集 $S$ 的每个元素 $x$ 映射到非负整数值 $h(x)$ 上。这样就可以使用以 $S$ 的每个元素 $x$ 作为索引的数组 $a[x]$。这种类型的数组称为关联数组（associative array）。

如果采用哈希表作为实现关联数组的数据结构，那么可以以平均 $O(1)$ 的计算复杂度访问关联数组中的每个元素。在 C++ 中，可以使用 std::unordered_map 来实现，在 Python 中，可以使用字典类型 dict 来实现。需要注意的是，用于实现关联数组的数据结构并不一定是哈希表。C++ 标准库提供了一种关联数组 std::map，该关联数组与 std::set 类似，通常使用红黑树实现，并以 $O(\log N)$ 的计算复杂度访问每个元素。

## 8.7 ● 小结

本章介绍了基本的数据结构，包括数组、链表和哈希表，并讨论了它们执行元素插入、元素删除和元素搜索等查询的性能。各种数据结构的特点总结如表 8.5 所示，其中还包括堆（见 10.7 节）和平衡二叉树（见 10.8 节）。总的来说，根据所需处理的查询内容选择合适的数据结构非常重要。

表 8.5　各数据结构的各个查询的计算复杂度

| 标准库和查询 | 数组 | 链表 | 哈希表 | 平衡二叉树 | 堆 |
|---|---|---|---|---|---|
| C++ 标准库 | vector | list | unordered_set | set | priority_queue |
| Python 标准库 | list | - | set | - | heapq |
| 访问第 $i$ 个元素 | $O(1)$ | $O(N)$ | - | - | - |
| 获取数据结构的大小 | $O(1)$ | $O(1)$ | $O(1)$ | $O(1)$ | $O(1)$ |
| 插入元素 $x$ | $O(1)$ | $O(1)$ | $O(1)$ | $O(\log N)$ | $O(\log N)$ |
| 在特定元素之后插入元素 $x$ | $O(N)$ | $O(1)$ | $O(1)$ | - | - |
| 删除元素 $x$ | $O(N)$ | $O(1)$ | $O(1)$ | $O(\log N)$ | $O(\log N)$ |
| 搜索元素 $x$ | $O(N)$ | $O(N)$ | $O(1)$ | $O(\log N)$ | - |
| 获取最大值 | - | - | - | $O(\log N)$ | $O(1)$ |
| 删除最大值 | - | - | - | $O(\log N)$ | $O(\log N)$ |
| 获取第 $k$ 小的值① | - | - | - | $O(\log N)$ | - |

● ● ● ● ● ● ● ● ● ● ● **思考题** ● ● ● ● ● ● ● ● ● ●

**8.1**　在链表的程序 8.6 中，请评估使用函数 printList（第 26~32 行）按顺序输出链表中每个节点存储的值所需的计算复杂度。（难易度★☆☆☆☆）

**8.2**　在大小为 $N$ 的链表中，编写一个从头部开始获取第 $i$ 个元素的 get(i) 函数。然后，请评估下面程序的计算复杂度。（难易度★☆☆☆☆）

```
1  for (int i = 0; i < N; ++i) {
2    cout << get(i) << endl;
3  }
```

**8.3**　请说明如何在链表中以 $O(1)$ 的计算复杂度获取链表大小。（难易度★★☆☆☆）

**8.4**　请描述在单向链表中删除特定节点 $v$ 的方法，允许使用 $O(N)$ 的计算复杂度。（难易度★★☆☆☆）

**8.5**　给定 $N$ 个不同的整数 $a_0$, $a_1$, $\cdots$, $a_{N-1}$ 和 $M$ 个不同的整数 $b_0$, $b_1$, $\cdots$, $b_{M-1}$。请设计一个算法，以平均 $O(N+M)$ 的计算复杂度找到 $a$ 和 $b$ 中共同元素的数量。（难易度★★☆☆☆）

---

① C++ 的 std::set 标准库中没有提供获取第 $k$ 小值的成员函数。

**8.6** 给定 $N$ 个整数 $a_0, a_1, \cdots, a_{N-1}$ 和 $M$ 个整数 $b_0, b_1, \cdots, b_{M-1}$。请设计一个算法,以平均 $O(N+M)$ 的计算复杂度找到 $a_i = b_j$ 的索引对 $(i, j)$ 的数量。(难易度★★★☆☆)

**8.7** 给定 $N$ 个整数 $a_0, a_1, \cdots, a_{N-1}$ 和 $N$ 个整数 $b_0, b_1, \cdots, b_{N-1}$。请设计一个算法,以平均 $O(N)$ 的计算复杂度判断是否可以从两个整数序列中各选择一个整数,使它们的和等于 $K$。请注意,6.6 节提供了基于二分搜索的计算复杂度为 $O(N \log N)$ 的算法,用于解决类似问题。(难易度★★★☆☆)

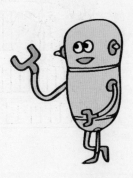

第 **9** 章

# 数据结构（2）：栈和队列

栈和队列是以不同顺序处理连续到达的任务的数据结构。与第 8 章讨论的数组、链表和哈希表类似，它们也是常用的基本数据结构。栈和队列可以使用数组或链表来实现。因此，可以将它们视为巧妙地使用数组和链表结构的方法，而不是特殊的数据结构。本章将介绍栈和队列的概念以及它们的应用场景。

## 9.1 ● 栈和队列的概念

在任务连续到达的情境下，以何种顺序处理接踵而至的任务？无论是在计算机领域还是日常生活中，这都是一个普遍存在的问题。本章所介绍的栈（stack）和队列（queue）是针对这个问题的基本且典型的数据结构。

在抽象的定义中，栈和队列都支持以下查询操作（见图 9.1）。

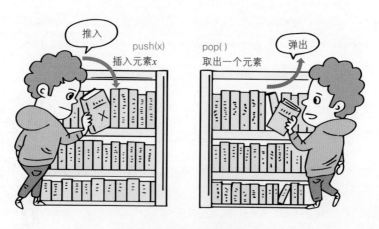

图 9.1　栈和队列的共同框架

- push(x)：将元素 x 插入数据结构中。

- pop()：从数据结构中取出一个元素。

- isEmpty()：检查数据结构是否为空。

当执行 pop 时，我们可以考虑各种各样的方法，根据不同场景和用途来运用不同的设计思想，从而创建各种不同的数据结构。栈和队列是以表 9.1 中所定义的 pop 行为为基础的。需要注意的是，针对队列的 push（推入）和 pop（弹出）操作通常分别称为 enqueue（入队）和 dequeue（出队）。下文将使用这些术语。

表 9.1　栈和队列的规范

| 数据结构 | pop 的规范 |
| --- | --- |
| 栈 | 从数据结构存储的元素中取出最后被推入的元素 |
| 队列 | 从数据结构存储的元素中取出最先被推入的元素 |

我们可以将栈类比成堆叠的书（见图 9.2）。取出最上面的一本书相当于取出最后放上的那本书。这种存取规则称为 LIFO（last-in first-out，后进先出）。栈的应用包括 Web 浏览器的访问历史（返回按钮对应于 pop 操作）以及文本编辑器中的撤销操作等。

栈
最后放上的书被最先取出

队列
最先排队的人最先享受服务

图 9.2　栈和队列的概念

队列则像图 9.2 所示的等待吃拉面的队伍一样，最先排队的人最先享受服务。这运用了一种先处理早期数据的思维方式。从最早插入的元素开始按顺序取出元素的存取规则称为 FIFO（first-in first-out，先进先出）。队列的应用包括航空票务的等待取消处理和打印机的作业调度等。

## 9.2 ● 栈和队列的操作和实现

在本节中，我们将通过追踪栈和队列的操作来加深对它们的理解。栈和队列都可以使用数组轻松实现[①]。此外，在 C++ 标准库中，分别为栈和队列提供了 std::stack 和 std::queue。特别是对于队列，由于高效地进行内存管理实现起来较复杂，因此在实际应用中使用 std::queue 非常方便。

### 9.2.1 栈的操作和实现

如果考虑使用数组来实现栈的操作，其工作方式如图 9.3 所示。例如，在一个空栈状态下，依次将 3, 7, 5, 4 插入，然后对 2 进行 push 操作，栈的状态将变为 3, 7, 5, 4, 2。在这个状态下执行 pop 操作，2 会被取出，栈再次变回 3, 7, 5, 4 的状态。继续执行 pop 操作，4 会被取出，栈的状态将变为 3, 7, 5。

要实现栈，可以使用如图 9.3 所示的方法，即使用一个名为 top 的变量，它表示最后插入栈中的元素的下一个索引（用于存储下一个要 push 的新元素的索引）。同时，top 也表示栈中包含的元素数量。对于 push 操作，将插入的元素存储在索引 top 的位置，并将 top 递增。对于 pop 操作，通过递减 top 的值，将位于 top 位置的元素输出[②]。

这些操作可以如程序 9.1 一样实现。这是在数组大小固定的状态下进行实现的。此外，当尝试在栈为空时（top == 0）进行 pop 操作或者在栈已满时（top == MAX）进行 push 操作时，需要进行异常处理。

---

① 栈和队列也可以使用链表来实现，我们将在本章的思考题 9.1 中进行讨论。

② 递增变量是指将变量的值增加 1，而递减变量是指将变量的值减少 1。

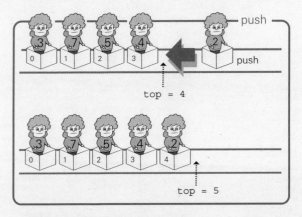

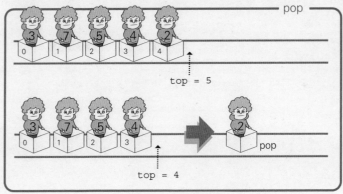

图 9.3 栈的 push 和 pop 操作示意图

## 程序 9.1 栈的实现

```cpp
1  #include <iostream>
2  #include <vector>
3  using namespace std;
4  const int MAX = 100000; // 栈数组的最大尺寸
5
6  int st[MAX]; // 表示栈的数组
7  int top = 0; // 表示栈顶的索引
8
9  // 初始化栈
10 void init() {
11     top = 0; // 初始化栈的索引位置
12 }
13
14 // 判断栈是否为空
15 bool isEmpty() {
```

```
16        return (top == 0); // 判断栈大小是否为 0
17    }
18
19    // 判断栈是否已满
20    bool isFull() {
21        return (top == MAX); // 判断栈大小是否达到 MAX
22    }
23
24    // push
25    void push(int x) {
26        if (isFull()) {
27            cout << "error: stack is full." << endl;
28            return;
29        }
30        st[top] = x; // 存储 x
31        ++top; // 增加 top
32    }
33
34    // pop
35    int pop() {
36        if (isEmpty()) {
37            cout << "error: stack is empty." << endl;
38            return -1;
39        }
40        --top; // 减少 top
41        return st[top]; // 返回 top 位置的元素
42    }
43
44    int main() {
45        init(); // 初始化栈
46
47        push(3); // 将 3 插入栈中，{} -> {3}
48        push(5); // 将 5 插入栈中，{3} -> {3, 5}
49        push(7); // 将 7 插入栈中，{3, 5} -> {3, 5, 7}
50
51        cout << pop() << endl; // {3, 5, 7} -> {3, 5}, 弹出 7
52        cout << pop() << endl; // {3, 5} -> {3}, 弹出 5
53
54        push(9); // 将 9 插入栈中，{3} -> {3, 9}
55    }
```

## 9.2.2 队列的操作和实现

如前所述，使用数组来实现栈的方法通常给人一种"左侧关闭"的感觉，或者像把元素塞进了一个封闭的隧道中。队列的实现如图 9.4 所示，给人一种"两端都开放"的感觉。例如，在一个空队列的状态，依次将 3，7，5，4 插入，然后对 2 进行 enqueue 操作，队列的状态将变为 3，7，5，4，2。在这个状态下进行

dequeue 操作，3 会被取出，队列变为 7, 5, 4, 2 的状态。

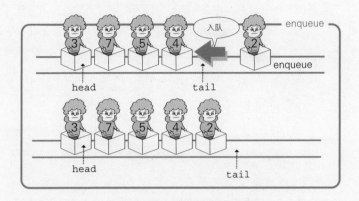

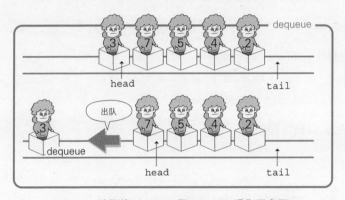

图 9.4　队列的 enqueue 和 dequeue 操作示意图

队列可以通过使用两个变量来实现。

- head：表示最早插入的元素的索引。
- tail：表示最后插入的元素的下一个索引。

　　然而，使用这种方法会产生一个问题。当在队列中反复执行 enqueue 和 dequeue 操作时，不仅 tail 会右移，head 也会右移，于是 head 和 tail 都不断向右移动。这将导致数组过大。解决这个问题的常用方法是使用称为环形缓冲区（ring buffer）的数据结构。在大小为 $N$ 的环形缓冲区中，索引 tail 和 head 在 $0 \sim N-1$ 的范围内移动。当 tail 从状态 tail $= N-1$ 继续递增时，它不会增加到 tail $= N$，而是返回 tail $= 0$。head 也以同样的方式变化。使用这种机制，可以无限次递增 head 和 tail。图 9.5 展示了 $N=12$ 的情况。

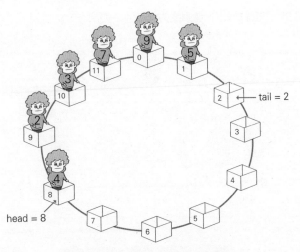

**图 9.5　实现队列的环形缓冲区机制**

通过使用环形缓冲区，队列可以如程序 9.2 一样实现。与栈类似，当尝试在队列为空时（`head==tail`）进行 dequeue 操作以及在队列已满时（`head==(tail+1)% MAX`[①]）进行 enqueue 操作时都需要执行异常处理。

**程序 9.2　队列的实现**

```
1   #include <iostream>
2   #include <vector>
3   using namespace std;
4   const int MAX = 100000; // 队列数组的最大尺寸
5
6   int qu[MAX]; // 表示队列的数组
7   int tail = 0, head = 0; // 表示队列元素区间的变量
8
9   // 初始化队列
10  void init() {
11      head = tail = 0;
12  }
13
14  // 判断队列是否为空
15  bool isEmpty() {
16      return (head == tail);
17  }
18
19  // 判断队列是否已满
20  bool isFull() {
21      return (head == (tail + 1) % MAX);
```

① 这里将插入缓冲区中的元素个数达到 MAX-1 的状态视为满容状态。

```
22  }
23
24  // enqueue
25  void enqueue(int x) {
26      if (isFull()) {
27          cout << "error: queue is full." << endl;
28          return;
29      }
30      qu[tail] = x;
31      ++tail;
32      if (tail == MAX) tail = 0; // 当达到环形缓冲区的末尾时，返回 0
33  }
34
35  // dequeue
36  int dequeue() {
37      if (isEmpty()) {
38          cout << "error: queue is empty." << endl;
39          return -1;
40      }
41      int res = qu[head];
42      ++head;
43      if (head == MAX) head = 0; // 当达到环形缓冲区的末尾时，返回 0
44      return res;
45  }
46
47  int main() {
48      init(); // 初始化队列
49
50      enqueue(3); // 3 入队，{} -> {3}
51      enqueue(5); // 5 入队，{3} -> {3, 5}
52      enqueue(7); // 7 入队，{3, 5} -> {3, 5, 7}
53
54      cout << dequeue() << endl; // {3, 5, 7} -> {5, 7},3 出队
55      cout << dequeue() << endl; // {5, 7} -> {7},5 出队
56
57      enqueue(9); // 9 入队，{7}->{7, 9}
58  }
```

## 9.3 ● 小结

栈和队列是计算机科学中的基本概念，在各种场景中被广泛使用。栈和队列的重要应用之一是图搜索。正如第 3 章所述，搜索是所有算法的基础，通过将栈和队列的思想应用于搜索问题，我们可以设计出重要的图搜索技巧，如深度优先搜索（DFS）和广度优先搜索（BFS）。关于这些技巧，第 13 章将详细讨论。

**思考题** ● ● ● ● ● ● ● ● ● ●

**9.1** 请使用链表实现栈和队列。（难易度 ★ ★ ☆ ☆ ☆）

**9.2** 逆波兰表达式是一种数学表达式的表示方法，如对于表达式 (3+4)*(1－2)，逆波兰表达式将操作符写在数字之后，即 3 4 ＋ 1 2 － *。它的优点是不需要括号。请设计一个算法，接收以逆波兰表达式编写的数学表达式作为输入，并输出其计算结果。（难易度 ★ ★ ★ ☆ ☆）

**9.3** 给定一个如"(()())()(())"一样由"("和")"组成的长度为 2N 的字符串，其中 N 是正整数。请设计一个计算复杂度为 O(N) 的算法来判断该字符串中的括号是否匹配，并进一步找出 N 对括号中每一对括号的起始和结束位置。（著名问题，难易度 ★ ★ ★ ☆）

# 第 **10** 章

# 数据结构（3）：图与树

图是用来表示对象之间关系的工具。通过将问题形式化为与图相关的问题，我们可以更有效地处理世界上的各种问题。此外，在图结构中，连通且不包含环的部分被称为树。本章将介绍一些基于树形结构的数据结构，它们在处理数据时非常有用。

## 10.1 ● 图

### 10.1.1 图的概念

图（graph）可以用来表示对象之间的关系，如"班级里的谁和谁互相认识"这样的关系。如图 10.1 所示，通常用"圆"和"线"来绘制图。圆表示对象，称为顶点（vertex），线表示对象之间的关系，称为边（edge）。

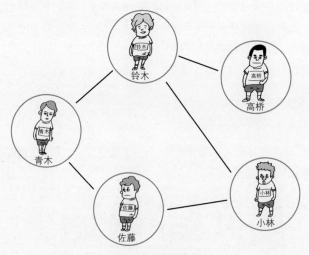

图 10.1 图的绘制示例

图 10.1 展示了一个新班级中有青木、铃木、高桥、小林、佐藤 5 名同学，其中青木和铃木、铃木和高桥、铃木和小林、小林和佐藤、青木和佐藤互相认识。图中的顶点代表青木、铃木、高桥、小林、佐藤这 5 名同学，边表示青木和铃木、铃木和高桥、铃木和小林、小林和佐藤、青木和佐藤互相认识的关系。需要注意的是，图的绘制方式不是唯一的，图 10.2 展示了具有相同关系的图。

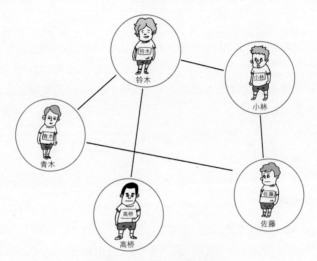

图 10.2　图的另一种绘制示例

我们尝试用数学方式表述图。在接下来的内容中，我们将继续定义与图相关的术语。如果你觉得枯燥，可以暂时跳过这一部分，前进到 10.2 节，必要时再回来查看。

我们将图 $G$ 定义为以下集合的组合，表示为 $G=(V, E)$。

- 顶点的集合：$V=\{v_1, v_2, \cdots, v_N\}$。
- 边的集合：$E=\{e_1, e_2, \cdots, e_M\}$。

每条边 $e \in E$ 都被定义为两个顶点 $v_i$, $v_j \in V$ 的组合，表示为 $e=(v_i, v_j)$。在图 10.1 所示的示例中，集合如下。

- 顶点的集合：$V=\{$ 青木，铃木，高桥，小林，佐藤 $\}$。
- 边的集合：$E=\{($ 青木，铃木 )，( 铃木，高桥 )，( 铃木，小林 )，( 小林，佐藤 )，( 青木，佐藤 )$\}$。

当顶点 $v_i$, $v_j$ 由边 $e$ 连接时，我们称 $v_i$ 和 $v_j$ 相邻（adjacent），$v_i$, $v_j$ 为 $e$ 的端点（end），边 $e$ 与 $v_i$, $v_j$ 相连接（incident）。有时，图的每条边 $e$ 都带有实数或整数值的权重，我们将这样的图称为加权图（weighted graph）。如果图的每条边都没有权重，想特别强调这一点时，称其为无权图（unweighted graph）。

如图 10.3 所示，当多条边连接同一对顶点时，我们称这些边为多重边（multiedge）[①]，而称连接同一顶点的边 $e=(v, v)$ 为自环（self-loop）。不包含多重边和自环的图称为简单图（simple graph）。在本书中，除非特别说明，否则在提到图时通常指的是简单图。

多重边　　　　　　　　自环

图 10.3　多重边和自环

## 10.1.2　有向图和无向图

我们考虑图的每条边是否具有方向，如图 10.4 所示。当边没有方向时，我们称之为无向图（undirected graph），而当边具有方向时，我们称之为有向图（directed graph）。有向图的边常用于单行道等的建模。在绘制图时，通常使用"线"来表示无向图的边，而使用"箭头"来表示有向图的边。

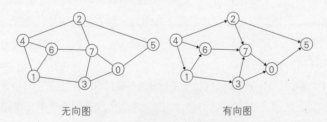

无向图　　　　　　　　　　　　有向图

图 10.4　无向图和有向图的绘制

值得注意的是，我们可以更精确地定义无向图和有向图。对于图的每条边 $e=(v_i, v_j)$，如果不考虑方向，将 $(v_i, v_j)$ 和 $(v_j, v_i)$ 视为相同的情况，那么图 $G$ 为无向图；而如果区分 $(v_i, v_j)$ 和 $(v_j, v_i)$，那么图 $G$ 为有向图。

---

① 在后文提到的有向图中，我们将包括边的方向在内，完全相同的边称为多重边。

### 10.1.3 路径、环路、通路

对于原始图 $G=(V, E)$，如果图 $G'=(V', E')$ 的顶点集合 $V'$ 是原始顶点集合 $V$ 的子集，边集合 $E'$ 是原始边集合 $E$ 的子集，并且对于任意边 $e' \in E'$，其两个端点都包含在 $V'$ 中，那么称 $G'=(V', E')$ 为 $G=(V, E)$ 的部分图（subgraph）。换句话说，部分图是原始图的一部分，同时它本身也是一个图。

路径、环路和通路是图中非常重要的概念。对于图 $G$ 上的两个顶点 $s$，$t \in V$，如果从顶点 $s$ 出发，可以通过遍历从 $s$ 到 $t$ 的相邻顶点而达到 $t$，那么这个路径称为 $s$-$t$ 路径（walk）。此时，$s$ 是起点，$t$ 是终点。如果路径的起点和终点相同，则该路径称为环路（cycle）或闭路。此外，不重复经过同一顶点的路径称为通路（path）或道路。需要注意的是，路径和环路可以多次经过相同的顶点[①]。图 10.5 为通路和环路的示例。

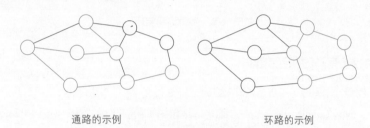

通路的示例　　　　　　　　　　环路的示例

**图 10.5　通路和环路的示例**

对于有向图，需要注意路径、环路和通路中的每条边都必须沿着从起点到终点的方向。例如，图 10.6 左边的是一条通路，但右边的不是。另外，在提到有向图的路径、环路和通路时，如果需要强调这一点，可以分别称其为有向路径、有向环路、有向通路。

此外，路径、环路和通路的长度（length）在加权图中表示它们包含的边的权重总和，在无权图中表示它们包含的边的数量。在第 14 章中，我们将介绍如何解决从图上的一个顶点 $s \in V$ 到每个顶点的最短路径问题，即找到长度最小的路径。

---

[①] 需要注意的是，不同的书对路径、环路和通路的定义可能不同。有些书将本书中的通路称为简单路径，将本书中的路径称为通路，并将与通路对应的概念称为简单通路。此外，当提到环路时，有些书中指的是不经过相同顶点的环路。

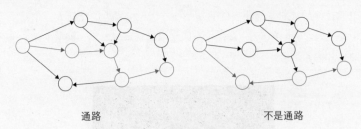

通路                                          不是通路

图 10.6    有向图中的通路示例

### 10.1.4    连通性

对于无向图 $G$，如果任意两个顶点 $s, t \in V$ 之间存在 $s$-$t$ 通路，那么我们说 $G$ 是连通（connected）的[①]。图 10.7 展示了一个非连通图的示例。我们可以将它视为一组连通图的集合。此时，$G$ 的每个连通子图被称为 $G$ 的连通分量。在解决与非连通图相关的问题时，通常先求解连通图的结果，然后将其应用于每个连通分量，这样会取得良好的效果。13.8 节中的二部图判定就是一个例子。

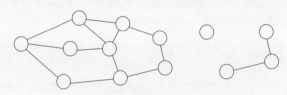

图 10.7    非连通图的示例（包含 3 个连通分量）

## 10.2 ● 利用图进行建模的示例

图是一种非常强大的数学工具。我们可以利用图重新构建现实世界中的许多问题，将它们看作图论问题。本节将提供一些使用图来对问题进行建模的示例。

### 10.2.1    社交网络

在 10.1 节中，我们提到了一个图的示例，即班级中学生的相识关系。更大规模的示例包括社交软件中的关注关系或友情关系等。社交网络图通常呈现出中心部分紧密连接，并向外扩展的趋势，如图 10.8 所示。你可能听说过，一个

① 对于有向图，可以使用以下方式定义连通性：若对于任意两个顶点 $s, t \in V$，$s$-$t$ 通路和 $t$-$s$ 通路同时存在，我们称之为强连通；当去除有向图中边的方向，将其视为无向图时，如果该图是连通的，我们称之为弱连通。

人可以通过他的"朋友的朋友的朋友……"认识世界上的任何人，中间不会超过 5 个人（六度分隔理论）。观察社交网络的形状可以看到，网络的中心部分可以传播到各个方向。

图 10.8　社交网络图的示例（引自某大学网站）

在社交网络分析中，重要的问题包括检测社群、识别具有影响力的人物以及分析网络信息传播的能力等。

## 10.2.2　交通网络

道路网络图（十字路口作为图的顶点）和铁路线路图（车站作为图的顶点）等都是图的具体示例。这种类型的图通常被绘制成类似于拼图的形状，如图 10.9 所示。与社交网络图不同的是，交通网络图中各顶点之间的距离有变大的倾向。交通网络图常见的特征之一是它们是平面的。通常情况下，如果可以在平面上绘制图 $G$ 而任意两条边都不相交，那么称 $G$ 为平面图。在分析交通网络时，如果能够有效利用交通网络图接近平面图的性质设计算法，将发挥重要作用。

图 10.9　交通网络的示意图

### 10.2.3 游戏局势转变

在将棋和黑白棋等游戏的分析中，图搜索起着重要的作用。例如将井字棋游戏最初几步的可能情况表示为一个图，如图 10.10 所示（部分省略）。它从初始棋盘开始，描述了可能的局势转变。通过这种图，我们可以分析简单游戏的必胜策略。

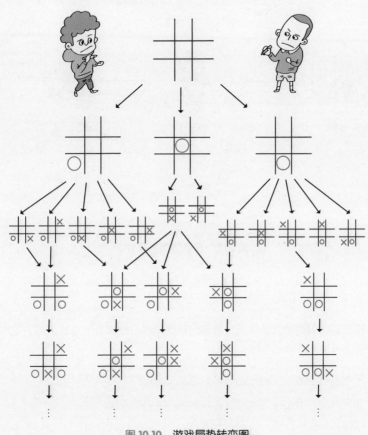

图 10.10　游戏局势转变图

### 10.2.4 任务之间的依赖关系

如图 10.11 所示，"必须完成这项任务才能开始另一项任务"等任务之间的依赖关系可以表示为有向图。图 $G=(V, E)$ 中的每条边 $e=(u, v)$ 表示"只有完成任务 $u$ 才能开始任务 $v$"的条件。通过将任务之间的依赖关系整理成图，我们可以确定适当的任务处理顺序（详见 13.9 节），并找到完成所有任务所需的被称为瓶颈的关键路径[1]。

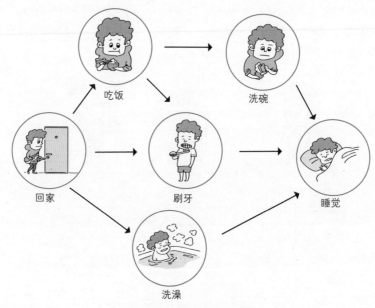

图 10.11　任务依赖关系图

## 10.3 ● 图的实现

现在，我们讨论在计算机上处理图形数据时的数据表示方式。以下是两种具有代表性的常见表示方式。

- 邻接列表表示（adjacency-list representation）。
- 邻接矩阵表示（adjacency-matrix representation）。

这里仅解释邻接列表表示[2]。在处理与图形相关的问题时，使用邻接列表表示通常可以设计出更高效的算法。

为简单起见，我们将图的顶点集合表示为 $V = \{0, 1, \cdots, N-1\}$。即使图的顶

---

[1]　关键路径是指一系列工作任务，它们左右着整个任务计划。如果关键路径上的任务延迟，整个任务计划也会受到延迟的影响。

[2]　14.7 节解释的弗洛伊德－沃舍尔算法隐式地使用了邻接矩阵表示。

点集合是具体的元素，例如 $V = \{$青木，铃木，高桥，小林，佐藤$\}$，也可以通过为青木、铃木、高桥、小林、佐藤分别分配 0、1、2、3、4 等编号，将顶点集合表示为 $V = \{0, 1, 2, 3, 4\}$。

在邻接列表表示中，对于每个顶点 $v \in V$，列出存在边 $(v, v') \in E$ 的顶点 $v'$。如图 10.12 所示，无向图和有向图都可以进行这个操作。邻接列表表示本质上使用链表结构来管理每个顶点 $v$ 的相邻顶点，但在 C++ 中，使用可变长度数组 vector 就足够了。具体来说，我们将每个顶点 $v$ 的相邻顶点集合表示为 vector<int> 类型，并将整个图表示为 vector<vector <int>> 类型，如程序 10.1 所示。

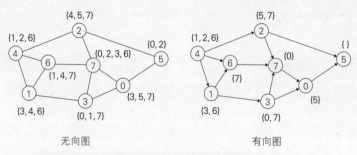

无向图　　　　　　　　　　　有向图

图 10.12　图的邻接列表表示

**程序 10.1　图的数据类型**

```
1  using Graph = vector<vector<int>>; // 图的类型
2  Graph G; // 图
```

在这种情况下，$G[v]$ 表示相邻顶点的集合。以图 10.12 中的有向图为例，如下所示。

```
G[0] = {5}
G[1] = {3, 6}
G[2] = {5, 7}
G[3] = {0, 7}
G[4] = {1, 2, 6}
G[5] = {}
G[6] = {7}
G[7] = {0}
```

此外，本书假定表示图的数据输入方式如下。

$$N\ M$$
$$a_0\ b_0$$
$$a_1\ b_1$$
$$\cdots$$
$$a_{M-1}\ b_{M-1}$$

$N$ 表示图的顶点数，$M$ 表示图的边数。第 $i$（$i=0, 1, \cdots, M-1$）条边表示连接顶点 $a_i$ 和顶点 $b_i$ 的边。如果是有向图，表示存在从 $a_i$ 到 $b_i$ 的边；如果是无向图，表示存在连接 $a_i$ 和 $b_i$ 的边。例如，对于图 10.12 中的有向图示例，输入数据如下。

**程序 10.2　输入数据**

```
1    8 12
2    4 1
3    4 2
4    4 6
5    1 3
6    1 6
7    2 5
8    2 7
9    6 7
10   3 0
11   3 7
12   0 7
13   0 5
```

接收这种格式数据作为输入并构建图形的处理可以像程序 10.3 那样实现。

**程序 10.3　接收输入数据并构建图形**

```
1    #include <iostream>
2    #include <vector>
3    using namespace std;
4    using Graph = vector<vector<int>>;
5
6    int main() {
7        // 顶点数和边数
8        int N, M;
9        cin >> N >> M;
10
```

```
11        // 图
12        Graph G(N);
13        for (int i = 0; i < M; ++i) {
14            int a, b;
15            cin >> a >> b;
16            G[a].push_back(b);
17
18            // 对于无向图，添加以下内容
19            // G[b].push_back(a);
20        }
21    }
```

## 10.4 ● 加权图的实现

本节将介绍表示加权图的数据结构。虽然有多种实现方法，但在这里，我们选择如程序 10.4 所示的方式，即准备一个表示"带权边"的结构体 Edge。结构体 Edge 将存储相邻顶点编号和权重的信息作为其成员变量。

在无权图中，每个顶点 $v$ 的邻接列表 $G[v]$ 表示与 $v$ 相邻的顶点的编号集合。在加权图中，$G[v]$ 则表示与 $v$ 相连的边（结构体 Edge 的实例）的集合。这种表示加权图的数据结构在解决最短路径等问题时非常有用，我们将在第 14 章中详细讨论。

**程序 10.4　加权图的实现**

```
1   #include <iostream>
2   #include <vector>
3   using namespace std;
4
5   // 使用 long long 类型来表示权重
6   struct Edge {
7       int to; // 相邻顶点编号
8       long long w; // 权重
9       Edge(int to, long long w) : to(to), w(w) {}
10  };
11
12  // 使用边的集合来表示每个顶点的邻接列表
13  using Graph = vector<vector<Edge>>;
14
15  int main() {
16      // 顶点数和边数
17      int N, M;
18      cin >> N >> M;
19
```

```
20      // 图
21      Graph G(N);
22      for (int i = 0; i < M; ++i) {
23          int a, b;
24          long long w;
25          cin >> a >> b >> w;
26          G[a].push_back(Edge(b, w));
27      }
28  }
```

## 10.5 ● 树

本节将解释图的一种特殊情况，即树（tree）。学习关于树的知识将极大地扩展我们可以处理的数据结构的范围。需要注意的是，在本书中，我们将树视为无向图。连通且不包含环的无向图 $G=(V, E)$ 被称为树（见图 10.13）。

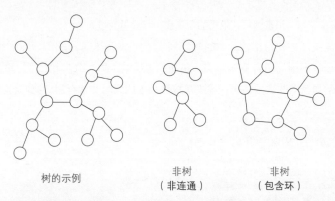

树的示例          非树          非树
              （非连通）      （包含环）

**图 10.13** 左侧的图为树的示例；中间的图由于不是连通的，不是树；右侧的图由于包含环，也不是树

### 10.5.1 有根树

对于树来说，通常存在一个特殊的节点，称为根节点（root）。拥有根节点的树称为有根树（rooted tree），而没有根节点的树称为无根树（unrooted tree）。在绘制有根树时，通常将根节点绘制在最上方，如图 10.14 所示。在有根树中，除根节点外，只有一条边连接到该节点的节点称为叶（leaf）节点。此外，对于根节点以外的每个节点 $v$，与之相邻的位于根侧的节点 $p$ 称为 $v$ 的父（parent）节点，此时 $v$ 称为 $p$ 的子（child）节点。拥有相同父节点的节点称为兄弟（sibling）节点。根节点没有父节点，而除根节点外的每个节点都有

一个确定的父节点。叶节点没有子节点，而除叶节点外的每个节点至少有一个子节点。

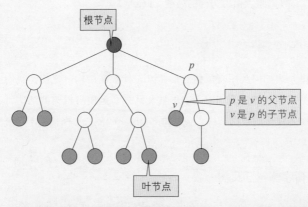

图 10.14　有根树的示意图。红色的节点表示根节点，绿色的节点表示叶节点。此外，注意图中的节点 $p$ 和 $v$，$p$ 是 $v$ 的父节点，$v$ 是 $p$ 的子节点

### 10.5.2　子树和树的高度

如图 10.15 所示，对于有根树的每个节点 $v$，当仅关注从 $v$ 到其子节点的方向时，可以将其视为以 $v$ 为根节点的一棵有根树，称其为以 $v$ 为根的子树（subtree）。子树中除 $v$ 以外的节点称为 $v$ 的后代（descendant）。

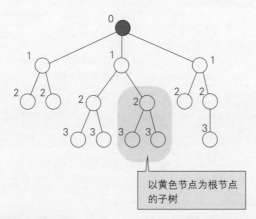

图 10.15　有根树的子树示意图。每个节点旁边的紫色数字表示各个节点的深度。此有根树的高度为 3

此外，在有根树上指定两个节点 $u$ 和 $v$，$u$-$v$ 通路是唯一确定的（这也适用于

无根树）。特别是对于有根树的每个节点 $v$，将根节点和 $v$ 连接起来的通路的长度称为节点 $v$ 的深度（depth）。出于方便，我们将根节点的深度设定为 0。有根树的每个节点深度的最大值称为树的高度（height）。

## 10.6 ● 有序树与二叉树

本节将介绍如何利用有根树的形状来设计数据结构。之前，我们已经介绍了一些数据结构，如链表、哈希表、栈和队列。利用有根树的结构，我们可以设计出更加多样化的数据结构，包括堆（10.7 节）、二叉查找树（10.8 节）和并查集（第 11 章）等。

### 10.6.1 有序树与二叉树

在有根树中，当考虑每个节点 $v$ 的子节点的顺序时，我们称之为有序树（ordered tree）。在有序树中，兄弟节点之间有哥哥节点和弟弟节点之分。有多种表示有序树的方法，例如对于每个节点，可以使用：

- 指向父节点的指针；
- 存储每个子节点指针的可变长度数组。

此外，如图 10.16 所示，还常常使用以下方式为每个节点 $v$ 添加：

- 指向父节点的指针；
- 指向第一个子节点的指针；
- 指向下一个弟弟节点的指针。

图 10.16 中的 nil 与 8.3 节介绍的哨兵具有相同的含义。

在有序树中，对于所有节点而言，最多只有 $k$ 个子节点的树称为 $k$ 叉树（$k$-ary tree）。在 $k$ 叉树中，当 $k=1$ 时，对应于 8.3 节的链表；当 $k=2$ 时，我们称之为二叉树（binary tree）。在二叉树中，以左子节点为根的子树称为左子树（left subtree），以右子节点为根的子树称为右子树（right subtree）。由于二叉树的形状等特征有利于计算复杂度的分析，因此它被广泛用于各种数据结构中。使用二叉树的数据结构包括堆、二叉查找树等。

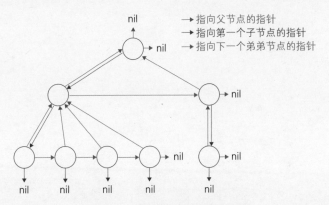

图 10.16  有序树的典型表示方式

## 10.6.2  强平衡二叉树

在许多情况下，具有有根树构造的数据结构处理每个查询的计算复杂度为 $O(h)$，其中 $h$ 是树的高度。因此，为降低计算复杂度，尽量减小树的高度 $h$ 至关重要。如果树的节点数为 $N$，则其高度最多为 $N-1$（$O(N)$）。

在一般的二叉树中，各个节点的边的延伸方式都不一样，有些边会多次分叉并深入，而有些边则很快达到叶节点并成为终止边，这种类型的二叉树并不是特别有用。然而，当每个节点的左右边的延伸方式均匀时，它就会变得非常有用。如图 10.17 所示，每个节点的左右边平衡延伸的二叉树往往具有较小的高度。具有特别良好性质的二叉树，即强平衡二叉树（strongly balanced binary tree）的定义如下。

> **强平衡二叉树的定义**
>
> 强平衡二叉树是一种二叉树，其所有叶节点的深度之差最大为 1。

在强平衡二叉树中，可以证明当节点数为 $N$ 时，其高度为 $O(\log N)$。为了简化，我们将进一步考虑特殊情况，即所有叶节点的深度相等的二叉树——完全二叉树（complete binary tree）。将完全二叉树的高度记为 $h$，那么

$$N = 1 + 2^1 + 2^2 + \cdots + 2^h = 2^{h+1} - 1$$

因此，我们可以得出 $h = O(\log N)$。类似的论证也适用于强平衡二叉树，表明 $h = O(\log N)$。

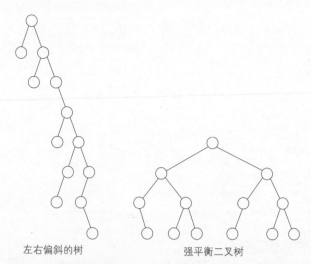

左右偏斜的树　　　　　　　　　强平衡二叉树

图 10.17　两棵二叉树的节点数都为 13。左侧二叉树的每个节点的左右边延伸方式
不均匀，因此树的高度较大。右侧二叉树的每个节点的左右边平衡延伸，
因此树的高度较小，这种二叉树是强平衡二叉树

## 10.7 ● 使用二叉树的数据结构示例（1）：堆

堆（heap）[①] 是使用二叉树的数据结构。堆可以被有效应用在各种情境下。

### 10.7.1　堆是什么

堆是一种二叉树，如图 10.18 所示，每个节点 $v$ 都具有称为键的值 key[$v$]
（图 10.18 中每个圆圈中的黑色值），并满足以下条件。

> 堆的条件
>
> - 对于节点 $v$ 的父节点 $p$，key[$p$] ⩾ key[$v$] 成立。
> - 当树的高度为 $h$ 时，深度小于 $h-1$ 的部分形成完全二叉树。
> - 当树的高度为 $h$ 时，深度为 $h$ 的部分的节点是左对齐的。

---

① 　堆有各种不同的类型。本节将介绍二叉堆。

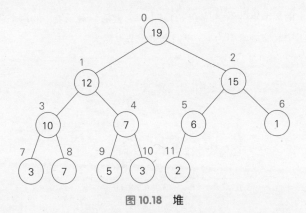

**图 10.18 堆**

由此可见，堆是一种特殊的强平衡二叉树。因此，堆可以以 $O(\log N)$ 的计算复杂度处理各种查询。表 10.1 展示了堆可以处理的查询。

**表 10.1 堆的查询处理**

| 查 询 | 计算复杂度 | 备 注 |
|---|---|---|
| 插入值 $x$ | $O(\log N)$ | 插入后确保满足堆的条件 |
| 获取最大值 | $O(1)$ | 只需要获取根节点的值即可 |
| 删除最大值 | $O(\log N)$ | 从堆中删除根节点后，需调整堆的形状 |

需要注意的是，与哈希表和平衡二叉树不同，堆不适用于"搜索以值 $x$ 为键的元素"这类查询。虽然在堆中可以通过搜索所有节点来对这类查询做出回应，但需要 $O(N)$ 的计算复杂度[①]。

## 10.7.2 堆的实现方法

堆是一种具有特殊形状的二叉树，可以使用数组来实现。图 10.19 展示了将堆表示为数组的方法。将堆的根节点对应到数组的第 0 个元素，将堆中深度为 1 的节点对应到数组的第 1、2 个元素，将堆中深度为 2 的节点对应到数组的第 3、4、5、6 个元素，以此类推，将堆中深度为 $d$ 的节点对应到数组的第 $2^d-1$，…，$2^{d+1}-2$ 个元素。此时，以下关系成立。

- 数组中索引为 $k$ 的节点的左右子节点的索引分别为 $2k+1$ 和 $2k+2$。
- 数组中索引为 $k$ 的节点的父节点的索引为 $\lfloor (k-1)/2 \rfloor$。

例如，索引为 2 的节点的子节点的索引是 $2 \times 2+1=5$ 和 $2 \times 2+2=6$，索引

---

① 如果需要同时进行"获取最大值"和"值的搜索"查询，可以使用平衡二叉树。

为 8 的节点的父节点的索引是 $\lfloor (8-1)/2 \rfloor = 3$。此后，对于堆中的每个节点 $v$，如果其在数组中对应的索引为 $k$，我们也将该节点称为 $k$ 节点。

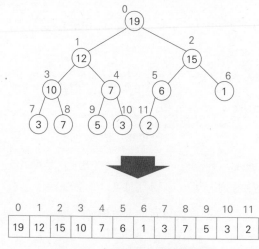

图 10.19　使用数组实现堆的方法

### 10.7.3　堆的查询处理

我们深入探讨一下堆的查询处理机制。首先，考虑将值 17 插入堆中，如图 10.20 左侧所示。在堆的末尾插入一个键值为 17 的节点（步骤 1）。此时，值 17 将存储在数组中索引为 12 的节点中。然而，节点 12 的键值比其父节点 5 的键值（键值为 6）大。因此，通过交换节点 5 和节点 12 的键值来完成逆转（步骤 2）。这使得节点 5 的键值大于节点 12 的键值，从而修复了父子关系。现在，节点 5 和其父节点 2 之间的父子关系被破坏了。因此，同样地，我们交换节点 5 和节点 2 的键值（步骤 3）。重复这些操作，直到键值为 17 的节点和其父节点之间的关系满足堆的条件。在这个示例中，在步骤 3 中，节点 2 与其父节点 0 之间的关系满足堆的条件，因此我们结束处理。

总结一下，当向堆中插入新值时，首先将具有该值的节点插到最后，只要它与其父节点之间的关系不满足堆的条件，就不断交换键值，直到满足条件。在最坏的情况下，算法将在插入的键值达到根节点时结束。因为堆的高度为 $O(\log N)$，所以计算复杂度为 $O(\log N)$。

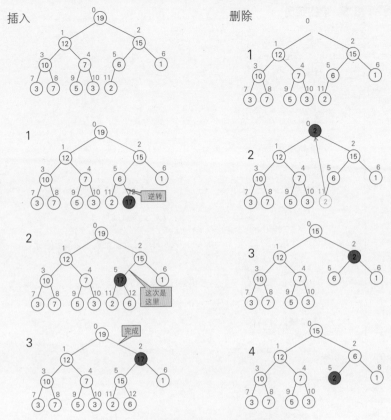

**图 10.20　使用堆的插入和删除查询处理**

接下来，我们考虑从堆中删除最大值的方法。首先，如图 10.20 右侧所示，删除根节点（步骤 1）。但这会破坏堆的结构，因此选择最后一个节点并将其移动到根节点的位置（步骤 2）。此时，通常会破坏堆的条件，因此需要进行调整。查看已选根节点的左右子节点中较大的一个，如果其键值大于根节点的键值，则交换这两个节点的键值（步骤 3）。然后，就像插入操作一样，不断交换键值，直到满足堆的条件。在最坏的情况下，交换的键值将达到叶节点，然后处理结束。因此，计算复杂度仍然为 $O(\log N)$。

### 10.7.4　堆的实现示例

堆可以像程序 10.5 一样实现。在 C++ 中，std::priority_queue 用于实现堆的功能，如果没有需要额外实现的功能，使用它会很方便。

**程序 10.5　堆的实现**

```cpp
#include <iostream>
#include <vector>
using namespace std;

struct Heap {
    vector<int> heap;
    Heap() {}

    // 在堆中插入值 x
    void push(int x) {
        heap.push_back(x); // 插到末尾
        int i = (int)heap.size() - 1; // 插入的节点编号
        while (i > 0) {
            int p = (i - 1) / 2; // 父节点编号
            if (heap[p] >= x) break; // 如果没有逆转，退出
            heap[i] = heap[p]; // 将自己的值设置为父节点的值
            i = p; // 向上移动
        }
        heap[i] = x; // x 最终会移到这个位置
    }

    // 获取最大值
    int top() {
        if (!heap.empty()) return heap[0];
        else return -1;
    }

    // 删除最大值
    void pop() {
        if (heap.empty()) return;
        int x = heap.back(); // 将值移到节点
        heap.pop_back();
        int i = 0; // 从根节点开始向下
        while (i * 2 + 1 < (int)heap.size()) {
            // 比较子节点，选择较大的 child1
            int child1 = i * 2 + 1, child2 = i * 2 + 2;
            if (child2 < (int)heap.size()
                && heap[child2] > heap[child1]) {
                child1 = child2;
            }
            if (heap[child1] <= x) break; // 如果没有逆转，退出
            heap[i] = heap[child1]; // 将自己的值设置为子节点的值
            i = child1; // 向下移动
        }
        heap[i] = x; // x 最终会移到这个位置
    }
};
```

```
49   int main() {
50       Heap h;
51       h.push(5), h.push(3), h.push(7), h.push(1);
52
53       cout << h.top() << endl; // 7
54       h.pop();
55       cout << h.top() << endl; // 5
56
57       h.push(11);
58       cout << h.top() << endl; // 11
59   }
```

### 10.7.5　在 $O(N)$ 时间内构建堆（*）

堆的构建可以在 $O(N)$ 的计算复杂度下完成。具体来说，当给定 $N$ 个元素 $a_0, a_1, \cdots, a_{N-1}$ 时，可以在 $O(N)$ 时间内构建包含这些元素的堆。但要注意，按顺序将 $N$ 个元素插入堆中的计算复杂度为 $O(N \log N)$。有关在 $O(N)$ 时间内构建堆的具体方法，请参考 12.6 节介绍的堆排序的程序。

## 10.8 ● 使用二叉树的数据结构示例（2）：二叉查找树

二叉查找树（binary search tree）是一种数据结构，它与第 8 章介绍的数组、链表和哈希表类似，可以处理以下类型的查询。

- 查询类型 1：将元素 $x$ 插入数据结构中。
- 查询类型 2：从数据结构中删除元素 $x$。
- 查询类型 3：判断元素 $x$ 是否包含在数据结构中。

二叉查找树是一种二叉树，每个节点 $v$ 都具有称为 key[$v$] 的键（以紫色数字表示），且满足以下条件，如图 10.21 所示。

> **二叉查找树的条件**
>
> 对于任意节点 $v$，$v$ 的左子树中包含的所有节点 $v'$ 都满足 key[$v$] $\geq$ key[$v'$]，$v$ 的右子树中包含的所有节点 $v'$ 都满足 key[$v$] $\leq$ key[$v'$]。

关于使用二叉查找树来实现插入、删除和搜索查询的方法，请参考推荐书目 [5]、[6]、[9]。每个查询都从有根树的根节点开始搜索，在最坏情况下可能需要遍历到叶节点，因此需要相当于树的高度的计算复杂度。

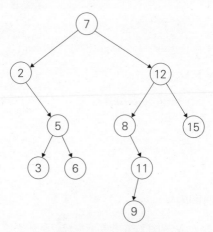

**图 10.21　二叉查找树**

　　如果没有特殊优化，二叉查找树完成每个查询都需要 $O(N)$ 的计算复杂度。与哈希表以平均计算复杂度 $O(1)$ 进行处理相比，这显然效率低下。然而，在经过特殊优化以保持平衡的平衡二叉查找树中，可以将计算复杂度降低至 $O(\log N)$。此外，平衡二叉查找树还能在 $O(\log N)$ 的计算复杂度内实现堆的功能之一——获取最大值（见表 8.5）。虽然平衡二叉查找树是一种具备广泛适用性的数据结构，但由于计算复杂度表示法中省略了大的常数部分，在某些情况下使用堆结构会更加简便。值得注意的是，有许多实现平衡二叉查找树的方法，包括红黑树、AVL 树、$B-$ 树、Splay 树、Treap 等。C++ 中的 `std::set` 和 `std::map` 通常使用红黑树来实现。如果对红黑树感兴趣，可以阅读推荐书目 [9] 中的 "2 色树" 内容。

## 10.9 • 小结

　　本章引入了图的概念。图是一种强大的数学工具，可以用来表示事物之间的关系。通过将各种问题形式化为与图相关的问题，我们可以更清晰地处理各种问题。我们将在第 13~16 章中详细讨论这一概念。

　　此外，本章还介绍了特殊的图结构，即树。我们可以将 10.6 节介绍的有序树看作对 8.3 节介绍的链表结构进行了更加丰富的扩展。充分利用这些丰富的结构，可以设计各种数据结构，如堆和二叉查找树等。

　　在第 11 章中，我们将继续介绍使用有根树的数据结构，即并查集（Union-Find）。并查集是一种能够高效管理分组的数据结构。

**10.1** 请给出一个拥有 $N$ 个节点、高度为 $N-1$ 的二叉树的示例。（难易度 ★☆☆☆☆）

**10.2** 在一个空堆中依次插入整数 5、6 和 1，请用数组表示堆的情况。（难易度 ★☆☆☆☆）

**10.3** 在一个空堆中依次插入整数 5、6、1、2、7、3 和 4，请用数组表示堆的情况。（难易度 ★☆☆☆☆）

**10.4** 证明强平衡二叉树的高度 $h=O(\log N)$。（难易度 ★★☆☆☆）

**10.5** 证明拥有 $N$ 个节点的树的边数为 $N-1$。（难易度 ★★★☆☆）

第 **11** 章

# 数据结构（4）：并查集

本章将介绍的并查集是一种用于高效管理分组的数据结构，它使用了有根树结构。虽然在入门书中很少提到它，但它实际上是一种多用途的数据结构。例如，第 13 章涉及的许多与图相关的问题可以使用并查集解决。此外，15.1 节介绍的克鲁斯卡尔算法也有效地利用了并查集。

## 11.1 • 并查集是什么

并查集是一种管理分组的数据结构，可以快速处理以下查询。在这里，我们处理 $N$ 个元素 $0, 1, \cdots, N-1$，初始状态下它们属于不同的组。

- `issame(x, y)`：检查元素 $x$ 和 $y$ 是否属于同一组。
- `unite(x, y)`：将包含元素 $x$ 的组和包含元素 $y$ 的组合并在一起（见图 11.1）。

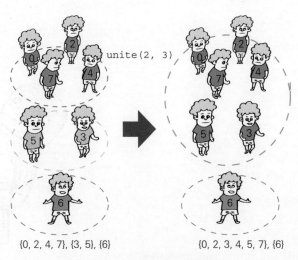

$\{0, 2, 4, 7\}, \{3, 5\}, \{6\}$　　　$\{0, 2, 3, 4, 5, 7\}, \{6\}$

图 11.1　并查集的合并操作

## 11.2 • 并查集的机制

并查集可以通过每个组构成一棵有根树来实现，如图 11.2 所示。与堆或二叉查找树不同，它并不需要是二叉树。现在，我们考虑如何实现并查集的每个查询操作。首先准备函数 root。

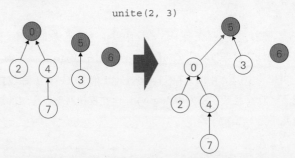

unite(2, 3)

**图 11.2** 并查集中每个组的有根树及其合并方式。当调用 `unite(2, 3)` 时，首先找到包含节点 2 的有根树的根节点和包含节点 3 的有根树的根节点，分别是节点 0 和节点 5。然后，将节点 0 连接到节点 5，使得节点 0 成为节点 5 的子节点。这样两棵有根树就合并成一棵大的有根树，而新的根是节点 5

---

### 并查集的 root 函数

`root(x)`：返回包含元素 $x$ 的组（有根树）的根节点。

---

关于 `root(x)` 的具体实现，我们将在后面介绍。总体来说，它的实现可以概括为"从节点 $x$ 开始沿着父节点向上遍历，直到到达根节点，然后返回根节点"。因此，实现 `root(x)` 的计算复杂度为 $O(h)$（$h$ 是有根树的高度）。

使用 root 函数，我们可以实现并查集的每个查询操作，如表 11.1 所示。由于它们都使用了 root 函数，因此计算复杂度都为 $O(h)$。

**表 11.1　并查集的查询操作**

| 查询 | 实现方法 |
|---|---|
| `issame(x, y)` | 判断 `root(x)` 和 `root(y)` 是否相等 |
| `unite(x, y)` | $r_x$=`root(x)`，$r_y$=`root(y)`，将节点 $r_x$ 连接到节点 $r_y$，使 $r_x$ 成为 $r_y$ 的子节点（见图 11.2） |

## 11.3 • 降低并查集的计算复杂度的方法

正如前一节所示，对于并查集的查询操作，计算每个节点 $x$ 的 `root(x)` 是核心操作。每个查询的处理时间为 $O(h)$，其中 $h$ 是每棵有根树的高度。如果没有任何优化，$h$ 最大可能达到 $N-1$，因此计算复杂度将为 $O(N)$，这是非常低效的。然而，实际上，通过进行以下两个改进，我们可以使其变得非常高效。

- 按大小合并（或按秩合并）。
- 路径压缩。

具体而言，通过使用阿克曼函数的反函数（这里不详细说明）作为 $\alpha(N)$，每个查询操作的计算复杂度将为 $O(\alpha(N))$。已知对于 $N \leq 10^{80}$，$\alpha(N) \leq 4$ 成立，因此实际上可以将 $O(\alpha(N))$ 视为 $O(1)$。另外，正如后文所述，在仅执行按大小合并的情况下，计算复杂度将为 $O(\log N)$；而在仅执行路径压缩的情况下，计算复杂度也几乎为 $O(\log N)$[1]。

# 11.4 ● 并查集的优化方法之一：按大小合并

我们首先讨论相对简单且具有高通用性的按大小合并（union by size）方法[2]，如图 11.3 所示。

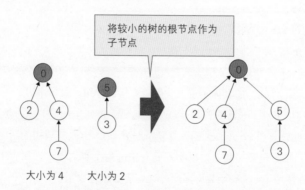

将较小的树的根节点作为子节点

大小为 4　　大小为 2

图 11.3　在并查集的合并中，将较小的树的根节点作为子节点

## 11.4.1　什么是按大小合并

在之前展示的合并查询 unite(x, y) 的实现中，我们令 $r_x$=root(x) 和

---

[1]　准确地说，执行 $q$ 次合并操作所需的计算复杂度为 $O(q\log_{2+q/N}N)$。

[2]　有一种类似的优化方法被称为按秩合并（union by rank）。在推荐书目 [5]、[6]、[9] 等中对按秩合并进行了解释。本书将专注于介绍适用于各种场合、具有高度通用性的按大小合并方法，不仅限于并查集。

$r_y$=root(y)，然后让节点 $r_x$ 成为节点 $r_y$ 的子节点。相反地，我们也可以让节点 $r_y$ 成为节点 $r_x$ 的子节点。因此，根据图 11.3 所示的方式，我们选择将具有较少节点数的根节点作为子节点。在并查集中，这种思想被称为按大小合并。实际上，仅通过这种简单的优化，我们就可以将每棵有根树的高度限制在 $O(\log N)$ 以下。我们将在下一节证明这一点。

## 11.4.2 按大小合并的计算复杂度分析

在并查集的初始状态下，有 $N$ 个节点 0, 1, …, $N-1$，它们各自属于单独的组。从初始状态开始，按照按大小合并的思想进行合并操作，当所有节点都合并在一起时，最终形成的有根树的高度将不超过 $\log N$[①]。具体而言，对于并查集中的任意节点 $x$，我们将证明在最终的有根树中，$x$ 的深度不超过 $\log N$。

我们看一下在并查集的合并过程的每个步骤中，节点 $x$ 所在有根树的节点数（初始状态下为 1）和节点深度（初始状态下为 0）如何变化。在某一步骤中，假设包含节点 $x$ 的有根树（节点数为 $s$）在按大小合并的思想下与另一棵根树（节点数为 $s'$）合并，那么有以下两种情况。

- 当 $s \leq s'$ 时，根据按大小合并的思想，包含节点 $x$ 的有根树的根节点成为子节点，因此 $x$ 的深度将增加 1。此时合并后的有根树的节点数为 $s+s'$，需要注意的是 $s+s' \geq 2s$。

- 当 $s > s'$ 时，根据按大小合并的思想，节点 $x$ 所在的有根树的根节点保持不变，因此 $x$ 的深度不变。

根据以上分析，可以得出结论：当节点 $x$ 的深度增加 1 时，包含 $x$ 的有根树的节点数至少会翻倍。因此，在最终形成有根树之前，如果节点 $x$ 的深度增加的次数（节点 $x$ 在最终的有根树中的深度）用 $d(x)$ 表示，那么最终的有根树的节点数至少是 $2^{d(x)}$。而最终的有根树的节点数是 $N$。所以，我们可以得出以下不等式：

$$N \geq 2^{d(x)} \Leftrightarrow d(x) \leq \log N$$

由此可见，在遵循按大小合并思想的情况下，通过合并操作得到的有根树的高度不会超过 $\log N$。需要注意的是，本节解释的按大小合并的思想，也就是

---

[①] 实际上，当使用并查集时，不一定要合并所有元素，但如果可以证明当合并所有元素时，得到的有根树的高度不超过 $\log N$，那么可以推断并查集的每个查询操作的计算复杂度为 $O(\log N)$。

将较小的数据结构合并到较大的数据结构中，不仅适用于并查集的加速，而且通常适用于数据结构的合并操作。我们应牢记这一点。

## 11.5 ● 并查集的优化方法之二：路径压缩

通过使用按大小合并这一优化方法，我们可以将并查集的每个查询操作的计算复杂度降低到 $O(\log N)$[1]。现在，通过引入一种被称为路径压缩的技巧，我们可以进一步将计算复杂度降低到 $O(\alpha(N))$。这里不详细讨论 $O(\alpha(N))$ 的计算复杂度，如果你感兴趣，可以阅读推荐书目 [9] 中的"互不相交集合的数据结构"内容。

按大小合并是关于合并查询 unite(x, y) 的优化，路径压缩则是关于求根函数 root(x) 的优化。首先，我们考虑一下在没有进行路径压缩的情况下，如何实现函数 root(x)。对于每个节点 $x$，我们将其父节点定义为 par[x]。如果 $x$ 是根节点，则令 par[x] == -1。在这种情况下，root(x) 可以实现为如程序 11.1 所示的递归函数。它从节点 $x$ 出发，向上移动，直到达到根节点，然后返回根节点的编号。

**程序 11.1    在没有进行路径压缩的情况下获取根节点**

```
1    int root(int x) {
2        if (par[x] == -1) return x; // 如果 x 是根节点，则直接返回 x
3        else return root(par[x]); // 如果 x 不是根节点，则递归地向父节点移动
4    }
```

接下来，我们将路径压缩应用于 root(x)。路径压缩的操作如图 11.4 所示，它将从 $x$ 向上移动到根节点的路径上的所有节点的父节点替换为根节点。虽然这听起来像一个复杂的操作，但我们可以像程序 11.2 那样简洁地实现它。程序 11.1 和程序 11.2 的唯一区别在于，程序 11.2 将函数 root(x) 的返回值存储在 par[x] 中。无论是程序 11.1 还是程序 11.2，都是从节点 $x$ 开始遍历父节点，最终返回根节点 $r$。因此，通过执行路径压缩，par[x] 中将包含根节点 $r$。同样地，对于路径中的每个节点，par[v] 中也将包含根节点 $r$。因此，通过程序 11.2，我们实现了将从 $x$ 向上移动到根节点的路径上的每个节点的父节点替换为根节点的操作。

---

[1]    在一些情况下，例如在并查集上执行动态规划时，可能不希望进行路径压缩。在这种情况下，仅执行按大小合并就能将计算复杂度降低到 $O(\log N)$，这一事实非常重要。

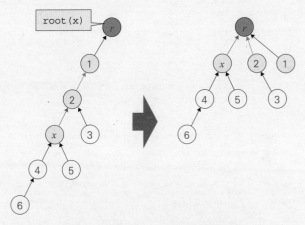

图 11.4　调用 `root(x)` 时的路径压缩

**程序 11.2　在进行路径压缩的情况下获取根节点**

```
1  int root(int x) {
2      if (par[x] == -1) return x; // 如果 x 是根节点, 则直接返回 x
3      else return par[x] = root(par[x]); // 将 x 的父节点 par[x]
   设置为根节点
4  }
```

# 11.6 ● 并查集的实现

基于前面的讨论, 并查集的实现如程序 11.3 所示。我们将并查集实现为一个结构体。结构体包括以下成员变量。

- `par`: 表示每个节点的父节点的编号, 如果自身是根节点则为 −1。
- `siz`: 表示每个节点所属的有根树的节点数量。

**程序 11.3　并查集的完整实现**

```
1  #include <iostream>
2  #include <vector>
3  using namespace std;
4
5  // 并查集
6  struct UnionFind {
7      vector<int> par, siz;
8
```

```
 9        // 初始化
10        UnionFind(int n) : par(n, -1) , siz(n, 1) { }
11
12        // 求根节点
13        int root(int x) {
14            if (par[x] == -1) return x; // 如果 x 是根节点，则直接返回 x
15            else return par[x] = root(par[x]);
16        }
17
18        // 检查 x 和 y 是否属于同一组（是否具有相同的根节点）
19        bool issame(int x, int y) {
20            return root(x) == root(y);
21        }
22
23        // 合并包含 x 和 y 的两个组
24        bool unite(int x, int y) {
25            // 移动 x 和 y 到它们的根节点
26            x = root(x); y = root(y);
27
28            // 如果已经属于同一组，则不做任何操作
29            if (x == y) return false;
30
31            // 按大小合并（确保 y 侧的规模相对较小）
32            if (siz[x] < siz[y]) swap(x, y);
33
34            // 将 y 设置为 x 的子节点
35            par[y] = x;
36            siz[x] += siz[y];
37            return true;
38        }
39
40        // 返回包含 x 的组的大小
41        int size(int x) {
42            return siz[root(x)];
43        }
44    };
45
46    int main() {
47        UnionFind uf(7); // {0}, {1}, {2}, {3}, {4}, {5}, {6}
48
49        uf.unite(1, 2); // {0}, {1, 2}, {3}, {4}, {5}, {6}
50        uf.unite(2, 3); // {0}, {1, 2, 3}, {4}, {5}, {6}
51        uf.unite(5, 6); // {0}, {1, 2, 3}, {4}, {5, 6}
52        cout << uf.issame(1, 3) << endl; // true
53        cout << uf.issame(2, 5) << endl; // false
54
55        uf.unite(1, 6); // {0}, {1, 2, 3, 5, 6}, {4}
56        cout << uf.issame(2, 5) << endl; // true
57    }
```

## 11.7 ● 并查集的应用：计算图的连通分量个数

并查集的一个应用示例是计算无向图的连通分量个数，如图 11.5 所示。我们也可以使用第 13 章介绍的深度优先搜索或广度优先搜索方法计算无向图的连通分量个数。

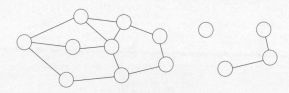

连通分量的个数 =3

图 11.5　计算无向图的连通分量个数

通过使用并查集，我们可以将连通分量视为组来进行计算，如程序 11.4 所示。首先，对于每条边，我们重复执行 unite 操作（第 50 行）。因此，可以将问题归结为计算并查集包含的有根树的个数。这可以通过计算并查集中有根树的根节点的数量来解决，具体是计算满足 root(x)==x 的 x 的个数（第 56 行）。算法的计算复杂度为 $O(|V|+|E|\alpha(|V|))$。

### 程序 11.4　使用并查集计算连通分量的个数

```
1    #include <iostream>
2    #include <vector>
3    using namespace std;
4
5    // 并查集
6    struct UnionFind {
7        vector<int> par, siz;
8
9        UnionFind(int n) : par(n, -1) , siz(n, 1) { }
10
11       // 求根节点
12       int root(int x) {
13           if (par[x] == -1) return x;
14           else return par[x] = root(par[x]);
15       }
16
17       // 检查 x 和 y 是否属于同一组（是否具有相同的根节点）
18       bool issame(int x, int y) {
19           return root(x) == root(y);
20       }
21
```

```
22        // 合并包含 x 和 y 的两个组
23        bool unite(int x, int y) {
24            x = root(x), y = root(y);
25            if (x == y) return false;
26            if (siz[x] < siz[y]) swap(x, y);
27            par[y] = x;
28            siz[x] += siz[y];
29            return true;
30        }
31
32        // 返回包含 x 的组的大小
33        int size(int x) {
34            return siz[root(x)];
35        }
36    };
37
38    int main() {
39        // 节点数和边数
40        int N, M;
41        cin >> N >> M;
42
43        // 并查集的初始化
44        UnionFind uf(N);
45
46        // 处理每条边
47        for (int i = 0; i < M; ++i) {
48            int a, b;
49            cin >> a >> b;
50            uf.unite(a, b); // 合并包含 a 和 b 的组
51        }
52
53        // 统计
54        int res = 0;
55        for (int x = 0; x < N; ++x) {
56            if (uf.root(x) == x) ++res;
57        }
58        cout << res << endl;
59    }
```

## 11.8 • 小结

　　并查集是一种能够高效管理分组的数据结构。它的实现方法虽然简单，却蕴含非常深奥的原理，我们可以通过添加各种功能（本节未能详细介绍所有功能）来丰富这个数据结构。并查集的应用范围广泛，许多与图相关的问题可以通过并查集来解决。此外，在 15.1 节中，我们还将在加速克鲁斯卡尔算法的场景中有效利用并查集。

**11.1** 给定一个连通的无向图 $G=(V, E)$，如果删除图 $G$ 中的一条边将导致图不再连通，那么这条边被称为桥（bridge）。请设计一个计算所有桥的算法，要求算法的计算复杂度为 $O(|V| + |E|^2 \alpha(|V|))$[①]。（来源：AtCoder Beginner Contest 075 C-Bridge，难易度★★☆☆☆）

**11.2** 给定一个连通的无向图 $G=(V, E)$，我们按顺序破坏了 $|E|$ 条边。对于每个 $i$（$i=0, 1, \cdots, |E|-1$），请在破坏第 $i$ 条边时计算图 $G$ 的连通分量个数。要求算法的计算复杂度为 $O(|V| + |E|\alpha(|V|))$。（来源：AtCoder Beginner Contest 120 D-Decayed Bridges，难易度★★★☆☆）

**11.3** 有 $N$ 个城市（编号为 $0, 1, \cdots, N-1$），它们之间有 $K$ 条公路和 $L$ 条铁路。每条公路和铁路都可以双向通行。对于每个城市 $i$（$i=0, 1, \cdots, N-1$），请计算从城市 $i$ 出发，仅通过公路能到达且仅通过铁路也能到达的城市数量。要求算法的计算复杂度为 $O(N \log N + (K+L)\alpha(N))$。（来源：AtCoder Beginner Contest 049 D-连通，难易度★★★☆☆）

**11.4** 给定 $M$ 组整数 $(l_i, r_i, d_i)$（$i=0, 1, \cdots, M-1, 0 \leqslant l_i, r_i \leqslant N-1$），判断是否存在 $N$ 个整数 $x_0, x_1, \cdots, x_{N-1}$，满足 $x_{r_i}-x_{l_i}=d_i$。（来源：AtCoder Regular Contest 090 D-People on a Line，难易度★★★★☆）

---

[①] 对于这个问题，还有一个更快速的解法，其计算复杂度为 $O(|V|+|E|)$。

第 **12** 章

# 排序

到目前为止，我们已经介绍了设计技巧和数据结构等。本章将在运用之前所学知识的同时，详细解释排序。排序是将数据序列按照指定的顺序进行整理的过程。它不仅在实际场景中应用广泛，还是学习分治法、堆等数据结构以及随机算法等各种算法技巧的重要基础。我们不仅要理解排序算法本身，还应该有意识地学习其中使用的算法技巧。

## 12.1 • 排序是什么

例如，对于数列

$$6, 1, 2, 8, 9, 2, 5$$

按照从小到大的顺序排序后，结果为

$$1, 2, 2, 5, 6, 8, 9$$

又如，对于字符串序列

banana, orange, apple, grape, cherry

按照首字母顺序排序后，结果为

apple, banana, cherry, grape, orange

像这样，按照规定的顺序对给定的数据序列进行整理的过程就是排序（sort）。

排序在实际应用中非常重要。它可以用于将网站访问量高的页面排在前面，也可以用于按照考生得分高低来确定考试结果等多种场合。此外，排序还被广泛用作提高效率的"预处理"，正如 6.1 节的数组的二分搜索和 7.3 节的解决区间调度问题的贪婪法所示。因此，排序在理论上和实际应用中都是非常重要的处理，已经有多种算法被开发出来（见表 12.1）。

表 12.1　各种排序算法的比较

| 排序类型 | 平均时间复杂度 | 最坏时间复杂度 | 额外的外部空间需求 | 是否稳定排序[①] | 备　注 |
|---|---|---|---|---|---|
| 插入排序 | $O(N^2)$ | $O(N^2)$ | $O(1)$ | ○ | 作为初级排序算法表现尚可 |
| 归并排序 | $O(N \log N)$ | $O(N \log N)$ | $O(N)$ | ○ | 最坏情况下的时间复杂度仍为 $O(N \log N)$，非常高效 |
| 快速排序 | $O(N \log N)$ | $O(N^2)$ | $O(\log N)$ | × | 最坏情况下的时间复杂度为 $O(N^2)$，但在实际应用中，它是表中算法中最快的 |
| 堆排序 | $O(N \log N)$ | $O(N \log N)$ | $O(1)$ | × | 充分利用了堆的特性 |
| 桶排序 | $O(N+A)$ | $O(N+A)$ | $O(N+A)$ | ○ | 适用于要排序的值是 $0 \sim A-1$ 的整数，$A$ 较小时有效 |

本章将介绍插入排序、归并排序、快速排序、堆排序和桶排序等排序算法。在 12.3 节中，我们将介绍一种实现排序的算法——插入排序。从排序的方式来看，插入排序是一种很自然的排序方法，然而这种简单的排序方法的计算复杂度为 $O(N^2)$，其中 $N$ 是要排序的元素个数。在 12.4 节中，我们将展示如何将其优化为 $O(N \log N)$。需要注意的是，不仅限于排序，将算法的计算复杂度从 $O(N^2)$ 优化到 $O(N \log N)$ 在许多场景中具有重要意义。例如，对于规模为 $N=1000000$ 的数据，若计算复杂度为 $O(N^2)$，在标准计算机上进行处理可能需要 30 min 以上，但若计算复杂度为 $O(N \log N)$，只需大约 3 ms 就能完成处理。

## 12.2 ● 排序算法的优劣

### 12.2.1　原地性和稳定性

为了评估每个排序算法的优劣，我们将使用以下标准。

- 计算复杂度。
- 额外需要的外部内存容量（原地性）。
- 是否稳定排序（稳定性）。

迄今为止，我们主要评估了算法的计算复杂度。排序算法是基本算法，在各种计算机环境中被广泛使用，往往具有多样化的特征。因此，不仅仅要考虑

---

① 稳定排序的定义请参考 12.2.1 节。

计算复杂度，还要考虑其他重要的评估标准。

首先，我们看一下执行算法所需的内存容量。正如后文所述，插入排序（12.3 节）和堆排序（12.6 节）几乎不需要额外的外部内存，它们可以通过对给定数组内部的元素进行交换操作来实现排序处理。这种类型的算法被称为原地排序算法。不仅仅在排序中，原地排序算法在计算资源受限的嵌入式系统等环境中也很有用。

此外，排序算法是稳定的（stable），意味着在排序前后，具有相同值的元素之间的顺序关系保持不变。如果排序算法不稳定，可能会出现问题，我们通过例子来解释。如图 12.1 所示，假设已知 5 名学生的英语、数学和语文成绩，我们想按照数学成绩由高到低进行排序。在这种情况下，由于小林和佐藤的数学成绩相同，因此在排序前后，他们的顺序不一定保持不变。如果排序算法是稳定的，那么具有相同值的元素之间的顺序关系将得以保留。正如后文所述，插入排序（12.3 节）和归并排序（12.4 节）是稳定的，但快速排序（12.5 节）和堆排序（12.6 节）是不稳定的。

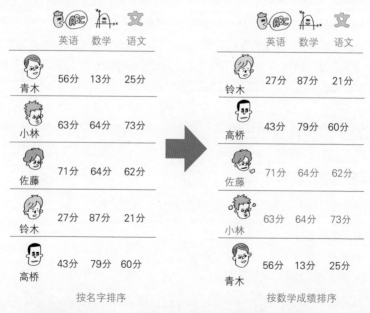

图 12.1 在不稳定的排序中，具有相同值的元素的顺序可能会被打乱，如图中的小林和佐藤

### 12.2.2　哪种排序算法更好

排序算法非常多，我们自然会产生"哪种排序算法更好"的疑问。不过在现代，由于可用的计算机资源大大丰富，并且各种编程语言的标准库性能有所提升，在大多数情况下，使用各种编程语言的标准库就足够了。例如在 C++ 中，提供了以下两个库函数。

- 不一定稳定但速度快的 std::sort()。
- 保证稳定的 std::stable_sort()。

因此，与其了解数十种排序算法的特性，不如精通排序的适用场景，这更为重要。此外，排序算法是学习计算复杂度的优化、分治法、随机算法等多种算法技巧的绝佳素材。在本章中，我们将注重这一点并进行解释。

# 12.3 ● 排序（1）：插入排序

### 12.3.1　操作和实现

我们先来看看插入排序（insertion sort）。插入排序是一种基于"将从左边开始已排序的 $i$ 张卡片变为已排序的 $i+1$ 张卡片"的思想的排序算法。假设左边的 $i$ 张卡片已经按升序排列，要将第 $i+1$ 张卡片插入适当的位置。

以数列 4, 1, 3, 5, 2 为例，我们看看插入排序的操作，如图 12.2 所示。首先，第 1 个数字"4"保持不变。然后，将第 2 个数字"1"移动到适当的位置。具体来说，将它移动到"4"的前面。接下来，因为第 3 个数字"3"比"1"大但比"4"小，所以将它移动到"1"和"4"的中间。随后，第 4 个数字"5"比"4"大，所以保持在原位置。最后，将第 5 个数字"2"移动到"1"和"3"的中间。这些操作可以用 C++ 代码来实现，如程序 12.1 所示。

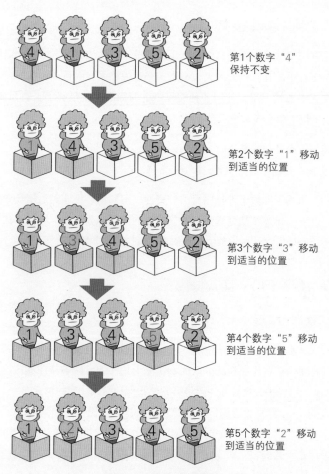

第1个数字"4"
保持不变

第2个数字"1"移动
到适当的位置

第3个数字"3"移动
到适当的位置

第4个数字"5"移动
到适当的位置

第5个数字"2"移动
到适当的位置

图 12.2　插入排序的操作

### 程序 12.1　插入排序的实现

```
1   #include <iostream>
2   #include <vector>
3   using namespace std;
4
5   // 排序数组 a
6   void InsertionSort(vector<int> &a) {
7       int N = (int)a.size();
8       for (int i = 1; i < N; ++i) {
9           int v = a[i]; // 要插入的值
10
11          // 寻找适当的位置 j 来插入 v
12          int j = i;
```

```
13          for (; j > 0; --j) {
14              if (a[j-1] > v) { // 将大于 v 的元素向后移动一位
15                  a[j] = a[j-1];
16              }
17              else break; // 当小于 v 时停止
18          }
19          a[j] = v; // 最后将 v 放在位置 j
20      }
21  }
22
23  int main() {
24      // 输入
25      int N; // 元素数
26      cin >> N;
27      vector<int> a(N);
28      for (int i = 0; i < N; ++i) cin >> a[i];
29
30      // 插入排序
31      InsertionSort(a);
32  }
```

### 12.3.2 插入排序的计算复杂度和特性

插入排序在最坏情况下的计算复杂度是 $O(N^2)$。具体来说，当要排序的数组为 $N, N-1, \cdots, 1$ 这种倒序排列的情况时，每个元素左移的次数分别为 $0, 1, \cdots,$ $N-1$ 次。这些总和为

$$0 + 1 + \cdots + N - 1 = \frac{1}{2}N(N-1)$$

因此，计算复杂度为 $O(N^2)$。然而，对于几乎已经排好序的给定序列，插入排序是高效的，并且在某些情况下比快速排序更快。此外，插入排序作为一个计算复杂度为 $O(N^2)$ 的排序算法[1]，具有以下良好的特性。

- 原地排序。
- 稳定排序。

## 12.4 ● 排序（2）：归并排序

### 12.4.1 操作和实现

插入排序的计算复杂度为 $O(N^2)$，而本节将要讨论的归并排序的计算复杂度

---

[1] 计算复杂度为 $O(N^2)$ 的排序算法还有冒泡排序和选择排序等著名的算法。

只有 $O(N \log N)$。归并排序是一种利用 4.6 节所介绍的分治法的排序算法。如图 12.3 所示，它将数组分成两半，分别递归地对左右两部分进行排序，然后将它们合并。

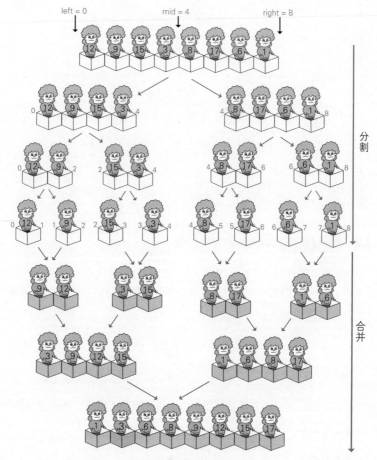

图 12.3  归并排序的过程

我们定义 MergeSort(a, left, right) 为对数组 $a$ 的区间 [left, right) 进行排序的函数 [1]。同时，我们用 $a$[left:right] 表示数组 $a$ 的区间 [left, right)。首先，定义 mid = left + (right - left)/2，然后分别递归地调用 MergeSort(a, left, mid) 和 MergeSort(a, mid, right)。这将导致 $a$[left:right] 的左半

---

[1]  关于区间 [left, right) 的含义，请参考 5.6 节。

部分 a[left:mid] 和右半部分 a[mid:right] 都处于已排序状态。然后，我们利用左半部分 a[left:mid] 和右半部分 a[mid:right] 都已排序的事实，将 a[left:right] 整体排序。合并过程通过以下步骤实现。

- 将左侧数组 a[left:mid] 和右侧数组 a[mid:right] 的内容分别复制到外部数组。
- 当左侧和右侧的外部数组都不为空时，反复比较"左侧的最小值"和"右侧的最小值"，并选择较小的值，然后将其取出（见图 12.4）。如果左侧的外部数组或右侧的外部数组之一为空，则取出另一侧的最小值。

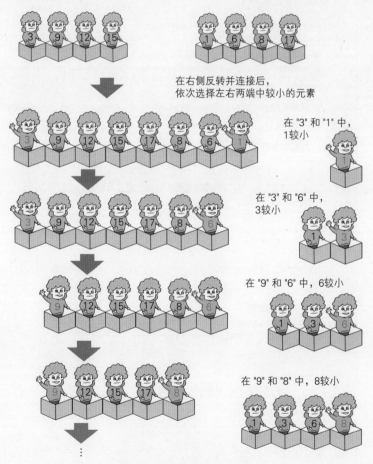

图 12.4　归并排序的合并部分

在这里，我们可以进行一个简单的优化。如图 12.4 所示，将右侧的外部数组反转，然后连接左右两个外部数组。如此，在合并过程中，无须检查左侧的外部数组或右侧的外部数组是否为空。也就是说，归并操作变得非常明确，即反复从连接在一起的外部数组的两端中选择较小的一个元素。上述操作可以通过程序 12.2 实现。

**程序 12.2　归并排序的实现**

```
 1  #include <iostream>
 2  #include <vector>
 3  using namespace std;
 4
 5  // 对数组 a 的区间 [left, right) 进行排序
 6  // [left, right) 表示 left, left+1, …, right-1 号元素
 7  void MergeSort(vector<int> &a, int left, int right) {
 8      if (right - left == 1) return;
 9      int mid = left + (right - left) / 2;
10
11      // 对左半部分 [left, mid) 进行排序
12      MergeSort(a, left, mid);
13
14      // 对右半部分 [mid, right) 进行排序
15      MergeSort(a, mid, right);
16
17      // 复制 "左" 和 "右" 的排序结果 ( 右侧是左右反转的 )
18      vector<int> buf;
19      for (int i = left; i < mid; ++i) buf.push_back(a[i]);
20      for (int i = right - 1; i >= mid; --i) buf.push_back(a[i]);
21
22      // 合并
23      int index_left = 0;                 // 左侧的索引
24      int index_right = (int)buf.size() - 1; // 右侧的索引
25      for (int i = left; i < right; ++i) {
26          // 采用左侧
27          if (buf[index_left] <= buf[index_right]) {
28              a[i] = buf[index_left++];
29          }
30          // 采用右侧
31          else {
32              a[i] = buf[index_right--];
33          }
34      }
35  }
36
37  int main() {
38      // 输入
39      int N; // 元素数
40      cin >> N;
```

```
41        vector<int> a(N);
42        for (int i = 0; i < N; ++i) cin >> a[i];
43
44        // 归并排序
45        MergeSort(a, 0, N);
46   }
```

### 12.4.2　归并排序的计算复杂度和特性

归并排序的计算复杂度为 $O(N \log N)$。直观上，从图 12.3 可以看出，"分割"和"合并"各自需要 $O(\log N)$ 步，而每一步合并操作的计算复杂度都为 $O(N)$，因此总体的计算复杂度是 $O(N \log N)$。例如，如图 12.3 所示，$N=8$，分割和合并分别包括 3 个步骤。我们将在 12.4.3 节中使用数学公式进行更详细的分析。

另外，因为在程序 12.2 中存在名为 buf 的数组，所以归并排序需要大小为 $O(N)$ 的外部内存，不满足原地排序的性质。因此，在嵌入式系统等对软件可移植性要求较高的场景中，为保持算法的高速性，不常使用归并排序。但是，考虑到在接收输入数组时需要大小为 $O(N)$ 的内存，归并排序所需的内存容量仅是接收输入所需内存的常数倍，因此外部内存消耗通常不是一个重大问题。

归并排序的稳定性在许多场景中受到欢迎。在 C++ 标准库中，提供了 std::sort() 和 std::stable_sort() 两种排序算法。前者通常速度更快，但后者保证了排序的稳定性。在许多情况下，前者的实现基于快速排序，而后者的实现基于归并排序。

### 12.4.3　归并排序的计算复杂度的详细分析（*）

如果将归并排序的计算复杂度表示为 $T(N)$，则下面的递归式成立。$O(N)$ 表示合并部分的计算复杂度。

$$T(1) = O(1)$$
$$T(N) = 2T\left(\frac{N}{2}\right) + O(N) \ (N > 1)$$

我们通过求解此式，证明 $T(N) = O(N \log N)$。请注意，严格来说，应该求解 $T(N) = T\left(\left\lfloor\frac{N}{2}\right\rfloor\right) + T\left(\left\lceil\frac{N}{2}\right\rceil\right) + O(N)$，但为了简化，我们不考虑 $N/2$ 的向上取整和向下取整。

更一般地，假设 $a$ 和 $b$ 为满足 $a, b \geqslant 1$ 的整数，$c$ 和 $d$ 为正实数，上述递归式可表示为以下形式：

$$T(1) = c$$
$$T(N) = aT\left(\frac{N}{b}\right) + dN \ (N > 1)$$

计算复杂度为：

$$T(N) = \begin{cases} O(N) & （当 a < b 时） \\ O(N\log N) & （当 a = b 时） \\ O(N^{\log_b a}) & （当 a > b 时） \end{cases}$$

为简单起见，我们假设 $N$ 是可以表示为 $N = b^k$ 的整数。通过重复使用递归式，我们得到：

$$T(N)$$
$$= aT\left(\frac{N}{b}\right) + dN$$
$$= a\left(aT\left(\frac{N}{b^2}\right) + d\frac{N}{b}\right) + dN$$
$$= \cdots$$
$$= a\left(a\left(\cdots a\left(aT\left(\frac{N}{b^k}\right) + d\frac{N}{b^{k-1}}\right) + d\frac{N}{b^{k-2}} + \cdots\right) + d\frac{N}{b}\right) + dN$$
$$= ca^k + dN\left(1 + \frac{a}{b} + \left(\frac{a}{b}\right)^2 + \cdots + \left(\frac{a}{b}\right)^{k-1}\right)$$
$$= cN^{\log_b a} + dN\left(1 + \frac{a}{b} + \left(\frac{a}{b}\right)^2 + \cdots + \left(\frac{a}{b}\right)^{k-1}\right)$$

因此：

- 当 $a < b$ 时，$N\left(1 + \frac{a}{b} + \left(\frac{a}{b}\right)^2 + \cdots + \left(\frac{a}{b}\right)^{k-1}\right) = N\left(\frac{1 - \left(\frac{a}{b}\right)^k}{1 - \frac{a}{b}}\right) < \frac{N}{1 - \frac{a}{b}}$，$T(N) = $

  $O(N)$；

- 当 $a = b$ 时，$k = \log_b N$，$T(N) = cN + dkN = O(N\log N)$；

- 当 $a>b$ 时，$N\left(1+\dfrac{a}{b}+\left(\dfrac{a}{b}\right)^2+\cdots+\left(\dfrac{a}{b}\right)^{k-1}\right)=N\dfrac{\left(\dfrac{a}{b}\right)^k-1}{\dfrac{a}{b}-1}=\dfrac{a^k-N}{\dfrac{a}{b}-1}$，$a^k=$

$b^{k\log_b a}=N^{\log_b a}$，$T(N)=O(N^{\log_b a})$。

对于归并排序，$a=b=2$，因此计算复杂度为 $O(N\log N)$。通过考虑 $a>b$ 和 $a<b$ 的情况，我们可以看到有趣的现象。如图 12.5 所示，我们可以将分治法的计算复杂度分解为以下几个部分。

- 在分治法的递归树的根部分，合并需要的计算时间为 $O(N)$。
- 在分治法的递归树的深度为 1 的部分，合并需要的计算时间为……
- 在分治法的递归树的叶部分，需要的计算时间总和为 $O(N^{\log_b a})$。

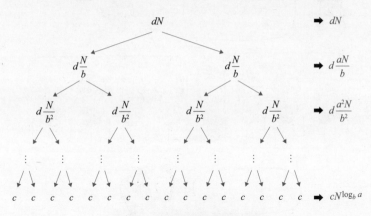

图 12.5　分治法递归函数的示例

当 $a>b$ 时，递归分支较少，因此最终根部分占主导地位，计算复杂度为 $O(N)$。当 $a<b$ 时，递归分支较多，因此最终叶子部分占主导地位，计算复杂度为 $O(N^{\log_b a})$。当 $a=b$ 时，由于两者平衡，图 12.5 中每个深度上的计算复杂度都是 $O(N)$，因此乘以树的高度 $O(\log N)$，总计算复杂度为 $O(N\log N)$。

# 12.5 ● 排序（3）：快速排序

## 12.5.1　操作和实现

快速排序和归并排序一样，是一种采用分治法的算法，它将数组分割并递归地处理每个子数组，然后将它们合并。快速排序的最坏时间复杂度为 $\Theta(N^2)$[①]，但平均时间复杂度为 $O(N \log N)$。快速排序的示意图如图 12.6 所示，它从数组中选择一个适当的元素作为枢轴（pivot），然后将整个数组分成小于 pivot 的组和大于或等于 pivot 的组，并对每个子组递归地进行处理。

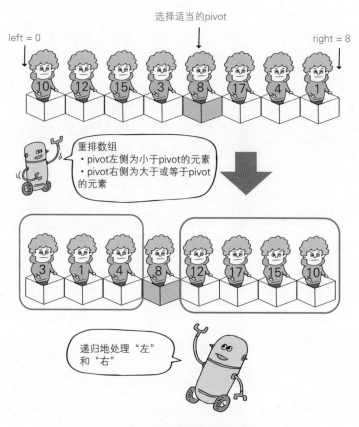

图 12.6　快速排序的示意图

　　将整个数组按 pivot 划分的处理如图 12.7 所示，首先将选择的 pivot 移动到右端，并且从左到右扫描数组，将小于 pivot 的元素移到数组的左侧。上述操作可以用 C++ 实现，如程序 12.3 所示。与归并排序不同，快速排序具有原地排序性质，不需要外部数组。

---

① 迄今为止我们使用的大 $O$ 记法是基于上界限制估计计算复杂度的方法。然而，在这里，为了考虑下界限制，我们使用了 $\Theta$ 记法（参见 2.7.3 节）。

图 12.7　快速排序中 pivot 的处理方式

**程序 12.3　快速排序的实现**

```
1    #include <iostream>
2    #include <vector>
3    using namespace std;
4
5    // 对数组 a 的区间 [left, right) 进行排序
6    // [left, right) 表示 left, left+1, …, right-1 号元素
7    void QuickSort(vector<int> &a, int left, int right) {
8        if (right - left <= 1) return;
9
10       int pivot_index = (left + right) / 2;  // 在这里选择中间值
11       int pivot = a[pivot_index];
12       swap(a[pivot_index], a[right - 1]);    // 将 pivot 和右端交换
13
14       int i = left; // i 表示向左移动的小于 pivot 的元素的右边界
15       for (int j = left; j < right - 1; ++j) {
16           if (a[j] < pivot) { // 如果有小于 pivot 的元素，则向左移动
17               swap(a[i++], a[j]);
18           }
19       }
20       swap(a[i], a[right - 1]); // 将 pivot 插入适当位置
21
22       // 递归地处理
23       QuickSort(a, left, i);     // 左侧（小于 pivot）
24       QuickSort(a, i + 1, right); // 右侧（大于或等于 pivot）
25   }
26
27   int main() {
28       // 输入
29       int N; // 元素数
30       cin >> N;
31       vector<int> a(N);
32       for (int i = 0; i < N; ++i) cin >> a[i];
33
34       // 快速排序
35       QuickSort(a, 0, N);
36   }
```

## 12.5.2　快速排序的计算复杂度和特性

快速排序的最坏时间复杂度为 $\Theta(N^2)$。具体来说，当每次都选择最大或最小的元素作为 pivot 时，会导致这种情况。在这种情况下，如果接收到一个大小为 $m$ 的数组，它将被分成大小为 $m-1$ 和大小为 1 的子数组。由于递归调用的次数等于输入数组的长度，并且每一步需要 $\Theta(N)$ 的时间，因此总的计算复杂度为 $\Theta(N^2)$。然而，在每次选择 pivot 时，如果子数组的划分是近似均等的，计算

复杂度将为 $\Theta(N \log N)$。实际上，即使每次划分都有轻微的偏差，$\Theta(N^2)$ 的情况也不会发生。例如，即使每次划分的比例都是 1 : 99，只要一直保持这种比例，计算复杂度仍将是 $\Theta(N \log N)$。

尽管快速排序的最坏时间复杂度是 $\Theta(N^2)$，但在实际应用中，它被认为比归并排序更快。C++ 标准库中的 std::sort() 也通常基于快速排序。但需要注意的是，在 C++11 及其后续版本中，std::sort() 的最坏时间复杂度也被规定为 $\Theta(N \log N)$。具体来说，std::sort() 的实现方式取决于库的实现。例如，在 GNU 标准 C++ 库中，有一种基于混合排序的实现，我们将在 12.6 节中进行介绍。

### 12.5.3  随机化快速排序（\*）

迄今为止我们介绍的快速排序在平均情况下是快速的，但在最坏情况下的性能较差。在本节中，我们将讨论对快速排序进行改进的随机化快速排序。

当考虑设计的算法的平均行为时，我们通常假设输入数据以等概率出现。然而，在现实中，存在潜在的恶意输入，或者即使没有恶意，输入分布也可能存在偏差等情况，因此假设通常是不现实的。在这种情况下，随机化（randomization）是一种有效的方法。对于快速排序，我们可以在每次选择 pivot 时，不像在程序 12.3 中一样选择 a[(left+right)/2]，而是从 a[left:right] 中随机选择 pivot。将算法随机化是对抗恶意输入或输入偏差的一种有效方法。

在这里，我们将分析经过上述随机化处理的快速排序，其平均计算复杂度为 $O(N \log N)$ 这一情况。为了简化问题，我们假设数组 a 的所有值都是互不相同的。需要注意的是，虽然这里所描述的算法本身产生随机行为的平均计算复杂度和常规算法给定随机输入时的平均计算复杂度（参见 2.6.2 节）都被称为平均计算复杂度，但它们的含义不同。

在随机化快速排序中，我们定义一个概率变量 $X_{ij}$，如果有一瞬间需要比较数组 a 中第 i 小和第 j 小的元素，该变量取值为 1；如果不出现这种比较情况，则取值为 0。那么随机化快速排序的平均计算复杂度可以表示为

$$E\left[\sum_{0 \leqslant i < j \leqslant N-1} X_{ij}\right] = \sum_{0 \leqslant i < j \leqslant N-1} E[X_{ij}]$$

$E[X_{ij}]$ 表示第 i 个元素和第 j 个元素被比较的概率。为了计算它，我们需要考虑第 i 个元素和第 j 个元素被比较的条件。如果在选择第 i 个和第 j 个元素作为 pivot 之前，先选择了第 $i+1, i+2, \cdots, j-1$ 个元素作为 pivot，那么第 i 个和第

$j$ 个元素将被分派到不同的递归函数中，因此它们将不再被比较。反之，如果在第 $i+1$, $i+2$, $\cdots$, $j-1$ 个元素被选择为 pivot 之前，第 $i$ 个和第 $j$ 个元素中的任何一个被选择为 pivot，那么它们将被比较。总之，$E[X_{ij}]$ 表示在第 $i$, $i+1$, $\cdots$, $j-1$, $j$ 个元素中，第 $i$ 个元素或第 $j$ 个元素在首次选择时被选为 pivot 的概率。因此，$E[X_{ij}]=2/(j-i+1)$，将其代入平均计算复杂度的计算公式，可得

$$E\left[\sum_{0\leqslant i<j\leqslant N-1}X_{ij}\right]=\sum_{0\leqslant i<j\leqslant N-1}\frac{2}{j-i+1}$$

$$<\sum_{0\leqslant i\leqslant N-1,\ 0\leqslant j-i\leqslant N-1}\frac{2}{j-i+1}$$

$$=\sum_{0\leqslant i\leqslant N-1}\sum_{0\leqslant k\leqslant N-1}\frac{2}{k+1}$$

$$=2N\sum_{1\leqslant k\leqslant N}\frac{1}{k}$$

$$=O(N\log N)$$

综上所述，我们得出了随机化快速排序的平均计算复杂度为 $O(N\log N)$ 的结论。在这里我们使用了性质

$$1+\frac{1}{2}+\frac{1}{3}+\cdots+\frac{1}{N}=O(\log N)$$

这是在算法的计算复杂度分析中经常出现的重要关系式（参见第 2 章的思考题 2.6）。

## 12.6 ● 排序（4）：堆排序

堆排序利用了 10.7 节介绍的堆数据结构。与归并排序类似，即使在最坏情况下，堆排序的计算复杂度也为 $O(N\log N)$。堆排序不是稳定排序，并且在平均速度方面不如快速排序，但堆是一个重要的数据结构。在 14.6.5 节中，堆在加速迪杰斯特拉算法时发挥了关键作用。堆排序也是使用堆的方式之一，具有独特之处。堆排序的步骤如下。

- 步骤 1：将给定数组的所有元素插入堆中（执行 $N$ 次计算复杂度为 $O(\log N)$ 的操作）。
- 步骤 2：逐个弹出堆的最大值，并将其放入数组的末尾（执行 $N$ 次计算复杂度为 $O(\log N)$ 的操作）。

步骤 1 和步骤 2 的处理都可以在 $O(N \log N)$ 的计算复杂度内完成，因此总体计算复杂度为 $O(N \log N)$。

尽管堆排序的思想相对简单，但它还有一些额外的优化。乍看之下，堆的构建可能需要外部内存，但我们可以将要排序的数组 a 视为一个堆。通过这种方式，可以实现不需要外部内存的原地（in-place）算法，如程序 12.4 所示。

需要注意的是，程序 12.4 中的算法在构建堆的步骤 1 中对节点的顺序进行了优化。实际上，这可以改善构建堆所需的计算复杂度，使其降至 $O(N)$。这里省略了详细分析，如果你有兴趣，可以阅读推荐书目 [9] 中有关堆排序的内容，以了解更多信息。

### 程序 12.4　堆排序的实现

```
1   #include <iostream>
2   #include <vector>
3   using namespace std;
4
5   // 让第 i 个节点成为子树的根节点，以满足堆的条件
6   // 只考虑 a 的从第 0 个到第 N-1 个元素的部分，即 a[0:N]
7   void Heapify(vector<int> &a, int i, int N) {
8       int child1 = i * 2 + 1; // 左子节点
9       if (child1 >= N) return; // 如果没有子节点，结束
10
11      // 比较子节点
12      if (child1 + 1 < N && a[child1 + 1] > a[child1]) ++child1;
13
14      if (a[child1] <= a[i]) return; // 如果没有逆序，结束
15
16      // 交换
17      swap(a[i], a[child1]);
18
19      // 递归
20      Heapify(a, child1, N);
21  }
22
23  // 对数组 a 进行排序
24  void HeapSort(vector<int> &a) {
25      int N = (int)a.size();
26
27      // 步骤 1: 将整个 a 变成堆
28      for (int i = N / 2 - 1; i >= 0; --i) {
29          Heapify(a, i, N);
30      }
31
32      // 步骤 2: 逐个弹出堆的最大值
33      for (int i = N - 1; i > 0; --i) {
```

```
34              swap(a[0], a[i]);  // 堆的最大值移至最右边
35              Heapify(a, 0, i);  // 堆的大小为 i
36          }
37      }
38
39      int main() {
40          // 输入
41          int N;  // 元素数量
42          cin >> N;
43          vector<int> a(N);
44          for (int i = 0; i < N; ++i) cin >> a[i];
45
46          // 堆排序
47          HeapSort(a);
48      }
```

## 12.7 ● 排序算法的下界

到目前为止，我们已经了解了归并排序和堆排序等计算复杂度为 $O(N \log N)$ 的高效排序算法。现在，我们考虑是否可以设计出比这些算法更快的排序算法。迄今为止我们看到的排序算法，如插入排序、归并排序、快速排序和堆排序，都具有排序顺序仅基于输入元素的比较来确定的性质。我们将具有这种性质的算法称为比较排序算法。实际上，对于任何比较排序算法，我们可以证明在最坏情况下需要进行 $\Omega(N \log N)$[①] 次比较。因此，可以说归并排序和堆排序都是渐近最优的比较排序算法。这个结论并不难证明，下面给出其主要思想。

首先，我们可以将比较排序算法看作一棵二叉树，通过重复执行大小比较，最终得到排列顺序，如图 12.8 所示。

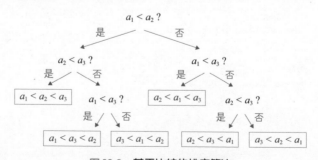

图 12.8　基于比较的排序算法

---

① 由于我们考虑的是计算复杂度的下界，因此使用了 $\Omega$ 记法（见 2.7.2 节）。

在这种情况下，比较排序算法的最坏时间复杂度对应于二叉树的高度。因为有 $N!$ 种可能的 $N$ 元素排序，所以需要 $N!$ 个二叉树的叶节点。因此，必须满足以下不等式：

$$2^h \geq N!$$

为此，我们可以使用斯特林公式（Stirling's Formula）：

$$\lim_{N \to \infty} \frac{N!}{\sqrt{2\pi N}\left(\dfrac{N}{e}\right)^N} = 1$$

根据斯特林公式，我们可以得出以 e 为底的对数 $\log_e(N!) \approx N\log_e N - N + 1/2\log_e(2\pi N)$。因此：

$$\log_e(N!) = \Theta(N \log N)^①$$

结合 $h \geq \log_2(N!) > \log_e(N!)$，我们可以得出：

$$h = \Omega(N \log N)$$

由此可见，任何比较排序算法，在最坏情况下都至少需要进行 $\Omega(N \log N)$ 次比较。

## 12.8 ● 排序（5）：桶排序

在 12.7 节中，我们了解到计算复杂度为 $O(N \log N)$ 的归并排序和堆排序是渐近最优的比较排序算法。只要是比较排序算法，除了常数倍数的差异，可以说没有比这些算法更快的了。

然而，本节将介绍的桶排序不是比较排序算法。在假设"要排序的数组 $a$ 的每个元素值都是大于或等于 0 且小于 $A$ 的整数值"的情况下，计算复杂度可以达到 $O(N+A)$。桶排序使用了如下数组。

---

**用于说明桶排序思想的数组**

num[$x$] ← 数组 $a$ 中具有值 $x$ 的元素的个数。

---

利用这个数组，桶排序可以像程序 12.5 一样实现。其计算复杂度为 $O(N+A)$，特别是在 $A=O(N)$ 的情况下，$O(N+A)$ 可以简化为 $O(N)$。与归并排序

---

① 在 $\Theta$ 和 $\Omega$ 记法中，可以忽略对数底的差异。

和堆排序的计算复杂度为 $O(N \log N)$ 相比，这个计算复杂度简直令人难以相信。然而，它的应用场景受限于待排序数组的值是 $0 \sim A-1$ 的整数，且 $A$ 可以认为是 $O(N)$。尽管如此，在实际应用中，我们经常会遇到希望对给定集合 $\{0, 1, \cdots, N-1\}$ 的子集（大小与 $N$ 接近）进行排序的情况，而在这种情况下，桶排序通常比快速排序更快。

**程序 12.5　桶排序的实现**

```
1   #include <iostream>
2   #include <vector>
3   using namespace std;
4
5   const int MAX = 100000; // 这里假设数组的值都小于100000
6
7   // 桶排序
8   void BucketSort(vector<int> &a) {
9       int N = (int)a.size();
10
11      // 统计每个元素的个数
12      // num[v]: v 的个数
13      vector<int> num(MAX, 0);
14      for (int i = 0; i < N; ++i) {
15          ++num[a[i]]; // 统计 a[i] 的个数
16      }
17
18      // 计算 num 的累积和
19      // 小于或等于 v 的值的个数
20      // 找出 a[i] 在整体中的排名
21      vector<int> sum(MAX, 0);
22      sum[0] = num[0];
23      for (int v = 1; v < MAX; ++v) {
24          sum[v] = sum[v - 1] + num[v];
25      }
26
27      // 基于 sum 进行排序
28      // a2: 排序后的 a
29      vector<int> a2(N);
30      for (int i = N - 1; i >= 0; --i) {
31          a2[--sum[a[i]]] = a[i];
32      }
33      a = a2;
34  }
35
36  int main() {
37      // 输入
38      int N; // 元素数量
39      cin >> N;
40      vector<int> a(N);
```

```
41        for (int i = 0; i < N; ++i) cin >> a[i];
42
43        // 桶排序
44        BucketSort(a);
45    }
```

## 12.9 ● 小结

在本章中，通过介绍多种排序算法，我们解释了分治法及其计算复杂度分析，以及随机算法等各种算法技巧。这些算法技巧不仅仅适用于排序问题，还可以用于解决许多其他问题。

此外，排序本身通常也是许多算法的预处理步骤。在第 6 章中，我们讨论了数组的二分搜索，在这种情况下，预先对数组进行升序排列是必需的。当设计基于贪婪法的算法时，经常需要首先根据某种度量标准对对象进行升序排列。在计算机图形学领域，当考虑绘制各种对象或对象之间的相互作用时，通常会按照左（右）、下（上）、远（近）的顺序依次处理对象[①]，这时就会采用根据对象的位置关系进行排序的思路。

总之，排序在许多算法设计中发挥着基本作用。

● ● ● ● ● ● ● ● ● ● **思考题** ● ● ● ● ● ● ● ● ● ●

**12.1**  给定 $N$ 个不同的整数 $a_0, a_1, \cdots, a_{N-1}$。请设计一个算法，用于确定每个元素 $a_i$ 在序列中的排名，即确定它是第几小的元素。（难易度★★☆☆☆）

**12.2**  有 $N$ 个商店，第 $i$（$i=0, 1, \cdots, N-1$）个商店最多可以卖 $B_i$ 瓶售价为 $A_i$ 日元的能量饮料。当想要买 $M$ 瓶饮料时，请设计一个算法来计算最少需要多少日元才能买齐。假设 $\sum_{i=0}^{N-1} B_i \geq M$。（来源：AtCoder Beginner Contest 121 C-Energy Drink Collector，难易度★★☆☆☆）

**12.3**  给定正整数 $N, K$（$K \leq N$）。现有一个空集合 $S$，要将 $N$ 个不同的整数 $a_0, a_1, \cdots, a_{N-1}$ 逐个插入 $S$。对于每个 $i=k, k+1, \cdots, N$，在考虑 $S$ 中已插入 $i$ 个整数的情况下，请设计一个算法，输出 $S$ 所包含的元素中第 $K$ 小的值。请确保整个算法的计算复杂度为 $O(N \log N)$。（难易度★★★☆☆）

**12.4**  证明当计算复杂度函数 $T(N)$ 满足 $T(N) = 2T(N/2) + O(N^2)$ 时，$T(N) =$

---

① 如果你感兴趣，可以查阅 Z 排序算法和 Z 缓冲算法等相关内容。

$O(N^2)$。此外，如果 $T(N)=2T(N/2)+O(N \log N)$，情况会如何？（难易度 ★★★☆☆）

**12.5** 给定 $N$ 个整数 $a_0, a_1, \cdots, a_{N-1}$。请设计一个算法，以 $O(N)$ 的计算复杂度找出其中第 $k$ 小的整数值。（这是一个被称为"中位数中的中位数"的著名问题，难易度 ★★★★★）

**12.6** 给定整数 $a, m$（$a \geqslant 0, m \geqslant 1$），请设计一个算法，判断是否存在正整数 $x$，满足 $a^x \equiv x \pmod{m}$。如果存在，求出一个这样的 $x$。要求算法的计算复杂度为 $O(\sqrt{m})$。（来源：AtCoder Tenkal Programmer Contest F-Modular Power Equation，难易度 ★★★★☆）

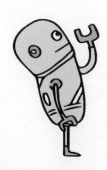

# 第 13 章

# 图（1）：图搜索

第 10 章引入了图的概念。通过将世界上的各种问题形式化为与图相关的问题，可以更清晰地处理这些问题。从本章开始，我们将解决与图相关的问题。首先，我们将讨论图上的搜索方法。这是所有图算法的基础。此外，正如第 3 章和 4.5 节所解释的那样，许多穷举搜索也可以理解为图搜索。如果能够灵活应用图搜索，算法设计的空间将大大拓宽。

## 13.1 ● 学习图搜索的意义

从本章开始，我们将详细介绍具体的图算法。在本章中，我们将讨论所有图算法的基础——图搜索。掌握图搜索技术不仅可以解决与图相关的问题，还可以更清晰地处理对各种对象的搜索。在 1.2 节中，我们大致了解了用于解决虫食算谜题的深度优先搜索和寻找迷宫的最短路径的广度优先搜索的思想。这种看似与图无关的问题也可以重新理解为图上的搜索问题。此外，熟练掌握图搜索技术，还可以轻松处理 10.1.3 节和 10.1.4 节定义的以下内容。

- 路径、环路、通路。
- 连通性。

## 13.2 ● 深度优先搜索与广度优先搜索

本节将介绍一种方法，即按顺序搜索图 $G = (V, E)$ 中的每个顶点。乍一看，这似乎只需要按顺序列举顶点集合 $V$ 中的顶点即可。然而，考虑到 10.2.3 节提到的井字棋游戏的局势转变图，除非从井字棋游戏的初始棋盘出发，按照井字棋游戏的规则逐个创建局面，否则无法列举图的每个顶点。本节将要解释的图搜索方法是这样的：从图上的某个顶点出发，通过遍历与该顶点相连的边，逐个搜索每个顶点。

具有代表性的图搜索方法包括深度优先搜索和广度优先搜索。首先，为了概述深度优先搜索和广度优先搜索的共同思想，我们将解释图搜索的基本形式。问题设置如下：指定图上的一个代表性顶点 $s \in V$，然后搜索从 $s$ 开始，通过边可达的每个顶点。

将图搜索的概念类比为进行网络浏览可能更容易让人理解。如图 13.1 所示，我们将这样的图视为 Web 页面之间的链接关系。首先，打开与顶点 0 对应的页面。这相当于问题设置中的"代表性顶点"。然后，阅读顶点 0 对应的 Web 页面。接下来，从顶点 0 可以到达的顶点有 3 个：顶点 1、2、4。将这 3 个候选项放入一个表示"稍后阅读"的集合，即 todo 集合。图 13.2 展示了这个状态，其中已访问的顶点 0 用红色表示，而放入 todo 集合的顶点 1、2、4 用橙色表示。

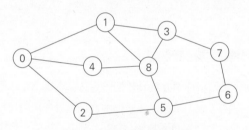

图 13.1　网络浏览的模型图

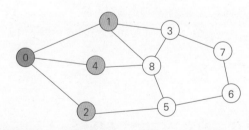

图 13.2　阅读完顶点 0 对应的页面后，将顶点 1、2、4 放入 todo 集合的情况

在标记为橙色的 todo 顶点中，我们将首先前进到顶点 1（暂时搁置顶点 2和 4）。当阅读完顶点 1 对应的页面后，由于可以从中继续跟踪到的链接顶点是3 和 8，因此我们将它们放入 todo 集合（见图 13.3）。

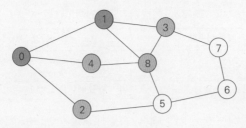

图 13.3 阅读完顶点 1 对应的页面后，将顶点 3、8 放入 todo 集合的情况

那么，下一步从 todo 集合中选择哪个顶点呢？这可能取决于个人的性格特点。如图 13.4 所示，大致可以考虑以下两种策略。

● 从刚刚访问完的顶点 1 前进到与其直接相连的顶点（3 或 8）。
● 从顶点 1 前进到被暂时搁置的顶点（2 或 4）。

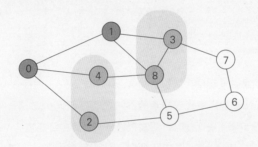

图 13.4 阅读完顶点 1 对应的页面后出现的两种选择

前者是一种不管怎样都要直接前进到可访问的链接的策略。后者则是一种先将之前搁置的所有页面都阅读完，再深入更多的链接的策略。前者对应深度优先搜索，而后者对应广度优先搜索。这些搜索方法可以使用栈和队列（见第 9 章）来实现。前者的搜索策略采用了"突飞猛进"的方式，一旦将新页面放入 todo 集合，就立刻采用 LIFO（后进先出）的栈式搜索方式取出并访问它。后者的搜索策略则采用了"全面扫描"的方式，一旦将页面放入 todo 集合，就按照 FIFO（先进先出）的队列式搜索方式，依次取出并访问。

要将上述内容描述为具体的算法，需要管理两个数据，如表 13.1 所示。变量 seen 是一个大小为 $|V|$ 的数组，在初始状态下，整个数组都被初始化为 false。todo 集合在初始状态下为空。

表 13.1　图搜索中使用的两个数据

| 变量名 | 数据类型 | 说　明 |
|---|---|---|
| seen | vector<bool> | seen[v]=true 表示顶点 $v$ 曾被放入 todo 集合（包括已经从 todo 中取出的情况） |
| todo | stack<int> 或 queue<int> | 用于存储即将访问的顶点 |

在这里，我们回顾一下图 13.4。在图搜索过程中，每个顶点都会处于表 13.2 所示的 3 种状态之一。表中的"颜色"表示的是图 13.4 中顶点的颜色。随着搜索步骤的进行，每个顶点从"白色"转变为"橙色"，最终变为"红色"。

表 13.2　图搜索过程中每个顶点 $v$ 的 seen 和 todo 状态

| 颜色 | 状　态 | seen 状态 | todo 状态 |
|---|---|---|---|
| 白色 | 尚未被发现的状态（未加入 todo 中） | seen[v] = false | $v$ 不在 todo 中 |
| 橙色 | 待访问但未被访问的状态 | seen[v] = true | $v$ 在 todo 中 |
| 红色 | 已被访问的状态 | seen[v] = true | $v$ 不在 todo 中 |

根据上述信息，使用两个数据结构 seen 和 todo，图搜索可以实现为程序 13.1。深度优先搜索和广度优先搜索的不同之处在于从 todo 集合中选择顶点 $v$ 的策略不同。将 todo 用作栈时，搜索策略是突进到尽可能多的 Web 链接，这对应深度优先搜索。将 todo 用作队列时，搜索策略是首先一次性访问添加到 todo 中的所有顶点，然后继续深入更深的链接，这对应广度优先搜索。需要注意的是，程序 13.1 展示了如何执行广度优先搜索。如果将程序 13.1 中的 queue 更改为 stack，则可实现深度优先搜索。此外，关于表示图的数据类型 Graph 的实现方法，请参考 10.3 节。

### 程序 13.1　图搜索的实现

```
1   // 在图 G 中，从顶点 s 开始进行搜索
2   void search(const Graph &G, int s) {
3       int N = (int)G.size(); // 图的顶点数
4
5       // 用于图搜索的数据结构
6       vector<bool> seen(N, false); // 初始化所有顶点为未被访问
7       queue<int> todo; // 空状态（对于深度优先搜索，使用 stack<int>）
8
9       // 初始化条件
10      seen[s] = true; // 将 s 标记为已被访问
11      todo.push(s); // todo 仅包含 s
```

```
12
13          // 进行搜索，直到 todo 为空
14          while (!todo.empty()) {
15              // 从 todo 中取出一个顶点
16              int v = todo.front();
17              todo.pop();
18
19              // 查看 v 可以到达的所有顶点
20              for (int x : G[v]) {
21                  // 不再搜索已经访问的顶点
22                  if (seen[x]) continue;
23
24                  // 将新的顶点 x 标记为已被访问，并放入 todo 集合
25                  seen[x] = true;
26                  todo.push(x);
27              }
28          }
29  }
```

第 22 行的"如果 seen[x] = true，则跳过顶点 x"这一处理非常重要。对于包含循环的图，如果不执行这个处理，就会陷入无限循环。

## 13.3 • 使用递归函数进行深度优先搜索

在 13.2 节中，我们介绍了实现深度优先搜索和广度优先搜索的通用方法，使用了表 13.1 中的数据 seen 和 todo。深度优先搜索与第 4 章介绍的递归函数非常契合，通过使用递归函数，我们通常可以更简洁地实现它。此外，通过使用递归函数，可以使"前序遍历"和"后序遍历"等重要概念（详见 13.4节）更加清晰易懂。

使用递归函数进行深度优先搜索可以按照程序 13.2 来实现。该程序旨在全面搜索图 $G = (V, E)$ 的所有顶点。程序 13.2 中的函数 dfs(G, v) 用来执行深度优先搜索，其任务是"访问所有尚未被访问的，可以从顶点 v 出发到达的顶点"。一般来说，在图 G 中，对于顶点 $v \in V$，调用 dfs(G, v) 并不能保证所有顶点都会被访问。因此，在程序 13.2 中，main 函数中的 for 循环（第33～36 行）多次调用 dfs 函数，直到没有未被访问的顶点为止。接下来我们将处理各种与图相关的问题，而其中的大多数问题只需对程序 13.2 稍作修改即可解决。

## 程序 13.2　使用递归函数实现深度优先搜索的基本形式

```cpp
1   #include <iostream>
2   #include <vector>
3   using namespace std;
4   using Graph = vector<vector<int>>;
5
6   // 深度优先搜索
7   vector<bool> seen;
8   void dfs(const Graph &G, int v) {
9       seen[v] = true; // 标记顶点 v 为已被访问
10
11      // 遍历 v 可达的每个顶点 next_v
12      for (auto next_v : G[v]) {
13          if (seen[next_v]) continue; // 如果 next_v 已被访问, 则
    不再搜索
14          dfs(G, next_v); // 递归地进行搜索
15      }
16  }
17
18  int main() {
19      // 顶点数和边数
20      int N, M;
21      cin >> N >> M;
22
23      // 输入图（这里假定是有向图）
24      Graph G(N);
25      for (int i = 0; i < M; ++i) {
26          int a, b;
27          cin >> a >> b;
28          G[a].push_back(b);
29      }
30
31      // 开始搜索
32      seen.assign(N, false); // 初始状态下, 所有顶点都未被访问
33      for (int v = 0; v < N; ++v) {
34          if (seen[v]) continue; // 如果已经被访问, 不再进行搜索
35          dfs(G, v);
36      }
37  }
```

我们以图 13.5（有向图）为例，详细跟踪程序 13.2 执行深度优先搜索的过程。假设每个顶点 $v \in V$ 都按照顶点编号的升序排列。这个过程如图 13.6 所示。

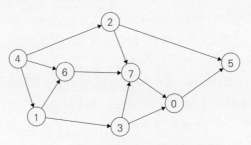

图 13.5　用于验证深度优先搜索操作的图

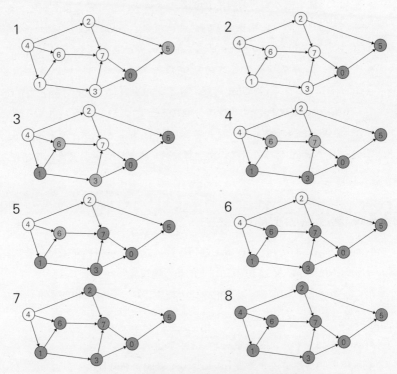

图 13.6　深度优先搜索在具体图上的搜索操作

- 步骤 1：调用 dfs(G, 0)。进入顶点 0，将顶点 0 标记为已被访问。此时，与顶点 0 相邻的顶点 5 被标记为待访问。
- 步骤 2：进入可以从顶点 0 到达的顶点 5，由于从顶点 5 无法到达其他顶点，因此暂时退出递归函数 dfs。
- 步骤 3：回到 main 函数中第 33～36 行的 for 循环，调用 dfs(G, 1)，进入顶点 1。

- 步骤 4: 与顶点 1 相邻的顶点有 3 和 6。首先进入编号较小的顶点 3。

- 步骤 5: 与顶点 3 相邻的顶点有 0 和 7, 因为顶点 0 已经处于 seen[0] = true 的状态, 所以进入顶点 7。

- 步骤 6: 虽然从顶点 7 可以前往顶点 0, 但由于顶点 0 已经处于 seen[0] = true 的状态, 因此退出与顶点 7 相关的递归函数 dfs(G, 7), 然后退出 dfs(G, 3), 回到函数 dfs(G, 1)。接着, 前进到从顶点 1 可以到达的另一个顶点 6。

- 步骤 7: 从顶点 6 可达的所有顶点都已被访问, 所以完成顶点 6 的处理, 回到顶点 1。然而, 从顶点 1 到达的所有顶点也已被访问, 因此退出函数 dfs(G, 1), 返回 main 函数。然后调用 dfs(G, 2), 进入顶点 2。

- 步骤 8: 因为从顶点 2 可达的所有顶点都已被访问, 所以立即退出 dfs(G, 2) 并返回 main 函数。对于 $v=3$ 的情况, 因为 seen[3] = true, 所以前进到 $v=4$ 的情况, 调用 dfs(G, 4), 进入顶点 4。

- 结束: 从顶点 4 可达的所有顶点都已被访问, 所以也会立即退出 dfs(G, 4)。对于 $v=5, 6, 7$ 的情况, 由于相应的顶点都已被访问, 因此循环处理结束。

## 13.4 ● 前序遍历和后序遍历

本节将深入探讨深度优先搜索的遍历顺序。这部分的讨论将有助于我们理解 13.9 节的拓扑排序以及 13.10 节的树上的动态规划。

为了简化讨论, 本节考虑以有根树作为搜索目标, 执行从根节点开始的深度优先搜索。首先, 我们注意以下时机。

- 在程序 13.1 中, 顶点 $v$ 被从 todo 中取出的时机。

- 在程序 13.2 中, 递归函数 dfs(G, v) 被调用的时机。

这两个时机是一致的。按照这些时机从早到晚的顺序为每个节点编号, 结果如图 13.7 左侧所示。这被称为前序遍历 ( preorder traversal )。进一步地, 我们考虑各个节点 $v$ 从递归函数 dfs(G, v) 中退出的时机。如果按照这些时机的早晚顺序对各个节点进行编号, 那么遍历顺序如图 13.7 右侧所示。这被称为后序遍历 ( postorder traversal )。

通过对比前序遍历和后序遍历, 我们可以清楚地看到深度优先搜索是如何围绕有根树进行遍历的。对于每个节点 $v$, 以下性质成立。

- 在前序遍历中，$v$ 的所有子孙节点都在 $v$ 之后出现。
- 在后序遍历中，$v$ 的所有子孙节点都在 $v$ 之前出现。

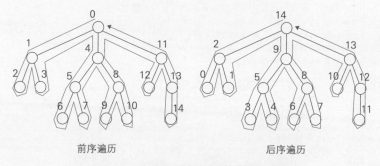

前序遍历                        后序遍历

**图 13.7    有根树中的前序遍历和后序遍历**

这一性质在 13.9 节中求解有向无环图（DAG）的拓扑排序顺序时也发挥着重要的作用。

## 13.5 ● 最短路径算法中的广度优先搜索

本节将深入研究广度优先搜索。广度优先搜索可以被视为一种寻找从搜索起点 $s$ 到每个顶点的最短路径的算法。程序 13.3 提供了广度优先搜索的实现示例。这个实现在程序 13.1 的基础上略有调整，特别关注了"通过广度优先搜索寻找从起点 $s$ 到每个顶点的最短路径长度"的问题。函数 BFS(G, s) 用于在图 $G$ 上以顶点 $s \in V$ 作为起点执行广度优先搜索。

在程序 13.3 中使用的变量 dist 和 que 分别对应于表 13.1 中的 seen 和 todo。数组 dist 在算法完成时存储了从顶点 $s$ 到每个顶点的最短路径长度。在广度优先搜索中，当从顶点 $v$ 到未被访问的顶点进行搜索时，dist[x] 的值将变为 dist[v]+1（第 29 行）。

此外，数组 dist 在初始状态下被初始化为 −1。这使得数组 dist 可以同时充当表 13.1 中 seen 数组的角色。具体而言，dist[v] == -1 和 seen[v] == false 具有相同的含义。que 是一个队列，对应于表 13.1 中的 todo。

**程序 13.3    广度优先搜索的基本实现**

```
1   #include <iostream>
2   #include <vector>
3   #include <queue>
4   using namespace std;
```

```cpp
using Graph = vector<vector<int>>;

// 输入：图 G 和搜索的起点 s
// 输出：表示从 s 到每个顶点的最短路径长度的数组
vector<int> BFS(const Graph &G, int s) {
    int N = (int)G.size(); // 顶点数
    vector<int> dist(N, -1); // 将所有顶点初始化为未被访问
    queue<int> que;

    // 初始条件（将顶点 0 作为起始顶点）
    dist[s] = 0;
    que.push(s); // 将 0 标记为橙色顶点

    // 开始 BFS（直到队列为空为止）
    while (!que.empty()) {
        int v = que.front(); // 从队列中取出队首顶点
        que.pop();

        // 检查所有从 v 可到达的顶点
        for (int x : G[v]) {
            // 不再搜索已经访问的顶点
            if (dist[x] != -1) continue;

            // 对于新的白色顶点 x，更新距离信息并将其插入队列
            dist[x] = dist[v] + 1;
            que.push(x);
        }
    }
    return dist;
}

int main() {
    // 顶点数和边数
    int N, M;
    cin >> N >> M;

    // 输入图（这里假定是无向图）
    Graph G(N);
    for (int i = 0; i < M; ++i) {
        int a, b;
        cin >> a >> b;
        G[a].push_back(b);
        G[b].push_back(a);
    }

    // 以顶点 0 为起点的 BFS
    vector<int> dist = BFS(G, 0);

    // 输出结果（查看每个顶点到顶点 0 的距离）
    for (int v = 0; v < N; ++v) cout << v << ": " << dist[v]
<< endl;
}
```

我们以图 13.8 为例，详细跟踪程序 13.3 执行的广度优先搜索过程。在深度优先搜索中使用的是有向图，但这次我们使用无向图，结果如图 13.9 所示。图中每个顶点的颜色（白色、橙色、红色）所表示的状态与表 13.2 中的相同。

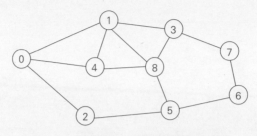

图 13.8　用于确认广度优先搜索操作的图

- 步骤 0：将作为起点的顶点 0 插入队列。此时，dist[0]=0，因此我们在顶点 0 上标记 0。

- 步骤 1：从队列中取出顶点 0 并访问，将与顶点 0 相邻的顶点 1、2、4 插入队列。此时，顶点 1、2、4 的 dist 值分别为 1，所以我们在这 3 个顶点上标记 1。

- 步骤 2：从队列中取出顶点 1。将与顶点 1 相邻的顶点 0、3、4、8 中的白色顶点 3 和 8 插入队列。此时，顶点 3 和 8 的 dist 值是 2（dist[1]+1）。

- 步骤 3：从队列中取出顶点 4。与顶点 4 相邻的顶点 0、1、8 中没有白色顶点，因此本步骤结束而不插入新顶点。

- 步骤 4：从队列中取出顶点 2。将与顶点 2 相邻的顶点 0、5 中的白色顶点 5 插入队列。此时，顶点 5 的 dist 值为 2（dist[2]+1）。

- 步骤 5：从队列中取出顶点 3。将与顶点 3 相邻的顶点 1、7、8 中的白色顶点 7 插入队列。此时，顶点 7 的 dist 值为 3（dist[3]+1）。

- 步骤 6：从队列中取出顶点 8。本步骤结束而不插入新顶点。

- 步骤 7：从队列中取出顶点 5。将白色顶点 6 插入队列。此时，顶点 6 的 dist 值为 3（dist[5]+1）。

- 步骤 8：从队列中取出顶点 7。

- 步骤 9：从队列中取出顶点 6。

- 结束：因为队列已经为空，所以结束处理。

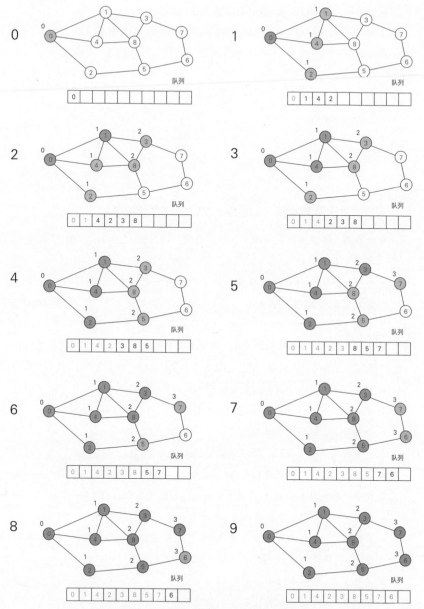

**图 13.9　针对具体图的广度优先搜索的过程**

当以上的广度优先搜索结束时，对于每个顶点，dist[v] 的值表示从起点 s 到顶点 v 的最短路径长度。图 13.10 展示了如何使用 dist 的值对顶点进行分类。对于图 $G$ 的任意边 $e=(u, v)$，我们可以看到 dist[u] 和 dist[v] 之间的差距不超过 1。此外，广度优先搜索算法可以说是一种按照 dist 值逐渐减小的顺序进行搜索的算法。从起点 $s$ 出发，首先搜索 dist 值为 1 的所有顶点，然后搜索 dist 值为 2 的所有顶点，以此类推，循环进行这一过程。

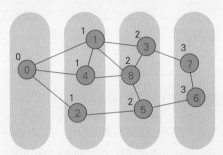

距离 0 层　　距离 1 层　　距离 2 层　　距离 3 层

图 13.10　通过广度优先搜索得到的 dist 示意图

## 13.6 ● 深度优先搜索和广度优先搜索的计算复杂度

本节将评估深度优先搜索和广度优先搜索的计算复杂度。当描述针对图 $G=(V, E)$ 的算法的计算复杂度时，通常将顶点数 $|V|$ 和边数 $|E|$ 作为输入规模。

根据处理的图的性质，有时可以假定 $|E|=\Theta(|V|^2)$，而有时可以假定 $|E|=O(|V|)$[①]。类似于前者的图称为稠密图（dense graph），类似于后者的图称为稀疏图（sparse graph）。作为稠密图的一个示例，考虑一个所有顶点之间都有边的简单图（被称为完全图），对于无向图，有：

$$|E|=\frac{|V|(|V|-1)}{2}$$

作为稀疏图的一个示例，考虑每个顶点最多与 $k$ 条边相连的图，那么有：

$$|E| \leqslant \frac{k|V|}{2}$$

由此可见，由于处理的图的性质不同，$|V|$ 和 $|E|$ 之间的"平衡"也不同。因此，在表示图算法的计算复杂度时，将 $|V|$ 和 $|E|$ 作为输入规模。无论是深度优先搜索还是广度优先搜索，以下事实都是可以确定的。

---

① 关于 $\Theta$ 记法的定义，请参考 2.7.3 节。

- 对于每个顶点 $v$，它们最多被搜索一次（不会重复搜索相同的顶点）。

- 对于每条边 $e=(u, v)$，它们最多被搜索一次（不会重复搜索边 $e$ 的始点 $u$）。

因此，深度优先搜索和广度优先搜索的计算复杂度都是 $O(|V|+|E|)$。可以看出，无论是对于顶点数 $|V|$ 还是边数 $|E|$，这两种算法的计算复杂度都是线性的。这意味着，执行图搜索与接收图作为输入所需的计算复杂度处于同等量级。

## 13.7 ● 图搜索的示例（1）：查找 *s-t* 路径

我们将使用图搜索来解决有关图的具体问题。许多问题可以使用深度优先搜索和广度优先搜索两种搜索方法来解决，这里主要展示深度优先搜索的解决方案。

首先，考虑一个有向图 $G=(V, E)$ 和图 $G$ 上的两个顶点 $s, t \in V$。我们要解决的问题是判断是否存在如图 13.11 所示的 *s-t* 路径。这可以看作判断是否可以从顶点 $s$ 出发到达顶点 $t$。

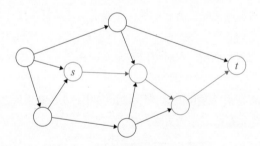

图 13.11　判断是否存在 *s-t* 路径

不论是使用深度优先搜索还是广度优先搜索，都可以进行从顶点 $s$ 出发的图搜索，然后在过程中通过检查是否访问了顶点 $t$ 来解决问题。程序 13.4 是使用深度优先搜索的实现示例，请自行尝试实现广度优先搜索（见思考题 13.2）。算法的，计算复杂度为 $O(|V|+|E|)$。

**程序 13.4　使用深度优先搜索来判断是否存在 *s-t* 路径**

```
1  #include <iostream>
2  #include <vector>
```

```
 3   using namespace std;
 4   using Graph = vector<vector<int>>;
 5
 6   // 深度优先搜索
 7   vector<bool> seen;
 8   void dfs(const Graph &G, int v) {
 9       seen[v] = true; // 将顶点 v 标记为已被访问
10
11       // 从顶点 v 可到达的每个顶点
12       for (auto next_v : G[v]) {
13           if (seen[next_v]) continue; // 如果 next_v 已被访问，
     则不再搜索
14           dfs(G, next_v); // 递归地进行搜索
15       }
16   }
17
18   int main() {
19       // 顶点数和边数
20       int N, M, s, t;
21       cin >> N >> M >> s >> t;
22
23       // 接收图的输入
24       Graph G(N);
25       for (int i = 0; i < M; ++i) {
26           int a, b;
27           cin >> a >> b;
28           G[a].push_back(b);
29       }
30
31       // 以顶点 s 作为起点进行搜索
32       seen.assign(N, false); // 初始化所有顶点为未被访问
33       dfs(G, s);
34
35       // 判断是否可以到达 t
36       if (seen[t]) cout << "Yes" << endl;
37       else cout << "No" << endl;
38   }
```

## 13.8 ● 图搜索的示例（2）：二部图判定

本节将介绍如何判断给定的无向图是否为二部图（bipartite graph）。

二部图是指可以根据条件"白色顶点之间不相邻，黑色顶点之间也不相邻"将每个顶点涂成白色或黑色的图。换句话说，二部图可以将图分为左右两个部分，且同一部分内的顶点之间没有边，如图 13.12 所示。

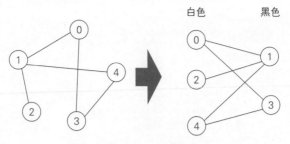

白色　　　黑色

**图 13.12　二部图**

　　如何判断给定的图 $G$ 是否为二部图？如果 $G$ 是不连通的，那么只需要判断"所有连通分量是否都是二部图"即可，因此我们只需要考虑 $G$ 是连通图的情况。首先，随机选择 $G$ 的一个顶点 $v$，为了不失一般性，将它涂成白色。这时，我们发现与 $v$ 相邻的顶点都必须被涂成黑色。同样地，对于黑色顶点也是如此。

- 与白色顶点相邻的顶点必须被涂成黑色。
- 与黑色顶点相邻的顶点必须被涂成白色。

　　通过重复这些操作，最终所有顶点都将被涂成白色或黑色。在这个过程中，如果检测到两端点颜色相同的边，就可以确定这不是一个二部图。相反，如果在没有检测到这样的边的情况下完成了搜索过程，就可以确定它是一个二部图。

　　基于以上分析，我们在程序 13.5 中展示了使用深度优先搜索进行二部图判定的实现。数组 color 的每个值为 1 时，表示已确认为黑色；为 0 时，表示已确认为白色；为 -1 时，表示尚未搜索。对于每个顶点 $v$，color[v] == -1 和 seen[v] == false 是等价的。该算法的计算复杂度为 $O(|V|+|E|)$。

**程序 13.5　二部图的判定**

```
1   #include <iostream>
2   #include <vector>
3   using namespace std;
4   using Graph = vector<vector<int>>;
5
6   // 二部图判定
7   vector<int> color;
8   bool dfs(const Graph &G, int v, int cur = 0) {
9       color[v] = cur;
10      for (auto next_v : G[v]) {
```

```
11          // 如果相邻顶点的颜色已经确定
12          if (color[next_v] != -1) {
13              // 如果相邻顶点的颜色相同，那么这不是二部图
14              if (color[next_v] == cur) return false;
15
16              // 如果颜色已确定，则不再搜索
17              continue;
18          }
19
20          // 更改相邻顶点的颜色，然后递归搜索
21          // 如果 dfs 函数返回 false，则包含 dfs 函数的当前函数也返回
   false
22          if (!dfs(G, next_v , 1 - cur)) return false;
23      }
24      return true;
25  }
26
27  int main() {
28      // 顶点数和边数
29      int N, M;
30      cin >> N >> M;
31
32      // 接收图的输入
33      Graph G(N);
34      for (int i = 0; i < M; ++i) {
35          int a, b;
36          cin >> a >> b;
37          G[a].push_back(b);
38          G[b].push_back(a);
39      }
40
41      // 开始搜索
42      color.assign(N, -1);
43      bool is_bipartite = true;
44      for (int v = 0; v < N; ++v) {
45          if (color[v] != -1) continue; // 如果 v 已经被访问，
   不进行搜索
46          if (!dfs(G, v)) is_bipartite = false;
47      }
48
49      if (is_bipartite) cout << "Yes" << endl;
50      else cout << "No" << endl;
51  }
```

## 13.9 ● 图搜索的示例（3）：拓扑排序

拓扑排序是指针对给定的有向图，按照边的方向对每个顶点进行排序的

操作，如图 13.13 所示。拓扑排序的应用包括在 make 等构建系统中对依赖关系的处理等。需要注意的是，并不是所有的有向图都可以进行拓扑排序。对于包含有向环[①] 的有向图，无法对有向环中的顶点进行排序。要使拓扑排序成为可能，给定的图 $G$ 必须不包含有向环，这是必要（且充分）条件。这样的有向图称为有向无环图（directed acyclic graph，DAG）。此外，拓扑排序的顺序通常不是唯一的，存在多种可能的排列方式。

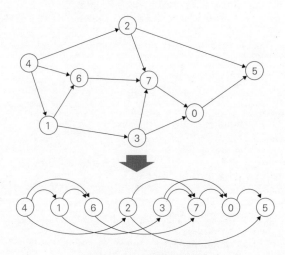

图 13.13　DAG 的拓扑排序

实际上，当给定 DAG 时，可以通过稍微修改程序 13.2 中使用递归函数的深度优先搜索来实现拓扑排序算法。对于每个顶点 $v \in V$，我们将调用递归函数 dfs(G, v) 的时刻（前序遍历）表示为 $v$-in，将完成递归函数 dfs(G, v) 的时刻（后序遍历）表示为 $v$-out。当对图 13.13 所示的图应用程序 13.2 时，发生的事件按时间顺序整理如下：

$0\text{-}in \rightarrow 5\text{-}in \rightarrow 5\text{-}out \rightarrow 0\text{-}out$

$\rightarrow 1\text{-}in \rightarrow 3\text{-}in \rightarrow 7\text{-}in \rightarrow 7\text{-}out \rightarrow 3\text{-}out \rightarrow 6\text{-}in \rightarrow 6\text{-}out \rightarrow 1\text{-}out$

$\rightarrow 2\text{-}in \rightarrow 2\text{-}out$

$\rightarrow 4\text{-}in \rightarrow 4\text{-}out$

以 1-out 为例，我们可以看到从顶点 1 可以到达的所有顶点（5、0、7、3、6）都在 1-out 之前结束了，即 5-out、0-out、7-out、3-out、6-out。这意味着只有

---

① 请参考 10.1.3 节。

当所有与顶点 1 相邻的顶点的递归函数都结束时，才会结束顶点 1 的递归函数。通常情况下，对于任何顶点 $v$，只有当所有可从 $v$ 到达的顶点的递归函数都结束时，才会结束顶点 $v$ 的递归函数。根据这个性质，我们可以得出以下结论。

---

**拓扑排序的思想**

　　按照深度优先搜索中递归函数的退出顺序对顶点进行排列，然后将它们倒置，可以得到拓扑排序的顺序。

---

　　基于上述分析，我们可以使用深度优先搜索来实现拓扑排序，如程序 13.6 所示。它的计算复杂度为 $O(|V|+|E|)$。

**程序 13.6　拓扑排序的实现**

```
 1 | #include <iostream>
 2 | #include <vector>
 3 | #include <algorithm>
 4 | using namespace std;
 5 | using Graph = vector<vector<int>>;
 6 |
 7 | // 执行拓扑排序
 8 | vector<bool> seen;
 9 | vector<int> order; // 表示拓扑排序的顺序
10 | void rec(const Graph &G, int v) {
11 |     seen[v] = true;
12 |     for (auto next_v : G[v]) {
13 |         if (seen[next_v]) continue; // 如果 v 已经被访问，不再
                                          进行搜索
14 |         rec(G, next_v);
15 |     }
16 |
17 |     // 记录 v-out 的值
18 |     order.push_back(v);
19 | }
20 |
21 | int main() {
22 |     int N, M;
23 |     cin >> N >> M; // 顶点数和边数
24 |     Graph G(N); // 包含 N 个顶点的图
25 |     for (int i = 0; i < M; ++i) {
26 |         int a, b;
27 |         cin >> a >> b;
28 |         G[a].push_back(b);
29 |     }
```

```
30
31          // 开始搜索
32          seen.assign(N, false); // 初始状态下，所有顶点均未被访问
33          order.clear(); // 拓扑排序的顺序
34          for (int v = 0; v < N; ++v) {
35              if (seen[v]) continue; // 如果已经访问，不再进行搜索
36              rec(G, v);
37          }
38          reverse(order.begin(), order.end()); // 将结果逆序
39
40          // 输出
41          for (auto v : order) cout << v << " -> ";
42          cout << endl;
43      }
```

## 13.10 ● 图搜索的示例（4）：树上的动态规划（＊）

在解决与树相关的问题时，经常会遇到没有明确定义根的情况。在这种情况下，没有"哪个节点是哪个节点的父节点"的关系。然而，为了方便，有时会在无根树上任意选择一个节点来作为根节点，从而提高问题的可解性（如18.2 节的加权最大独立集问题等）。图 13.14 展示了在无根树中，将蓝色箭头指示的节点指定为根，生成右侧的有根树。通过为树指定根节点，我们可以得到类似"家谱树"的结构，确定"哪个节点是哪个节点的父节点，哪个节点是哪个节点的子节点"等层次关系。

在这里，我们考虑一个针对无根树的问题，即"通过选择一个节点作为根节点，形成有根树的形状"。具体来说，我们尝试为每个节点 $v$ 计算以下值。

- 节点 $v$ 的深度。
- 以节点 $v$ 为根的子树的大小（子树包含的节点数）。

假设无根树的输入数据以下面的形式给出。

$N$

$a_0\ b_0$

$a_1\ b_1$

...

$a_{N-2}\ b_{N-2}$

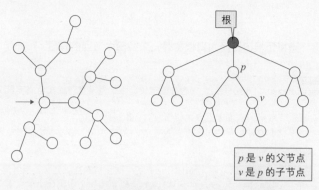

**图 13.14　从无根树中选择一个节点作为根节点的示例**

这种输入格式与 10.3 节所示的输入格式几乎相同，但由于在这种情况下，节点数为 $N$，边数为 $M$，且一直满足 $M=N-1$，因此省略了对 $M$ 的说明（参见第 10 章的思考题 10.5）。

要确定通过指定根节点生成的有根树，最清晰明了的方法是使用深度优先搜索。虽然也可以使用广度优先搜索，但通常在每个节点返回时，我们需要进行子节点信息的整理，因此在这种情况下，深度优先搜索更合适。当对树执行深度优先搜索时，我们可以利用"树不包含循环"的性质，使实现变得更简洁。具体来说，我们可以去掉在程序 13.2 中出现的数组 `seen`，并通过程序 13.7 中所示的方式实现。这里的 $p$ 表示 $v$ 的父节点，但在进行搜索之前，我们并不知道 $p$ 为 $v$ 的父节点。

**程序 13.7　遍历无根树的基本实现**

```
using Graph = vector<vector<int>>;

// 树上的遍历
// v: 当前正在搜索的节点 , p: v 的父节点（当 v 为根节点时 , p = -1）
void dfs(const Graph &G, int v, int p = -1) {
    for (auto c : G[v]) {
        if (c == p) continue; // 防止搜索逆流到父节点方向

        // c在v的各子节点上遍历，此时c的父节点为 v
        dfs(G, c, v);
    }
}
```

我们可以通过稍微修改程序 13.7 来解决有根树的各种相关问题。首先，可以通过将深度信息添加到递归函数的参数中来计算每个节点 $v$ 的深度，如程序

13.8 所示。

## 程序 **13.8** 当将无根树转换为有根树时，求解每个节点的深度

```
1   using Graph = vector<vector<int>>;
2   vector<int> depth; // 为方便起见，我们将答案存储在全局变量中
3
4   // d：节点 v 的深度（当 v 为根节点时，d = 0）
5   void dfs(const Graph &G, int v, int p = -1, int d = 0) {
6       depth[v] = d;
7       for (auto c : G[v]) {
8           if (c == p) continue; // 防止搜索逆流到父节点方向
9           dfs(G, c, v, d + 1); // 将 d 增加 1 以前往子节点
10      }
11  }
```

接下来，考虑以每个节点 $v$ 为根的子树大小 subtree_size[v]。这可以通过以下的递归方程求解。加 1 表示考虑了节点 $v$ 本身。

---

**子树大小的递归方程（动态规划）**

$$\text{subtree\_size}[v] = 1 + \sum_{c:(v\,\text{的子节点})} \text{subtree\_size}[c]$$

---

为了计算子树大小 subtree_size[v]，要确保对于节点 $v$ 的每个子节点 $c$，subtree_size[c] 都已经确定。因此，这个处理过程在后序遍历时进行。需要注意的是，这种"使用子节点信息来更新父节点信息"的处理方法也可以被视为将动态规划应用于树结构。以上处理可以实现为程序 13.9，其计算复杂度为 $O(|V|)$。

最后，我们回顾一下如何计算深度和子树大小。考虑计算每个值的时机，如下所示。

- 各节点的深度：在前序遍历时计算得出。
- 各节点作为根的子树大小：在后序遍历时计算得出。

需要注意的是，前序遍历的处理适合"将父节点信息传递给子节点"，而后序遍历的处理适合"收集子节点信息以更新父节点信息"。我们应灵活运用这两种方法。

**程序 13.9** 当将无根树转化为有根树时，求解每个节点的深度和子树大小

```cpp
#include <iostream>
#include <vector>
using namespace std;
using Graph = vector<vector<int>>;

// 树上的遍历
vector<int> depth;
vector<int> subtree_size;
void dfs(const Graph &G, int v, int p = -1, int d = 0) {
    depth[v] = d;
    for (auto c : G[v]) {
        if (c == p) continue; // 防止遍历逆流到父节点方向
        dfs(G, c, v, d + 1);
    }

    // 在后序遍历时，计算子树大小
    subtree_size[v] = 1; // 自身
    for (auto c : G[v]) {
        if (c == p) continue;

        // 将以子节点为根的子树大小相加
        subtree_size[v] += subtree_size[c];
    }
}

int main() {
    // 节点数（因为是树，所以边数确定为 N-1）
    int N;
    cin >> N;

    // 接收图的输入
    Graph G(N);
    for (int i = 0; i < N - 1; ++i) {
        int a, b;
        cin >> a >> b;
        G[a].push_back(b);
        G[b].push_back(a);
    }

    // 开始遍历
    int root = 0; // 暂时将节点 0 作为根
    depth.assign(N, 0);
    subtree_size.assign(N, 0);
    dfs(G, root);

    // 结果
    for (int v = 0; v < N; ++v) {
        cout << v << ": depth = " << depth[v]
```

```
49    |        << ", subtree_size = " << subtree_size[v] << endl;
50    |    }
51  | }
```

## 13.11 ● 小结

在本章中，我们详细介绍了图搜索的技巧，包括深度优先搜索和广度优先搜索，它们是所有图算法基础的重要组成部分。在第 14 章中，我们将介绍最短路径算法，可以将其视为广度优先搜索的一般化形式。在第 16 章的网络流问题中，图搜索技巧将作为子程序发挥作用。

最后，我们简要讨论即将在后续章节中涉及的有关图的话题。在第 14 章中，我们将研究具有带权重的边的加权图，并介绍更高级的最短路径算法。在第 15 章中，我们将介绍最小生成树问题，以及基于贪婪法的克鲁斯克尔算法。在第 16 章中，我们将介绍网络流理论，该理论被誉为图算法的精华。

● ● ● ● ● ● ● ● ● ● ● **思考题** ● ● ● ● ● ● ● ● ● ● ●

**13.1** 在 11.7 节中，我们使用并查集解决了计算无向图的连通分量个数的问题。请使用深度优先搜索或广度优先搜索解决相同的问题。（难易度★☆☆☆☆）

**13.2** 在程序 13.4 中，我们判断了图 $G=(V, E)$ 上的两个顶点 $s, t \in V$ 之间是否存在 $s$-$t$ 路径。请使用广度优先搜索实现此功能。（难易度★★☆☆☆）

**13.3** 在程序 13.5 中，我们判断了无向图 $G=(V, E)$ 是否为二部图。请使用广度优先搜索实现此功能。（难易度★★☆☆☆）

**13.4** 假设有一个如 1.2.2 节中所示的迷宫，迷宫大小为 $H \times W$，请设计一种算法，可以在 $O(HW)$ 的时间内找到从起点到终点的最短路径。（难易度★★☆☆☆）

**13.5** 请使用广度优先搜索来实现程序 13.6 中的拓扑排序。（难易度★★★★☆）

**13.6** 设计一种算法，用于判断有向图 $G=(V, E)$ 是否包含有向环，如果包含，找出其中一个具体的有向环。（难易度★★★★☆）

第 **14** 章

# 图（2）：最短路径问题

在第 13 章中，我们探讨了通过广度优先搜索在无权图中寻找最短路径的问题。本章将总结解决各边带有权重的图的最短路径问题的方法，从而显著扩展其在现实世界问题中的适用范围。此外，解决图上最短路径问题的各种算法可以看作第 5 章所介绍的动态规划的直接应用。当图上各边的权重为非负时，可以应用迪杰斯特拉算法，该算法基于第 7 章的贪婪法。

## 14.1 ● 最短路径问题是什么

最短路径问题，顾名思义，是在图上找到长度最小的路径的问题。在本章中，我们将图中每条边 $e$ 的权重表示为 $l(e)$，将路径 $W$、环路 $C$ 和通路 $P$ 的长度分别表示为 $l(W)$、$l(C)$ 和 $l(P)$。本章经常使用路径、环路和通路等概念，如果对这些概念有疑问，请参考 10.1.3 节。

最短路径问题不仅在导航系统和铁路换乘服务等实际场景中应用广泛，而且在理论上是一个重要的问题。本节将整理贯穿本章的问题设置和各种概念。

### 14.1.1 加权有向图

在本章中，我们将讨论加权有向图。无权图可以看作每条边的权重为 1 的加权图。无向图可以看作每条边 $e=(a, b)$ 对应于双向边 $(u, v)$ 和 $(v, u)$ 的有向图。因此，加权有向图可以看作一种具有一般性的研究对象。另外，我们允许连接相同顶点对的相互反向的有向边 $(u, v)$ 和 $(v, u)$ 具有不同的权重。这是为了在一些情况下有效地建模。例如，骑自行车通过坡道所需的时间根据行进方向变化的情况。

### 14.1.2 单源最短路径问题

除了 14.7 节中的全点对间最短路径问题，本章涉及的主要是单源最短路径问题。单源最短路径问题是指给定有向图 $G=(V, E)$ 上的一个点 $s \in V$，要求找到从 $s$ 到每个点 $v \in V$ 的最短路径。图 14.1 展示了一个具体的加权有向图的例子，显示了当以 $s=0$ 为起点时，到达每个顶点的最短路径长度（红色数字）和最短路径（红色边）。通过叠加到达每个顶点的最短路径，可以看出这形成了以顶点 $s$（$s=0$）为根的有根树。

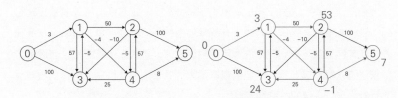

以顶点 $s$（$s=0$）为起点到各顶点的最短路径

**图 14.1**　单源最短路径问题示例。例如，从顶点 $s$（$s=0$）到达顶点 5 的最短路径长度为 7，具体的最短路径为 $0 \rightarrow 1 \rightarrow 4 \rightarrow 5$

### 14.1.3 负边和负环

具有负权的边称为负边。本章将讨论具有负边的图。负边表示通过该边可以获得与成本削减相关的"奖励"。此外，长度为负的环路称为负环（negative cycle）。在具有负环的图中，对最短路径问题的处理需要谨慎。通过多次重复负环，可以将路径长度减小到任意小的值。例如，当考虑图 14.2 中从顶点 0 到顶点 4 的最短路径时，环路 $1 \rightarrow 2 \rightarrow 3 \rightarrow 1$ 的权重为 $-4$，通过多次重复这个环路，可以将路径长度减小到任意小的值。

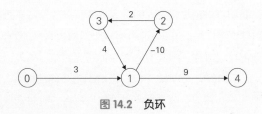

**图 14.2**　负环

然而，具有负边的图不一定具有负环。在不具有负环的图中，可以求解最短路径。另外，在具有负环的图中，如果无法从起点到达负环，则可以忽略负环（在实现上需要注意）。即使可以从始点到达负环，对于从该负环无法到达的顶点 $v$，仍然可以求解从始点到 $v$ 的最短路径。14.5 节将要介绍的贝尔曼 – 福特算法在存在从起点可达的负环时会报告这一情况，并在没有这样的负环时求解到达每个顶点的最短路径。值得注意的是，如果已知图中没有负边，可以通过 14.6 节介绍的迪杰斯特拉算法更快地求解最短路径。

## 14.2 • 最短路径问题的整理

在 13.5 节中，我们通过广度优先搜索解决了无权图上的最短路径问题。此外，在第 5 章的动态规划中，我们将一些优化问题视为寻找图中最短路径的问题进行求解。第 5 章介绍的图是不包含有向环路的。由于不包含有向环路，因此状态不会循环，且明确定义了拓扑排序的顺序（见 13.9 节）。我们在 13.9 节已经了解到，这样的图被称为 DAG（有向无环图）。在考虑 DAG 上的最短路径问题时，从哪条边开始逐步进行松弛是显而易见的，按照这个顺序执行松弛操作，便可求得每个顶点的最短路径（见 5.3.1 节）。

然而，在含有环路的图中，从哪条边开始逐步进行松弛并不明显。这时需要更高级的算法。本章将介绍能够解决具有环路的图的最短路径问题的算法，例如贝尔曼 – 福特算法和迪杰斯特拉算法。整理这些算法适用的图的性质等内容，可以得到如表 14.1 所示的结论[①]。

表 14.1　最短路径问题的整理

| 图的特性 | 方　法 | 计算复杂度 | 备　注 |
|---|---|---|---|
| 含有负权边的图 | 贝尔曼 – 福特算法 | $O(\|V\|\|E\|)$ | 因为不清楚从哪个顶点开始求解最短路径，所以需要循环 $\|V\|$ 次 |
| 边的权重全部非负的图 | 迪杰斯特拉算法 | $O(\|V\|^2)$ 或 $O(\|E\|\log\|V\|)$ | 虽然并未预先设定从哪个顶点开始求解最短路径，但在计算过程中会自动确定 |
| 有向无环图 | 动态规划 | $O(\|V\|+\|E\|)$ | 从哪个顶点开始求解最短路径是预先设定好的 |
| 无权图 | 广度优先搜索 | $O(\|V\|+\|E\|)$ | 请参考第 13 章 |

## 14.3 • 松弛

本节将深入研究在动态规划中引入的松弛的概念。我们将在 5.3.1 节中介绍的函数 chmin 以程序 14.1 重新列出。函数 chmin 的处理过程如下。

---

[①] 当图中每条边的权重为 0 或 1 时，有一种计算复杂度为 $O(\|V\|+\|E\|)$ 的解法。请尝试在互联网上搜索 "0-1 BFS" 以了解更多信息。

1. 将临时最小值设定为 $a$。

2. 与新的候选最小值 $b$ 进行比较。

3. 如果 $a>b$，则将 $a$ 更新为 $b$。

程序 14.1 所示的 chmin 函数扩展了 5.3.1 节介绍的 chmin 函数的功能，并将是否进行更新的信息以布尔值（true 或 false）的形式返回。

**程序 14.1**　用于松弛的函数 chmin

```
1  template<class T> bool chmin(T& a, T b) {
2      if (a > b) {
3          a = b;
4          return true;
5      }
6      else return false;
7  }
```

如图 14.3 所示，对于 $d[v]$，如果 $d[u]+l(e)$ 更小，则将 $d[v]$ 更新为该值。在算法开始时，除起点 $s$ 以外的顶点 $v$，其最短路径长度的估计值 $d[v]$ 为无穷大，通过对每条边反复进行松弛操作，这些值逐渐减小。最终，对于任意顶点 $v$，$d[v]$ 将收敛到实际的最短路径长度（后文表示为 $d^*[v]$）。

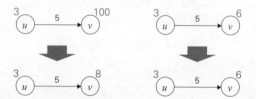

**图 14.3**　松弛的过程。在这里，我们对边 $(u, v)$（长度为 5）进行松弛操作，并在需要时更新 $d[v]$ 的值。在左侧的情况下，与 $d[v]=100$ 相比，$d[u]+5=8$ 较小，因此更新 $d[v]$ 的值为 8。在右侧的情况下，$d[v]=6$ 小于 $d[u]+5=8$，因此不进行更新，保持原值

本章介绍的最短路径算法都管理着从起点到每个顶点 $v$ 的最短路径长度的估计值 $d[v]$，并通过对每条边反复进行松弛操作来逐步调整这些值。在算法开始时，最短路径长度的估计值 $d[v]$ 的初始值为：

$$d[v] = \begin{cases} \infty & (v \neq s) \\ 0 & (v = s) \end{cases}$$

边 $e=(u, v)$ 的松弛操作定义为：

```
chmin(d[v], d[u]+l(e))
```

我们简要解释一下最短路径问题和松弛的含义。首先，最短路径问题可以理解为如图 14.4 所示的问题，即对于由若干顶点和连接这些顶点的若干绳子构成的对象，当特定的顶点 $s$ 被固定并且 $s$ 与其余各顶点之间的绳子被拉紧时，求出各个顶点与顶点 $s$ 之间的距离[①]。

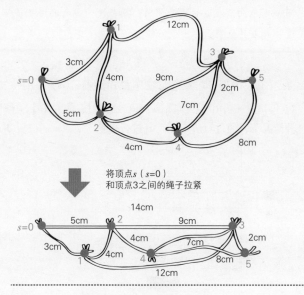

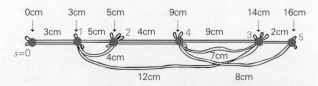

图 14.4　将求解最短路径的过程理解为拉紧绳子的情景

接下来，我们考虑松弛的含义。我们想象将最短路径算法管理的最短路径长度的估计值 $d[v]$ 在数轴上绘制出来。将顶点 $v$ 放置在数轴的坐标 $d[v]$ 处。在

---

① 事实上，这个问题被称为最短路径问题的对偶问题，它与原始的最短路径问题是等价的。具体来说，它是一个求解"在各个顶点之间的距离不超过某个限制值的范围内，各个顶点可以被从 $s$ 拉到多远"的最大化问题。关于这个对偶问题，我们将在 14.8 节中深入讨论。

这里，我们将位于坐标 $d[v]$ 处的顶点 $v$ 特别称为节点 $v$。在算法的初始状态下，只有节点 $s$ 位于坐标为 0 的位置（$d[s]=0$），其他节点 $v$ 位于无穷远的位置（$d[v]=\infty$）。我们可以将边 $e=(u, v)$ 的松弛操作看作对节点 $v$ 的位置 $d[v]$ 进行如下移动的处理。

- 如果节点 $v$ 的位置 $d[v]$ 比节点 $u$ 的位置 $d[u]$ 向右至少 $l(e)$ 的距离，那么在将节点 $v$ 朝向节点 $u$ 拉近的同时，用长度为 $l(e)$ 的绳子将节点 $u$ 和节点 $v$ 连接起来并拉紧。
- 此时，节点 $v$ 的位置 $d[v]$ 将更新为 $d[u] + l(e)$。

图 14.5 展示了一个例子。在进行松弛操作之前，节点 $v$ 的位置（$d[v]=100$）比节点 $u$ 的位置（$d[u]=3$）向右移动 $l(e)=5$ 的位置（$d[u]+l(e)=8$）还要靠右。在这种情况下，通过对边 $e=(u, v)$ 进行松弛，节点 $v$ 的位置 $d[v]$ 被更新为 $d[u]+l(e)=8$。

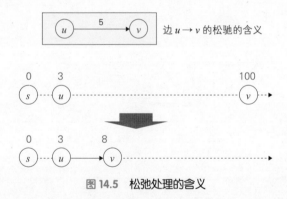

图 14.5　松弛处理的含义

我们即将讨论的最短路径算法都是通过反复进行松弛操作，逐渐将各个节点拉向节点 $s$ 的方向的算法。当达到无论对哪条边进行松弛，节点的位置都不再更新的状态时，算法就可以结束了。

在此，请回想之前的观察：将求解最短路径的过程理解为拉紧绳子的情景（参见图 14.4）。经过反复松弛处理后确定的各个节点 $v$ 的位置 $d[v]$，与从 $s$ 到 $v$ 的最短路径长度 $d^*[v]$ 是一致的。此外，进一步探讨上述关于绳子的问题，我们会遇到"势能"（potential）的概念。关于势能的详细解释，我们将在 14.8 节中向有兴趣的读者阐述。

## 14.4 • DAG 上的最短路径问题：动态规划法

首先考虑图是有向无环图（DAG）的情况。我们在 5.2 节中解决过 DAG 的最短路径问题。具体来说，在如图 14.6 所示的图中，我们基于动态规划逐步计算从顶点 0 到每个顶点的最短路径长度。在这个过程中，我们讨论了基于拉取和基于推送这两种方式，无论使用哪种方式，都要确保满足以下性质。

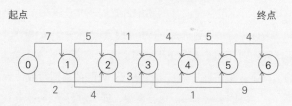

图 14.6　表示青蛙问题的图（再现）

### 在 DAG 中进行松弛处理的顺序要点

当对每条边 $e=(u, v)$ 进行松弛处理时，顶点 $u$ 对应的 $d[u]$ 已经收敛于真正的最短路径长度。

为了保证这一点，13.9 节提到的拓扑排序变得非常重要。通过对整个 DAG 进行拓扑排序，可以明确需要进行松弛处理的边的顺序。按照拓扑排序得到的顶点顺序，以基于拉取或基于推送确定的顺序来松弛边，就可以求出每个顶点的最短路径长度[1]。拓扑排序和每条边的松弛处理都可以在 $O(|V|+|E|)$ 的计算复杂度内完成，因此整体的计算复杂度也是 $O(|V|+|E|)$。

另外，在 5.2 节中，当我们解决图 14.6 所示的图的最短路径问题时，并没有明确执行拓扑排序。这是因为拓扑排序的顺序已明确（按照顶点编号的顺序）。

## 14.5 • 单源最短路径问题：贝尔曼 – 福特算法

在 14.4 节中，我们解决了不包含有向环的有向图的最短路径问题。本节将介绍能够求解包含有向环的有向图的最短路径的算法——贝尔曼 – 福特

---

[1]　使用记忆化递归，可以一次性完成"进行拓扑排序"和"按照得到的顶点顺序进行松弛"两个步骤。

（Bellman-Ford）算法。它是这样一种算法：如果存在从起点 $s$ 可达的负环，则报告其存在；如果不存在负环，则求出每个顶点的最短路径。另外，如果可以保证所有边的权重都是非负的，那么使用 14.6 节将介绍的迪杰斯特拉算法更有效。

### 14.5.1 贝尔曼 - 福特算法的理念

与 DAG 不同，在包含有向环的图中，我们不知道有效的边松弛顺序。因此，我们重复进行"对每条边进行一次松弛（顺序无关）"的操作，直到最短路径长度的估计值 $d[v]$ 不再更新为止（见图 14.7）。实际上，在不包含从起点 $s$ 可达的负环的情况下，最多通过 $|V|-1$ 次迭代，$d[v]$ 的值即可收敛到真正的最短路径长度 $d^*[u]$（参见 14.5.3 节）。也就是说，即使进行了 $|V|$ 次迭代，$d[v]$ 的值也不会更新。对每条边进行松弛的计算复杂度为 $O(|E|)$，并且要进行 $O(|V|)$ 次迭代，因此贝尔曼 - 福特算法的计算复杂度为 $O(|V||E|)$。

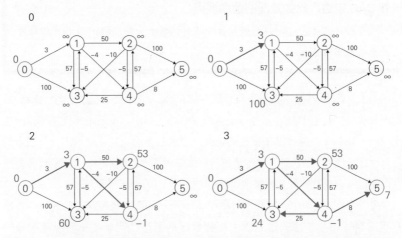

**图 14.7** 贝尔曼 - 福特算法的执行示例。解决以顶点 0 为起点的单源最短路径问题。在一次迭代中，边的松弛顺序设定为边 (2, 3)，(2, 4)，(2, 5)，(4, 2)，(4, 3)，(4, 5)，(3, 1)，(1, 2)，(1, 3)，(1, 4)，(0, 1)，(0, 3)。这是一个非常低效的顺序，但即使如此，通过迭代，仍然可以求出每个顶点的最短路径。在每次迭代中，已求出最短路径的部分用红色数字表示（实际上，在算法结束之前，我们不能确定最短路径）。此外，在这个图中，最短路径是在第 3 次迭代中求出的（实际上，在进行第 4 次迭代并确认没有更新发生之前，这一点是不确定的）

相反，如果存在从起点 $s$ 可达的负环，则可以证明在 $|V|$ 次迭代时存在某条

边 $e=(u, v)$，其松弛会更新 $d[v]$ 的值（参见 14.5.3 节）。

## 14.5.2  贝尔曼 – 福特算法的实现

贝尔曼 – 福特算法可以像程序 14.2 那样实现[①]。输入格式如下：$N$ 表示图的顶点数，$M$ 表示边数，$s$ 表示起点编号。此外，第 $i$（$i=0, 1, \cdots, M-1$）条边表示从顶点 $a_i$ 到顶点 $b_i$ 有权重为 $w_i$ 的连线。

$N\ M\ s$

$a_0\ b_0\ w_0$

$a_1\ b_1\ w_1$

$\cdots$

$a_{M-1}\ b_{M-1}\ w_{M-1}$

程序 14.2 执行以下操作。

- 对于每条边，进行一次全面的松弛操作，重复 $|V|$ 次（如果没有负环，那么在第 $|V|$ 次操作时应该不会发生更新）。

- 如果在第 $|V|$ 次操作中发生更新，意味着存在从起点 $s$ 可达的负环，因此会报告这一情况。

此外，这里没有考虑从起点 $s$ 无法到达的负环。具体来说，通过第 48 行的处理，避免对从起点 $s$ 无法到达的顶点进行松弛。最后，如果确定不存在从起点 $s$ 可达的负环，那么输出每个顶点 $v$ 的最短路径长度 $d[v]$（第 69 行）。但是，如果 $d[v] =$ INF，则意味着从 $s$ 到 $v$ 不可达，因此会报告这一情况（第 70 行）。

另外，为了使算法更早结束，加入了"如果没有发生更新，则可以确定已求得最短路径，因此终止迭代"（第 59 行）的处理。

---

[①] 需要注意实现中的一个细节，在某次迭代中，如果某个顶点 $u$ 的最短路径长度的估计值 $d[u]$ 被更新，那么在同一次迭代中以 $u$ 作为起点的边的松弛可能会使用更新后的值。实际上，我们可以期待，这样做能减少迭代次数，但是在原始的贝尔曼 – 福特算法中，同一次迭代使用的是更新前的估计值。

## 程序 14.2　贝尔曼 – 福特算法的实现

```cpp
1    #include <iostream>
2    #include <vector>
3    using namespace std;
4
5    // 用于表示无穷大的值
6    const long long INF = 1LL << 60; // 使用足够大的值（这里取 2^60）
7
8    // 表示边的类型，这里将权重的类型设为 long long 型
9    struct Edge {
10       int to; // 相邻顶点编号
11       long long w; // 权重
12       Edge(int to, long long w) : to(to), w(w) {}
13   };
14
15   // 表示加权图的类型
16   using Graph = vector<vector<Edge>>;
17
18   // 执行松弛的函数
19   template<class T> bool chmin(T& a, T b) {
20       if (a > b) {
21           a = b;
22           return true;
23       }
24       else return false;
25   }
26
27   int main() {
28       // 顶点数、边数、起点编号
29       int N, M, s;
30       cin >> N >> M >> s;
31
32       // 图
33       Graph G(N);
34       for (int i = 0; i < M; ++i) {
35           int a, b, w;
36           cin >> a >> b >> w;
37           G[a].push_back(Edge(b, w));
38       }
39
40       // 贝尔曼 – 福特算法
41       bool exist_negative_cycle = false; // 是否存在负环
42       vector<long long> dist(N, INF);
43       dist[s] = 0;
44       for (int iter = 0; iter < N; ++iter) {
45           bool update = false; // 表示更新是否发生的标志
46           for (int v = 0; v < N; ++v) {
47               // 当 dist[v] = INF 时，不进行从顶点 v 出发的松弛
48               if (dist[v] == INF) continue;
```

```
49
50              for (auto e : G[v]) {
51                  // 执行松弛处理, 若发生更新, 则将 update 设为 true
52                  if (chmin(dist[e.to], dist[v] + e.w)) {
53                      update = true;
54                  }
55              }
56          }
57
58          // 若未发生更新, 则最短路径已经确定
59          if (!update) break;
60
61          // 若第 N 次迭代时发生更新, 则存在负环
62          if (iter == N - 1 && update) exist_negative_cycle = true;
63      }
64
65      // 输出结果
66      if (exist_negative_cycle) cout << "NEGATIVE CYCLE" << endl;
67      else {
68          for (int v = 0; v < N; ++v) {
69              if (dist[v] < INF) cout << dist[v] << endl;
70              else cout << "INF" << endl;
71          }
72      }
73  }
```

### 14.5.3 贝尔曼 – 福特算法的正确性（∗）

本节将证明"在不包含从起点 $s$ 可达的负环的图中, 算法最多通过 $|V|-1$ 次迭代后收敛"以及"在包含从起点 $s$ 可达的负环的图中, 在第 $|V|$ 次迭代时必然会发生更新"。

首先, 在不包含从起点可达的负环的图中, 求解最短路径问题等同于求解最短通路问题。通路与路径不同, 它不允许同一个顶点被经过两次以上。考虑不包含从起点可达的负环的图上的最短路径时, 没有必要进行重复经过同一顶点的无效移动。更准确地说, 即使从路径中移除包含的环以形成通路, 其长度也不会增加（见图 14.8）。因此, 如果图不包含负环, 我们可以将最短路径问题的考虑对象仅限于通路。换句话说, 我们只需考虑路径中包含的边数最多为 $|V|-1$ 的路径。这意味着在贝尔曼 – 福特算法中, 通过最多重复 $|V|-1$ 次"对每条边进行一次松弛处理", 就可以求得从起点 $s$ 到所有可达顶点的最短路径长度。

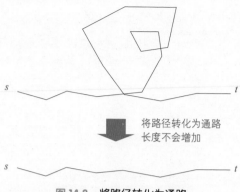

将路径转化为通路
长度不会增加

**图 14.8　将路径转化为通路**

接下来，我们将证明，如果存在从起点 $s$ 可达的负环，则在第 $|V|$ 次迭代时必定发生更新。设可达负环 $P$ 的各个顶点为 $v_0$, $v_1$, $\cdots$, $v_{k-1}$, $v_0$。假设对于 $P$ 中的每条边都没有进行更新，则

$$l(P) = \sum_{i=0}^{k-1} l\big((v_i, v_{i+1})\big) \qquad (\text{假设 } v_k = v_0)$$
$$\geqslant \sum_{i=0}^{k-1} \big(d[v_{i+1}] - d[v_i]\big)$$
$$= 0$$

成立。这与 $P$ 是负环的假设相矛盾。因此，如果存在从起点 $s$ 可达的负环，则在第 $|V|$ 次迭代时必定发生更新。

## 14.6 ● 单源最短路径问题：迪杰斯特拉算法

在贝尔曼 - 福特算法中，我们考虑了包含负边的图。然而，当我们知道所有边的权重都是非负的时候，存在更高效的解决方法。本节将介绍的迪杰斯特拉（Dijkstra）算法就是这样一种算法。

### 14.6.1　两种类型的迪杰斯特拉算法

迪杰斯特拉算法的计算复杂度取决于实现它的数据结构。本节将介绍两种类型的迪杰斯特拉算法。

- 在简单实现的情况下，计算复杂度为 $O(|V|^2)$ 的算法。
- 使用堆（见 10.7 节）的情况下，计算复杂度为 $O(|E|\log|V|)$ 的算法。

在稠密图（$|E|=\Theta(|V|^2)$）中使用计算复杂度为 $O(|V|^2)$ 的算法更为有利，在稀疏图（$|E|=O(|V|)$）中使用计算复杂度为 $O(|E|\log|V|)$ 的算法更为有利。在任何情况下，它们都优于计算复杂度为 $O(|E||V|)$ 的贝尔曼－福特算法[①]。

## 14.6.2 简单的迪杰斯特拉算法

我们首先介绍在简单实现的情况下，计算复杂度为 $O(|V|^2)$ 的迪杰斯特拉算法。关于使用堆的计算复杂度为 $O(|E|\log|V|)$ 的算法，我们将在 14.6.5 节中详细解释。迪杰斯特拉算法是基于第 7 章讨论的贪婪法的算法。正如我们多次提到的那样，在不一定是有向无环图的一般图中，很难预先确定适当的边松弛顺序。但实际上，当每条边都为非负时，在动态更新最短路径长度的估计值 $d[v]$ 的过程中，应该进行松弛操作的顶点顺序会自动确定。

迪杰斯特拉算法管理已确定存在最短路径的顶点集合 $S$。在迪杰斯特拉算法开始时，会进行以下初始化：

- $d[s] = 0$
- $S = \{s\}$

请注意，对于包含在 $S$ 中的顶点 $v$，其 $d[v]$ 值已经收敛到真正的最短路径长度 $d^*[v]$。在每次迭代中，尚未包含在 $S$ 中且具有最小 $d[v]$ 值的顶点 $v$ 会受到关注。实际上，在这样的顶点 $v$ 中，$d[v] = d^*[v]$ 成立（稍后会展示）。然后，将顶点 $v$ 插入 $S$，并对以顶点 $v$ 为起点的每条边进行松弛。重复以上处理，直到所有顶点都被插入 $S$ 为止（见图 14.9）。

以上过程可以像程序 14.3 一样实现。在实现中，为有效管理顶点 $v$ 是否包含在 $S$ 中，我们使用了 `std::vector<bool>` 类型的变量 `used`。对于每个顶点 $v$，`used[v] == true` 表示 $v \in S$。同时，此时 $v$ 被标记为 "已使用"。程序 14.3 的计算复杂度主要由每次迭代（$O(|V|)$ 次）中对 `dist` 值最小的顶点进行线性搜索的部分（$O(|V|)$）构成，总体的计算复杂度为 $O(|V|^2)$。

---

[①] 已知通过进一步的优化，可以将计算复杂度降低到 $O(|E|+|V|\log|V|)$，这使得该算法在稠密图和稀疏图中都能达到渐近的高速性能。然而，在实际应用中，它被认为是较慢的。请参阅推荐书目 [9] 中关于斐波那契堆的内容。

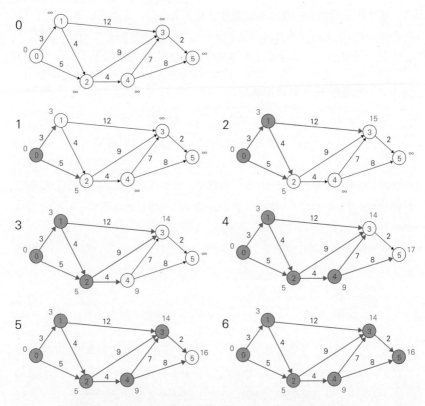

图 14.9 迪杰斯特拉算法的执行示例。解决以顶点 0 为起点的最短路径问题。在每个步骤中，已使用的顶点集合 S 和完成松弛的边被标为红色。例如，在第 2 步结束时，未包含在已使用的顶点集合 S 中的顶点有 4 个：顶点 2（dist[2] = 5）、顶点 3（dist[3] = 15）、顶点 4（dist[4] = ∞）、顶点 5（dist[5] = ∞）。dist 值最小的是顶点 2，因此在第 3 步中将顶点 2 插入 S，并对以顶点 2 为起点的每条边进行松弛

**程序 14.3** 迪杰斯特拉算法的实现

```
1    #include <iostream>
2    #include <vector>
3    using namespace std;
4
5    // 表示无穷大的值
6    const long long INF = 1LL << 60; // 使用足够大的值（这里取 2^60）
7
8    // 表示边的类型，在这里将权重表示为 long long 类型
9    struct Edge {
10       int to; // 相邻顶点编号
11       long long w; // 权重
```

```
12        Edge(int to, long long w) : to(to), w(w) {}
13    };
14
15    // 表示加权图的类型
16    using Graph = vector<vector<Edge>>;
17
18    // 执行松弛的函数
19    template<class T> bool chmin(T& a, T b) {
20        if (a > b) {
21            a = b;
22            return true;
23        }
24        else return false;
25    }
26
27    int main() {
28        // 顶点数、边数、起点编号
29        int N, M, s;
30        cin >> N >> M >> s;
31
32        // 图
33        Graph G(N);
34        for (int i = 0; i < M; ++i) {
35            int a, b, w;
36            cin >> a >> b >> w;
37            G[a].push_back(Edge(b, w));
38        }
39
40        // 迪杰斯特拉算法
41        vector<bool> used(N, false);
42        vector<long long> dist(N, INF);
43        dist[s] = 0;
44        for (int iter = 0; iter < N; ++iter) {
45            // 寻找 "已使用" 的顶点中 dist 值最小的顶点
46            long long min_dist = INF;
47            int min_v = -1;
48            for (int v = 0; v < N; ++v) {
49                if (!used[v] && dist[v] < min_dist) {
50                    min_dist = dist[v];
51                    min_v = v;
52                }
53            }
54
55            // 如果找不到这样的顶点，则结束
56            if (min_v == -1) break;
57
58            // 对以 min_v 为起点的每条边进行松弛
59            for (auto e : G[min_v]) {
60                chmin(dist[e.to], dist[min_v] + e.w);
61            }
62            used[min_v] = true; // 将 min_v 标记为 "已使用"
63        }
64
```

```
65        // 输出结果
66        for (int v = 0; v < N; ++v) {
67            if (dist[v] < INF) cout << dist[v] << endl;
68            else cout << "INF" << endl;
69        }
70    }
```

### 14.6.3 迪杰斯特拉算法的直观印象

　　下面描述迪杰斯特拉算法的直观印象。正如在 14.3 节中所看到的那样，我们可以将迪杰斯特拉算法的过程想象成"拉紧绳子的操作"（见图 14.10）来思考。假设将顶点 $s$ 固定，然后用右手捏住从 $s$ 出发的绳子，慢慢地向右移动。

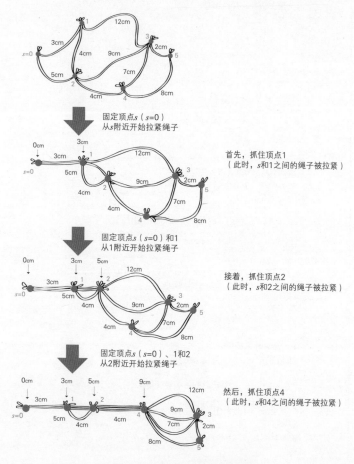

**图 14.10　迪杰斯特拉算法的过程**

例如，在图 14.10 中，想象一下顶点 $s$、1、2 被固定的瞬间（从上往下数第 3 个图）。这时，$s$ 和 1 与 $s$ 和 2 之间的绳子已经被拉紧。接着，从顶点 2 的位置开始，逐渐将"右手的提钮"向右移动。接下来被固定的是顶点 4（从上往下数第 4 个图）。这一瞬间，$s$ 和 4 之间的绳子也被拉紧。我们可以将迪杰斯特拉算法看作"按顺序从左到右逐步拉紧顶点之间绳子"的操作，并将其作为算法实现。

### 14.6.4 迪杰斯特拉算法的正确性（＊）

将迪杰斯特拉算法的步骤与"拉紧绳子的操作"对应起来，我们可以得到表 14.2 所示的结果。

表 14.2 迪杰斯特拉算法的步骤与"拉紧绳子的操作"的对应关系

| 迪杰斯特拉算法的步骤 | 拉紧绳子的操作 |
| --- | --- |
| 搜索未使用的顶点中 $d[v]$ 最小的顶点 $v$ | 顶点 $v$ 被"右手的提钮"抓住 |
| 对以 $v$ 为起点的每条边进行松弛操作 | 将"右手的提钮"向右移动，从而拉紧顶点 $v$ 和其他顶点之间的绳子 |

我们将通过数学归纳法证明迪杰斯特拉算法的正确性（对于未使用的顶点中 $d[v]$ 最小的顶点 $v$，$d[v]=d^*[v]$ 成立）。具体来说，在迪杰斯特拉算法的每个阶段，我们假设所有已使用的顶点 $u$ 满足 $d[u]=d^*[u]$，然后取未使用的顶点中 $d[v]$ 最小的顶点 $v$，证明在这种情况下 $d[v]=d^*[v]$ 同样成立。

假设从起点 $s$ 到顶点 $v$ 的最短路径为 $P$，并在 $P$ 中将 $v$ 的前一个顶点标记为 $u$。我们将考虑 $u$ 已被使用和未被使用两种情况。

首先，如果顶点 $u$ 已被使用，那么根据归纳法假设，$d[u]=d^*[u]$ 成立。由于算法的步骤保证边 $(u, v)$ 的松弛已经完成，因此 $d[v] \leqslant d^*[u]+l(e)=d^*[v]$ 成立。由此得出 $d[v]=d^*[v]$。

接下来，考虑顶点 $u$ 未被使用的情况。在路径 $P$ 中，从 $s$ 开始依次遍历，将遇到的第一个未被使用的顶点记为 $x$（见图 14.11）。此时，根据前述论证，可得 $d[x]=d^*[x]$。

另外，请注意，在从 $s$ 到 $v$ 的最短路径 $P$ 上，即使将从 $s$ 到 $x$ 的部分截取出来，这部分依然是从 $s$ 到 $x$ 的最短路径。这里，由于图 $G$ 中每条边的权重都是非负的，因此 $d^*[x] \leqslant d^*[v]$ 成立。进一步地，由于在未使用的顶点中，$d$ 值最小的顶点是 $v$，因此 $d[v] \leqslant d[x]$。

综上所述，$d[v] \leqslant d[x]=d^*[x] \leqslant d^*[v]$ 成立，从而得出 $d[v]=d^*[v]$。

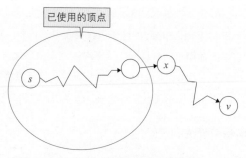

图 14.11　迪杰斯特拉算法的证明

## 14.6.5　利用堆实现加速（＊）

我们之前实现了计算复杂度为 $O(|V|^2)$ 的迪杰斯特拉算法。接下来，我们将实现使用堆的、计算复杂度为 $O(|E|\log|V|)$ 的迪杰斯特拉算法。在图是稀疏图的情况下（可以认为 $|E|=O(|V|)$），其计算复杂度为 $O(|V|\log|V|)$。相较于 $O(|V|^2)$，我们实现了加速。然而，在图是稠密图的情况下（可以认为 $|E|=\Theta(|V|^2)$），其计算复杂度可能为 $\Theta(|V|^2\log|V|)$。在这种情况下，使用计算复杂度为 $O(|V|^2)$ 的简单迪杰斯特拉算法速度更快。

在程序 14.3 所展示的迪杰斯特拉算法中，可以通过堆进行优化的部分如下。

> **可加速迪杰斯特拉算法的部分**
>
> 在未使用的顶点 $v$ 中，找出具有最小 $d[v]$ 值的顶点的部分。

程序 14.3 通过线性搜索（见 3.2 节）实现了这一部分的处理。下面我们将使用堆（见 10.7 节）来实现表 14.3 所示的处理。堆的每个元素由以下两个部分组成。

- 未使用的顶点 $v$。
- 顶点 $v$ 的 $d[v]$ 值。

我们以 $d[v]$ 为键值。堆通常会获取键值最大的元素，在这里我们将其更改为获取键值最小的元素。整理成表 14.3 的形式后，确实可以看出获取最小 $d$ 值的部分得到了加速。然而，作为代价，每条边的松弛操作将花费更多的时间。最终，这部分成了瓶颈，整体的计算复杂度为 $O(|E|\log|V|)$。

表 14.3　堆在迪杰斯特拉算法中的应用

| 必要处理 | 方 法 | 计算复杂度 | 优化前的计算复杂度 |
|---|---|---|---|
| 从未使用的顶点中取出 $d[v]$ 值最小的顶点 | 移除堆的根并调整堆 | $O(\log|V|)$ | $O(|V|)$ |
| 对边 $e=(u, v)$ 进行松弛操作 | 若 $d[v]$ 值有更新，反映在堆中 | $O(\log|V|)$ | $O(1)$ |

最后，执行更改 $d[v]$ 值的处理[①]。一种可行的方法是扩展堆的功能，使其能够对堆中的特定元素进行随机访问，并允许更改其键值。更改键值后，需要调整堆以满足堆的条件。由于需要整理堆，因此计算复杂度为 $O(\log|V|)$。虽然许多书介绍了这种方法，但它的实现相当复杂。

这里介绍一种无须扩展堆功能就能实现变更的简易方法。这个方法不是更新堆中的键值 $d[v]$，而是将更新后的 $d[v]$ 值作为新元素插入堆中。这样，堆中可能存在针对同一顶点 $v$ 的多种元素，例如 $(v, d_1[v])$、$(v, d_2[v])$。但是，从堆中提取的元素将是其中 $d[v]$ 值最小且最新的。$d[v]$ 值较旧的元素只会作为"垃圾"残留在堆中，因此没有问题。让人担忧的点是，堆中含有大量垃圾可能导致计算复杂度提高。然而，由于边的松弛次数是 $|E|$ 次，堆最大为 $|E|$，而 $|E| \leq |V|^2$，因此 $\log|E| \leq 2\log|V|$，故堆的查询处理的计算复杂度最终为 $O(\log|V|)$。综上所述，即使使用包含垃圾的堆，也不会恶化计算复杂度。

考虑了以上改进后，迪杰斯特拉算法的实现如程序 14.4 所示。在这里，我们使用 C++ 标准库中的 std::priority_queue 作为堆。std::priority_queue 默认情况下取最大值，我们已指定其取最小值。此外，当从堆中取出顶点 $v$ 时，如果它是垃圾，我们要注意顶点 $v$ 处于"已使用"状态。因此，我们检查从堆中取出的元素是否为垃圾，如果是，则省略以顶点 $v$ 为起点的每条边的松弛（第 60 行）。

实现迪杰斯特拉算法的程序 14.4 与 13.5 节中实现广度优先搜索的程序 13.3 有相似之处。实际上，除了第 60 行的垃圾处理，程序 14.4 只是将广度优先搜索中的 std::queue 更改为 std::priority_queue。这表明迪杰斯特拉算法是一种优先考虑较小距离的搜索。这种搜索有时也被称为最佳优先搜索。

---

① 请注意，10.7 节介绍的堆的实现，并不支持更改堆中特定元素的键值的处理。

**程序 14.4 使用堆的迪杰斯特拉算法的实现**

```
1    #include <iostream>
2    #include <vector>
3    #include <queue>
4    using namespace std;
5
6    // 用于表示无穷大的值（在此处为 2⁶⁰）
7    const long long INF = 1LL << 60;
8
9    // 表示边的类型，这里假定权重的类型为 long long 型
10   struct Edge {
11       int to; // 相邻顶点编号
12       long long w; // 权重
13       Edge(int to, long long w) : to(to), w(w) {}
14   };
15
16   // 表示加权图的类型
17   using Graph = vector<vector<Edge>>;
18
19   // 执行松弛的函数
20   template<class T> bool chmin(T& a, T b) {
21       if (a > b) {
22           a = b;
23           return true;
24       }
25       else return false;
26   }
27
28   int main() {
29       // 顶点数、边数、起点编号
30       int N, M, s;
31       cin >> N >> M >> s;
32
33       // 图
34       Graph G(N);
35       for (int i = 0; i < M; ++i) {
36           int a, b, w;
37           cin >> a >> b >> w;
38           G[a].push_back(Edge(b, w));
39       }
40
41       // 迪杰斯特拉算法
42       vector<long long> dist(N, INF);
43       dist[s] = 0;
44
45       // 创建一个以 (d[v], v) 对作为元素的堆
46       priority_queue<pair<long long, int>,
47                       vector<pair<long long, int>>,
48                       greater<pair<long long, int>>> que;
```

```
49          que.push(make_pair(dist[s], s));
50
51          // 启动迪杰斯特拉算法的迭代
52          while (!que.empty()) {
53              // v: 尚未使用的顶点之一
54              // d: 顶点 v 的键值
55              int v = que.top().second;
56              long long d = que.top().first;
57              que.pop();
58
59              // 如果 d > dist[v], 则 (d, v) 是垃圾
60              if (d > dist[v]) continue;
61
62              // 对以顶点 v 为起点的每条边进行松弛
63              for (auto e : G[v]) {
64                  if (chmin(dist[e.to], dist[v] + e.w)) {
65                      // 如果有更新, 将其插入堆中
66                      que.push(make_pair(dist[e.to], e.to));
67                  }
68              }
69          }
70
71          // 输出结果
72          for (int v = 0; v < N; ++v) {
73              if (dist[v] < INF) cout << dist[v] << endl;
74              else cout << "INF" << endl;
75          }
76  }
```

## 14.7 ● 全点对间最短路径问题：弗洛伊德 – 沃舍尔算法

到目前为止，我们讨论的最短路径问题都是单源最短路径问题，即求解从图上的一个顶点 $s$ 到每个顶点的最短路径长度。现在我们改变一下思路，考虑在整个图上计算所有顶点对之间的最短路径长度，即全点对间最短路径问题。

为了解决全点对间最短路径问题，我们考虑使用基于动态规划的方法。这里介绍的方法被称为弗洛伊德 – 沃舍尔（Floyd-Warshall）算法，其计算复杂度为 $O(|V|^3)$。尽管有点复杂，但为了便于理解，我们将问题定义为以下的子问题。

---

**弗洛伊德 – 沃舍尔算法中的动态规划**

$\mathrm{dp}[k][i][j] \leftarrow$ 当只允许使用顶点 $0, 1, \cdots, k-1$ 作为中继顶点时，从顶点 $i$ 到顶点 $j$ 的最短路径长度。

---

首先，初始条件可以表示为：

$$d[0][i][j]=\begin{cases} 0 & (i=j) \\ l(e) & (边\,e=(i,j)\,存在) \\ \infty & (其他) \end{cases}$$

接下来，我们使用 $dp[k][i][j]$ （$i=0,\cdots,|V|-1$, $j=0,\cdots,|V|-1$）的值来更新 $dp[k+1][i][j]$ （$i=0,\cdots,|V|-1$, $j=0,\cdots,|V|-1$）的值。这可以通过考虑以下两种情况来完成（见图 14.12）。

- 不使用新的可用顶点 $k$：$dp[k][i][j]$。
- 使用新的可用顶点 $k$：$dp[k][i][k]+dp[k][k][j]$。

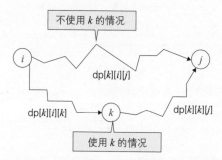

**图 14.12　弗洛伊德 - 沃舍尔算法的更新过程**

在这两种选择中，采用值较小的。通过以上分析，我们得知动态规划过程中的更新方式为：

$$dp[k+1][i][j]=\min(dp[k][i][j],\, dp[k][i][k]+dp[k][k][j])$$

将以上过程实现为程序，可以写成类似于程序 14.5 的形式。这里，实际上并不需要将数组 dp 设置为三维数组，可以原地（in-place）实现从 $k$ 到 $k+1$ 的更新。此外，程序 14.5 的核心部分仅占用第 26~29 行的 4 行代码。可以看出，它可以非常简洁地实现[①]。通过弗洛伊德 - 沃舍尔算法，我们还可以判断是否存在负环。如果存在顶点 $v$ 使得 $dp[v][v]<0$，则说明存在负环。

---

① 关于弗洛伊德 - 沃舍尔算法的核心部分，许多人可能感觉 for 循环的结构与矩阵乘法计算相似。实际上，这部分可以被视为在热带线性代数领域中实现了某种类型的矩阵累乘计算。对此感兴趣的读者可以阅读 L. Pachter 和 B. Sturmfels 所著的 *Algebraic Statistics for Computational Biology* 中的 "Tropical arithmetic and dynamic programming" 一章。

## 程序 14.5 弗洛伊德 – 沃舍尔算法的实现

```cpp
#include <iostream>
#include <vector>
using namespace std;

// 用于表示无穷大的值
const long long INF = 1LL << 60;

int main() {
    // 顶点数、边数
    int N, M;
    cin >> N >> M;

    // dp 数组（使用 INF 进行初始化）
    vector<vector<long long>> dp(N, vector<long long>(N, INF));

    // dp 的初始条件
    for (int e = 0; e < M; ++e) {
        int a, b;
        long long w;
        cin >> a >> b >> w;
        dp[a][b] = w;
    }
    for (int v = 0; v < N; ++v) dp[v][v] = 0;

    // dp 的转移（弗洛伊德 - 沃舍尔算法）
    for (int k = 0; k < N; ++k)
        for (int i = 0; i < N; ++i)
            for (int j = 0; j < N; ++j)
                dp[i][j] = min(dp[i][j], dp[i][k] + dp[k][j]);

    // 输出结果
    // 如果 dp[v][v] < 0，则存在负环
    bool exist_negative_cycle = false;
    for (int v = 0; v < N; ++v) {
        if (dp[v][v] < 0) exist_negative_cycle = true;
    }
    if (exist_negative_cycle) {
        cout << "NEGATIVE CYCLE" << endl;
    }
    else {
        for (int i = 0; i < N; ++i) {
            for (int j = 0; j < N; ++j) {
                if (j) cout << " ";
                if (dp[i][j] < INF/2) cout << dp[i][j];
                else cout << "INF";
            }
            cout << endl;
        }
    }
}
```

## 14.8 ● 参考：势能和差分约束系统（*）

我们将为对最短路径算法的理论背景感兴趣的读者补充说明"势能"这一概念。我们回想一下图 14.4 中展示的拉紧绳子的问题。在不是所有顶点间绳子都被拉紧的情况下，可以认为顶点之间可能存在的位置关系为势能。更准确地说，当每个顶点 $v$ 都有一个确定的值 $p[v]$ 时，对于任意的边 $e = (u, v)$，满足

$$p[v] - p[u] \leq l(e)$$

的 $p$ 被称为势能。

关于势能，以下命题成立。这意味着，求解以 $p$ 作为势能的 $p[v] - p[s]$ 的最大值的问题，实际上是求解从起点 $s$ 到顶点 $v$ 的最短路径长度问题的对偶问题（dual problem）[①]。

---

**最短路径问题的最优性证据**

假设从顶点 $s$ 到达顶点 $v$ 是可行的。在这种情况下，下式成立。

$$d^*[v] = \max\{p[v] - p[s] \mid p \text{ 是势能}\}$$

---

利用这种对偶性，我们发现可以构建适当的图并应用最短路径算法来解决差分约束系统（system of difference constraints）的优化问题，其形式如下。

---

最大化　$x_t - x_s$

条件　$x_{v_1} - x_{u_1} \leq d_1$

　　　$x_{v_2} - x_{u_2} \leq d_2$

　　　...

　　　$x_{v_m} - x_{u_m} \leq d_m$

---

现在，我们证明上述性质。首先，对于从起点 $s$ 到顶点 $v$ 的任意路径 $P$，下式成立。

$$l(P) = \sum_{e:P \text{的边}} l(e) \geq \sum_{e:P \text{的边}} (p[e \text{的终点}] - p[e \text{的起点}]) = p[v] - p[s]$$

由于这对于任意路径 $P$ 和势能 $p$ 都成立，特别是当选择路径 $P$ 为从顶点 $s$

---

[①] 本书省略了对偶问题的定义，对此感兴趣的读者可以参考推荐书目 [18]、[22]、[23]。

到顶点 $v$ 的最短路径时，我们可以得出：

$$d^*[v] \geq \max\{p[v]-p[s]|p \text{ 是势能}\}$$

由于 $d^*$ 本身也是势能，因此下式成立。

$$d^*[v]=d^*[v]-d^*[s] \leq \max\{p[v]-p[s]|p \text{ 是势能}\}$$

综上所述，得出：

$$d^*[v]=\max\{p[v]-p[s]|p \text{ 是势能}\}$$

这个关系得到了证明。

## 14.9 ● 小结

在本章中，我们总结了解决图上最短路径问题的一些经典方法。在此过程中，我们运用了之前介绍的动态规划（第 5 章）、贪婪法（第 7 章）、图搜索（第 13 章）以及堆（10.7 节）等各种算法设计技巧和数据结构。最短路径问题不仅在实际中具有重要意义，而且在理论上占有重要地位。

● ● ● ● ● ● ● ● ● **思考题** ● ● ● ● ● ● ● ● ●

**14.1** 给定一个不含有向环的有向图 $G=(V, E)$。请设计一个计算复杂度为 $O(|V|+|E|)$ 的算法，找到 $G$ 中最长有向路径的长度。（来源：AtCoder Education DP Contest G-Longest Path，难易度 ★ ★ ★ ☆ ☆）

**14.2** 给定一个带权重的有向图 $G=(V, E)$，其中 $V=\{0, 1, \cdots, N-1\}$。求解从图 $G$ 上的顶点 0 到顶点 $N-1$ 的最长路径长度。如果长度可以无限大，请输出 inf。（来源：AtCoder Beginner Contest 061 D-Score Attack，难易度 ★ ★ ★ ☆ ☆）

**14.3** 给定有向图 $G=(V, E)$ 和两个顶点 $s, t \in V$。找出从 $s$ 到 $t$ 的路径中，长度为 3 的倍数的最小可能值。（来源：AtCoder Beginner Contest 132 E-Hopscotch Addict，难易度 ★ ★ ★ ☆ ☆）

**14.4** 给定一个 $H \times W$ 的地图，其中 "."表示通路，"#"表示墙。从起点 $s$ 出发，可以在上下左右移动，目标是到达终点 $g$。现在，我们希望通过破坏一些 "#"来使得从 $s$ 到 $g$ 可达。请设计一个计算复杂度为 $O(HW)$ 的算法，找到需要破坏的 "#"的最小数量。（来源：AtCoder Regular Contest 005 C-器物损坏! 高桥，难易度 ★ ★ ★ ☆ ☆）

```
1  | 10 10
2  | s........
3  | #########.
4  | #.......#.
5  | #..####.#.
6  | ##....#.#.
7  | #####.#.#.
8  | g##.#.#.#.
9  | ###.#.#.#.
10 | ###.#.#.#.
11 | #.....#...
```

**14.5** 给定正整数 $K$。请设计一个计算复杂度为 $O(K)$ 的算法，找到 $K$ 的倍数中，以十进制表示的各位数字之和的最小值。（来源：AtCoder Regular Contest 084 D-Small Multiple，难易度★★★★★）

# 第 15 章

# 图（3）：最小生成树问题

本章涉及网络设计中的一个基本问题，即最小生成树问题。若我们想通过通信电缆连接几个通信站点，以确保所有建筑物之间都可以进行通信，最小生成树问题探讨的就是如何以最小的成本实现这一目标。

在本章中，我们将介绍解决最小生成树问题的克鲁斯卡尔算法。克鲁斯卡尔算法基于第 7 章介绍的贪婪法。在第 7 章中，我们提到贪婪法能够解决具有良好内在性质的问题，从而导出最优解。最小生成树问题正是这样一类问题，它蕴藏着非常深刻而美丽的理论。在本章中，我们将浅析这种美丽的结构。

## 15.1 ● 最小生成树问题是什么

考虑一个连通的加权无向图 $G=(V, E)$。在本章中，我们将图的每条边的权重表示为 $w(e)$。生成树（spanning tree）是图 $G$ 的一个子图，它属于树且连接了 $G$ 的所有顶点。生成树 $T$ 的权重是指该生成树包含的每条边 $e$ 的权重 $w(e)$ 的总和，表示为 $w(T)$。

本章将介绍的最小生成树问题旨在找到权重最小的生成树（见图 15.1）。我们可以将这个问题理解为，在希望通过电缆连接 $N$ 个地点时，寻找一种以最短长度的电缆连接所有地点的方式。

> **最小生成树问题**
>
> 给定一个连通的加权无向图 $G=(V, E)$，求解其生成树 $T$ 的最小权重 $w(T)$。

例如，对于图 15.1 所示的图，答案是 31。

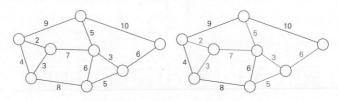

图 15.1　最小生成树问题

## 15.2 ● 克鲁斯卡尔算法

实际上，最小生成树问题可以通过简单的贪婪法获得最优解。这就是所谓的克鲁斯卡尔（Kruskal）算法[1]。

---

**求解最小生成树的克鲁斯卡尔算法**

将边集合 $T$ 设为空集合

将每条边按照权重从小到大的排序，表示为 $e_0, e_1, \cdots, e_{M-1}$

对于每个 $i = 0, 1, \cdots, M-1$：

　　如果将边 $e_i$ 添加到 $T$ 中会形成环：

　　　　则丢弃边 $e_i$

　　如果不形成环：

　　　　将边 $e_i$ 添加到 $T$ 中

最终，$T$ 就是所求的最小生成树

---

克鲁斯卡尔算法的执行步骤如下（参考图 15.2）。

初始状态：将边集合 $T$ 设为空集。

步骤 1：将权重最小的边（连接顶点 4 和顶点 6 的边，权重为 2）添加到 $T$ 中。

步骤 2：第二小的边的权重为 3。有两条权重为 3 的边，将它们添加到 $T$ 中。

步骤 3：接下来权重最小的边（连接顶点 1 和顶点 4 的边）的权重为 4。但将这条边添加到 $T$ 中会形成环路，所以舍弃该边。

步骤 4：接下来权重最小的边的权重为 5。有两条权重为 5 的边，将它们添加到 $T$ 中。

步骤 5：接下来权重最小的边的权重为 6。有两条权重为 6 的边，将其中一

---

① 求解最小生成树的算法不仅仅有克鲁斯卡尔算法，还有普里姆算法等多种不同的算法。

条边（连接顶点 0 和顶点 5 的边）添加到 T 中。由于将另一条边（连接顶点 3 和顶点 7 的边）添加到 T 中会形成环路，因此将其舍弃。

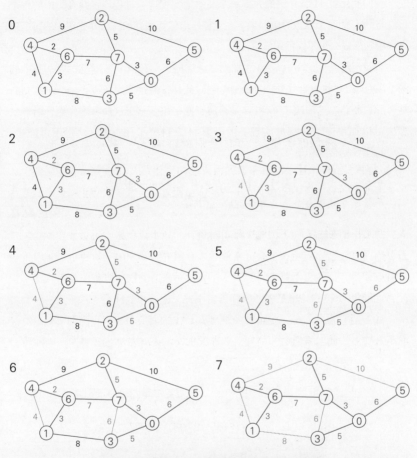

图 15.2　解决最小生成树问题的克鲁斯卡尔算法

步骤 6：接下来权重最小的边的权重为 7。将权重为 7 的边（连接顶点 6 和顶点 7 的边）添加到 T 中。此时，T 已成为最小生成树。

步骤 7：依次检查剩余的边，由于将这些边添加到 T 中都会形成环路，因此将它们舍弃。

## 15.3 ● 克鲁斯卡尔算法的实现

我们暂不证明克鲁斯卡尔算法的正确性，而是先尝试实现克鲁斯卡尔算法。

首先，将图 G 的所有边按边的权重从小到大进行排序。然后，按权重从小到大的顺序将边加入 T 中，如果加入新边会形成环路，则将其舍弃。

我们使用第 11 章介绍的并查集来高效地实现这一过程。将并查集中的每个顶点与图 G 的每个顶点对应起来。在克鲁斯卡尔算法开始时，并查集中的每个顶点都单独形成一个不同的组。

当我们将新的边 $e=(u, v)$ 添加到集合 T 时，对顶点 $u, v$ 对应的并查集中的两个顶点 $u', v'$ 执行合并处理 unite($u', v'$)。此外，通过添加新边 $e=(u, v)$ 来判断是否形成环路，这取决于 $u'$ 和 $v'$ 是否属于同一组。基于这些考虑，克鲁斯卡尔算法可以如程序 15.1 那样实现。由于第 11 章讲解了并查集，这里不再详述。算法的计算复杂度如下。

- 按照权重从小到大对边进行排序的部分：$O(|E|\log|V|)$。
- 按顺序处理每条边的部分：$O(|E|\alpha(|V|))$。

因此，总体的计算复杂度为 $O(|E|\log|V|)$。

**程序 15.1　克鲁斯卡尔算法的实现**

```
1   #include <iostream>
2   #include <vector>
3   #include <algorithm>
4   using namespace std;
5
6   // 省略了并查集的实现
7
8   // 边 e=(u, v) 表示为 {w(e), {u, v}}
9   using Edge = pair<int, pair<int, int>>;
10
11  int main() {
12      // 输入
13      int N, M; // 顶点数和边数
14      cin >> N >> M;
15      vector<Edge> edges(M); // 边集合
16      for (int i = 0; i < M; ++i) {
17          int u, v, w; // w 是权重
18          cin >> u >> v >> w;
19          edges[i] = Edge(w, make_pair(u, v));
20      }
21
22      // 按照权重从小到大对边进行排序
23      // pair 默认按照（第一元素，第二元素）的字典顺序比较
24      sort(edges.begin(), edges.end());
25
26      // 克鲁斯卡尔算法
```

```
27        long long res = 0;
28        UnionFind uf(N);
29        for (int i = 0; i < M; ++i) {
30            int w = edges[i].first;
31            int u = edges[i].second.first;
32            int v = edges[i].second.second;
33
34            // 如果添加边(u, v)会形成环路，则不添加
35            if (uf.issame(u, v)) continue;
36
37            // 添加边(u, v)
38            res += w;
39            uf.unite(u, v);
40        }
41        cout << res << endl;
42    }
```

## 15.4 ● 生成树的结构

克鲁斯卡尔算法是基于贪婪法的算法，但它能求得最优解的原因并不是那么明显。在探究克鲁斯卡尔算法的正确性之前，我们先研究一下生成树所具有的结构。

### 15.4.1 割

我们首先定义图的割（cut）[①]。对于图 $G=(V, E)$，割是指顶点集合 $V$ 的分割 $(X, Y)$，其中 $X$ 和 $Y$ 不能是空集，且必须满足 $X \cup Y = V$ 和 $X \cap Y = \varnothing$。连接 $X$ 中的顶点和 $Y$ 中的顶点的边称为割边（cut edge）[②]，如图 15.3 所示。所有割边的集合称为割集（cut set）。

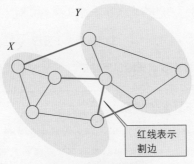

图 15.3　图的割和割边

---

① 割既可以定义在有向图上，也可以定义在无向图上。

② 在有向图中，割边是指以 $X$ 的顶点为起点，以 $Y$ 的顶点为终点的边。

### 15.4.2 基本环路

取一个连通的加权无向图 $G=(V, E)$ 的一棵生成树，记为 $T$。如果从图中取一条不包含在 $T$ 中的边 $e$，那么 $e$ 和 $T$ 会形成一个环路。这个环路称为与 $T$ 和 $e$ 相关的基本环路（见图 15.4）。

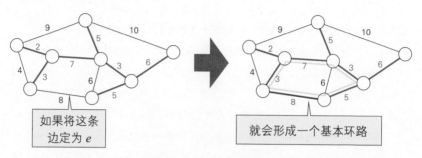

图 15.4　生成树的基本环路

此时，如图 15.5 所示，如果在基本环路上取一个不等于 $e$ 的边 $f$，并令

$$T'=T+e-f$$

那么，$T'$ 将成为一棵新的生成树。

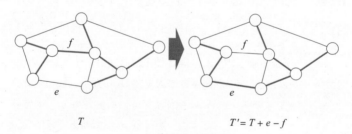

图 15.5　生成树的微小变形

我们可以推导出最小生成树的以下性质。

---

**最小生成树的基本环路的性质**

在一个连通的加权无向图 $G$ 中，设 $T$ 为最小生成树。取图中不属于 $T$ 的一条边 $e$，并将与 $T$ 和 $e$ 相关的基本环路记为 $C$。此时，在 $C$ 所包含的边中，边 $e$ 的权重是最大的。

---

在 $C$ 中，取除 $e$ 之外的任意一条边记为 $f$。这时 $T'=T+e-f$ 也会成为一棵生

成树。由于 $T$ 是最小生成树，因此

$$w(T) \leqslant w(T') = w(T) + w(e) - w(f)$$

由此可以推导出 $w(e) \geqslant w(f)$。

### 15.4.3 基本割集

取最小生成树 $T$ 中的一条边 $e$，并通过移除 $e$ 来分割 $T$，使其分为两个部分，顶点集合分别为 $X$ 和 $Y$。$(X, Y)$ 形成一个割，因此，我们可以考虑随之而产生的割集。这被称为与 $T$ 和 $e$ 相关的基本割集（见图 15.6）。

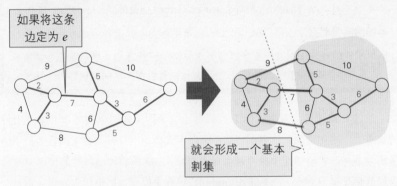

图 15.6 生成树的基本割集

对于基本割集，我们也可以导出与基本环路类似的性质。首先，取基本割集中的一条边 $f$（不等于 $e$），并设 $T'=T-e+f$，这样 $T'$ 也会成为一棵生成树。基于这一点，我们可以导出以下性质。这个性质的证明将作为思考题 15.1。

---

**最小生成树的基本割集的性质**

　　在一个连通的加权无向图 $G$ 中，设 $T$ 为最小生成树。取 $T$ 所包含的一条边 $e$，并将与 $T$ 和 $e$ 相关的基本割集记为 $C$。此时，在 $C$ 所包含的边中，边 $e$ 的权重是最小的。

---

## 15.5 ● 克鲁斯卡尔算法的正确性（＊）

　　我们将基于之前讨论的生成树的特性，探讨克鲁斯卡尔算法的正确性。我们将证明以下性质，这是将最小生成树的最优性以一种易于理解的条件重新表述。

## 最小生成树的最优性条件

给定一个连通的加权无向图 $G=(V, E)$。对于 $G$ 的生成树 $T$，以下两个条件是等价的 [a]。

A：$T$ 是最小生成树。

B：对于任意一条不属于 $T$ 的边 $e$，在与 $T$ 和 $e$ 相关的基本环路中，$e$ 的权重是最大的。

特别地，由于通过克鲁斯卡尔算法得到的生成树满足条件 B，因此它是最小生成树。

---

a   "对于 $T$ 所包含的任意一条边 $e$，在与 $T$ 和 $e$ 相关的基本割集中，$e$ 的权重是最小的"也与这些条件等价。

条件 B 意味着，对生成树 $T$ 进行微小变形而形成的生成树 $T'$ 的权重比 $T$ 的权重大。换句话说，这表示"在一个以生成树为定义域的权重函数的最小值求解问题中，$T$ 位于这个权重函数的最低点"。这样的"局部的最优解"被称为局部最优解（local optimal solution）。一般来说，局部最优解并不一定是全局最优解。如图 15.7 所示，真正的最优解可能位于远处。但是，上述关于最小生成树最优性条件的命题主张，在最小生成树问题中，局部最优解也是全局最优解 [①]。

"A ⇒ B"的情况如上所述。我们将证明"B ⇒ A"也成立。为此，我们需要证明生成树的以下性质。

## 生成树之间边的交换

在一个连通的加权无向图 $G=(V, E)$ 中，设定两棵不同的生成树：$S$ 和 $T$。我们取一条在 $S$ 中但不在 $T$ 中的边 $e$。此时，存在一条在 $T$ 中但不在 $S$ 中的边 $f$，使得 $S'=S-e+f$ 也是一棵生成树。

---

①   如果你对凸分析有所了解，那么你可能会在生成树的这一性质中隐约感受到离散凸性。

条件B意味着生成树$T$位于
最低点

但真正的最优解可能位于此处

图 15.7　局部最优解的示例

如图 15.8 所示，与 $S$ 和 $e$ 相关的基本割集和与 $T$ 和 $e$ 相关的基本环路有两条共有的边，其中一条是边 $e$，我们将另一条边记为 $f$。此时，$f$ 不在 $S$ 中，但在 $T$ 中，并且 $S'=S-e+f$ 也是一棵生成树[①]。

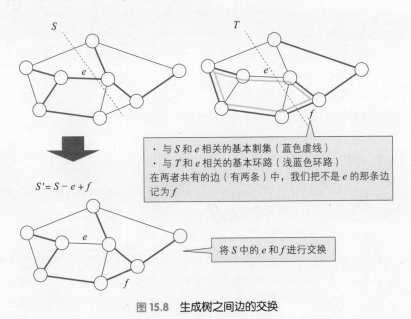

· 与 $S$ 和 $e$ 相关的基本割集（蓝色虚线）
· 与 $T$ 和 $e$ 相关的基本环路（浅蓝色环路）
在两者共有的边（有两条）中，我们把不是 $e$ 的那条边记为 $f$

将 $S$ 中的 $e$ 和 $f$ 进行交换

图 15.8　生成树之间边的交换

--------

① 在这种情况下，$T+e-f$ 也是一棵生成树。

关于"生成树之间边的交换"的命题意味着，当我们将 $T$ 定义为生成树时，通过稍微改变任意的生成树 $S$ 使其成为 $S'$，可以使 $S$ 更接近于 $T$。具体来说，在 $T$ 中但不在 $S$ 中的边的数量（以下我们将其称为 $S$ 和 $T$ 之间的距离）减少了 1。当这个数最终变为 0 时，就会有 $S=T$。

利用这一性质，我们回到最小生成树的最优性条件，证明"B $\Rightarrow$ A"。当我们将 $T$ 定义为满足条件 B 的生成树时，我们需要证明对于任意生成树 $S$，都有 $w(T) \leqslant w(S)$。对于生成树 $S$, $T$，我们选择如"生成树之间边的交换"命题中所示的边 $e$, $f$，并设 $S'=S-e+f$。由于边 $f$ 在与 $T$ 和 $e$ 相关的基本环路上，根据条件 B，以下不等式成立。

$$w(f) \leqslant w(e)$$

因此

$$w(S')=w(S)-w(e)+w(f) \leqslant w(S)$$

注意，$S'$ 与 $T$ 之间的距离比 $S$ 与 $T$ 之间的距离小。因此，通过对 $S'$ 和 $T$ 重复同样的操作，我们可以得到一系列收敛于 $T$ 的生成树 $S$, $S'$, $S''$, $\cdots$, $T$。对于这些树，以下不等式成立。

$$w(S) \geqslant w(S') \geqslant w(S'') \geqslant \cdots \geqslant w(T)$$

因此，当生成树 $T$ 满足条件 B 时，对于任意生成树 $S$，$w(T) \leqslant w(S)$ 成立。

最后，介绍一下本章所讨论的最小生成树问题的深刻理论基础。本章的讨论可以推广到拟阵（matroid）。我们可以将拟阵视为表示离散凸集的概念，还可以将拟阵的概念进一步扩展到 M 凸集合（M-convex set）。对此感兴趣的读者可以通过推荐书目 [18] 等进一步了解离散凸分析（discrete convex analysis）。

## 15.6 ● 小结

在本章中，我们解决了网络设计中的基本问题之一：最小生成树问题。解决最小生成树问题的克鲁斯卡尔算法基于第 7 章介绍的贪婪法，并有效利用了第 11 章介绍的并查集。

最小生成树问题不仅仅是一个图论问题，它拥有非常深刻且美丽的理论基础。能够仅使用生成树的局部特性来描述最小生成树的最优性条件，这无疑显示了最小生成树问题结构的丰富性。第 16 章将要解释的网络流理论也拥有深刻且美丽的理论基础。

**15.1** 请证明 15.4.3 节介绍的"最小生成树的基本割集的性质"（难易度 ★ ★ ☆ ☆ ☆ ）。

**15.2** 给定一个连通的加权无向图 $G = (V, E)$。请设计一个计算复杂度为 $O(|E| log |V|)$ 的算法，求出生成树所包含边的权重的中位数的最小值。（来源：JAG Practice Contest for ACM-ICPC Asia Regional 2012 C-Median Tree，难易度 ★ ★ ★ ★ ☆ ）。

**15.3** 给定一个连通的加权无向图 $G = (V, E)$，$G$ 可能有多棵最小生成树。请设计一个算法，无论考虑哪棵最小生成树，都能找出一定包含在其中的所有边。允许算法的计算复杂度为 $O(|V||E|\alpha(|V|))$。（来源：ACM-ICPC Asia 2014 F-There is No Alternative，难易度 ★ ★ ★ ☆ ）。

第 **16** 章

# 图（4）：网络流

终于要介绍网络流理论了，它可以说是能够以巧妙的方式解决问题的代表。网络流理论在图算法中具有特别流畅和生动的体系，是本书的亮点之一。网络流理论是为了解决运输网络中的交通问题而发展起来的，但它目前已被应用于多种领域的问题，并取得了丰硕的成果。本章将介绍网络流理论的一部分内容。

## 16.1 ● 学习网络流的意义

网络流的一系列问题可以说代表了能够高效地在多项式时间内解决的问题。如第 17 章将要讨论的，世界上许多问题被认为是无法在多项式时间内解决的。能够被高效解决的问题具有有趣的性质和结构，网络流正是这样一种结构的精华所在。此外，网络流还拥有多种应用，如图的连通度（16.2 节）、二部匹配（16.5 节）、项目选择（16.7 节）等。我们在实际工作中遇到的问题，即使看起来像是可以通过网络流来解决的问题，也经常因为特殊的约束条件而变得无法解决。然而，网络流具有一定的灵活性，能够表示一定程度的约束条件，并且在多种场合下适用。就像棒球击球手不应该错过好球一样，算法设计者也不应该错过可以通过网络流高效解决的问题。

本章将重点介绍最大流问题（max-flow problem）和最小割问题（min-cut problem）。需要注意的是，本章虽然主要讨论有向图，但无向图也可以被视为有向图来处理。

## 16.2 ● 图的连通度

在深入最大流问题之前，我们首先考虑图的连通度问题。我们可以将图的连通度问题视为最大流问题的一个特殊情况，即将每条边的容量设为 1（关于容量的更多细节，我们将在 16.3 中进一步讨论）。

## 16.2.1  边连通度

在图 16.1 左侧的图中，从顶点 $s$ 到顶点 $t$ 的、互不共享边的 $s$-$t$ 路径最多有多少条？答案是 2 条，如图 16.1 右侧所示。这个值被称为图中两个顶点（如 $s$ 和 $t$）之间的边连通度（edge-connectivity）。边连通度作为评估图网络稳健性的指标，一直是研究的热点。另外，不共享边的属性称为边不相交（edge-disjoint）。

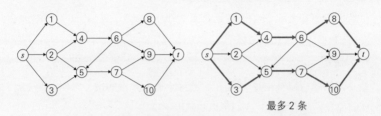

图 16.1  求解边连通度的问题，在这个图中答案是 2

为什么可以断言图 16.1 中 $s$-$t$ 的边连通度是 2 呢？虽然看似明显，但我们需要提供证据。如图 16.2 所示，从集合 $S = \{s, 1, 2, 3, 4, 5\}$ 出发的边只有两条，这便是证明。所有的 $s$-$t$ 路径都需要穿过顶点集合 $S$，因此不可能有超过两条边不相交的 $s$-$t$ 路径。

此外，顶点集合 $V$ 的一个分割 $(S, T)$ 称为割（cut），而一个端点在集合 $S$、一个端点在集合 $T$ 的边的集合称为与割 $(S, T)$ 相关的割集（cutset，参见图 16.2）[1]。割 $(S, T)$ 的容量（capacity）是指割集中的边数，记为 $c(S, T)$。

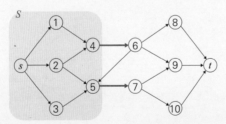

图 16.2  顶点集合 $S = \{s, 1, 2, 3, 4, 5\}$ 和 $T = V - S$ 构成的割集是 $\{(4, 6), (5, 7)\}$。$c(S, T) = 2$，这证明不可能有超过两条 $s$-$t$ 路径。另外，边 $(6, 5)$ 因为方向相反，所以不包含在割集 $(S, T)$ 中，这一点需要注意

## 16.2.2  最小割问题

在图 16.1 所示的图中，我们找到了一个看似达到最大数量的边不相交的 $s$-$t$

---

① 割（cut）在 15.4 节中也出现了。

路径集合，并且幸运地找到了一个能够证明其确实达到最大数量的割集。那么，在一般图中，我们是否也能够幸运地找到看似最大数量的边不相交的 s-t 路径集合的证据性割集呢？这个疑问引出了最小割问题。这里，如果一个割 $(S, T)$ 满足 $s \in S$，$t \in T$，则特别称其为 s-t 割。

---

**最小割问题（边的容量为 1 的情况）**

给定一个有向图 $G=(V, E)$ 以及图中的两个顶点 $s, t$（$s, t \in V$），请找出所有 s-t 割中，容量最小的那个。

---

最小割问题可以被描述为在图 $G$ 上移除最少数量的边，以便切断 $s$ 和 $t$ 之间的所有路径。从直观上，我们可以明确以下事实。

---

**边连通度问题的弱对偶性**

边不相交的 s-t 路径的最大数量小于或等于 s-t 割的最小容量。

---

这种性质可以通过以下方式证明。对于任意一组边不相交的 s-t 路径（假设有 $k$ 条），我们可以考虑任意一个 s-t 割 $(S, T)$。我们需要证明的是 $c(S, T) \geqslant k$。如图 16.3 所示，对于 s-t 割 $(S, T)$，前面提到的 $k$ 条边不相交的 s-t 路径会穿过这个割，所以 s-t 割 $(S, T)$ 中包含的边至少有 $k$ 条。因此，$c(S, T) \geqslant k$ 成立。

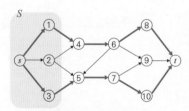 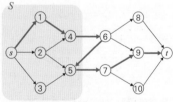

存在两条 s-t 路径，从集合 $S=\{s,1,2,3\}$ 出发的边至少有两条（实际上有 4 条，因此 $c(S,T)=4$）

即使 s-t 路径只有一条，也可能存在一条路径从 $S$ 出发两次或更多次（实际上 $c(S,T)=2$）

**图 16.3** 当存在 $k$ 条边不相交的 s-t 路径时，沿着这些路径从 $S$ 出发的边至少有 $k$ 条。例如，左图中有两条 s-t 路径，每条路径分别从 $S$ 出发一次。除此之外，从 $S$ 出发的边还有两条，因此总共有 4 条，容量 $c(S, T)=4$。而在右图中，只有一条 s-t 路径，但它从 $S$ 出发两次，除此之外没有其他从 $S$ 出发的边，因此 $c(S, T)=2$

这种性质被称为弱对偶性（weak duality）。弱对偶性意味着当存在一个由 $k$ 条边不相交的 $s$-$t$ 路径组成的集合时，如果存在某个 $s$-$t$ 割，其容量正好是 $k$，则以下两个条件成立：

- 边不相交的 $s$-$t$ 路径的最大数量等于 $k$；
- $s$-$t$ 割的最小容量等于 $k$。

在这种情况下，我们实际找到的由 $k$ 条边不相交的 $s$-$t$ 路径组成的集合确实达到了可能的最大规模。此外，边不相交的 $s$-$t$ 路径的最大数量与 $s$-$t$ 割的最小容量是一致的。实际上，以上的性质适用于任何图，这种性质被称为强对偶性（strong duality）。边连通度的问题和最小割问题是彼此的对偶问题[①]。

> **边连通度问题的强对偶性**
>
> 边不相交的 $s$-$t$ 路径的最大数量等于 $s$-$t$ 割的最小容量。

这个定理早在 1927 年就由门格尔（Menger）证明，远早于 1956 年福特（Ford）和富尔克森（Fulkerson）为一般最大流问题设计出解决方案。下面我们将证明门格尔定理，并给出一个实际找到边不相交的 $s$-$t$ 路径的最大集合的算法。

### 16.2.3　求解边连通度的算法和强对偶性的证明

现在我们考虑一个算法，用于在给定有向图 $G=(V, E)$ 和两个顶点 $s$, $t \in S$ 的情况下，找出边不相交的 $s$-$t$ 路径的最大数量。我们可以将这个算法视为 16.4 节将要实现的福特 – 富尔克森方法的一个特例，适用于每条边的容量为 1 的图。

实际上，边不相交的 $s$-$t$ 路径的最大数量可以通过一个基于贪婪法的算法来确定。该算法的核心思想是如果能找到更多的 $s$-$t$ 路径，就继续寻找，当找不到更多的 $s$-$t$ 路径时，算法停止，并且可以保证已经找出最大数量。为了确保已找出最大数量，算法有效地利用了之前提到的最小割问题的对偶性。

然而，简单的贪婪法可能看起来不够有效。例如，在图 16.4 左侧的图中，选择一条特定的 $s$-$t$ 路径后，看似无法再找到更多的 $s$-$t$ 路径。但在这种情况下，可以采取图 16.4 右侧的方法，即利用已经存在的 $s$-$t$ 路径中的边反向流

---

[①]　如 14.8 节所介绍的，最短路径问题和与势能有关的问题之间也存在强对偶性。

动，以此增加新的 s-t 路径。可以认为，互相反向流动的路径中的边是相互抵消的。这样，已存在的 s-t 路径中的边允许反向流动，同时增加新的 s-t 路径，这些新增的路径被称为增广路径（augmenting path）。

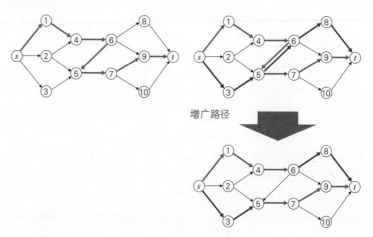

增广路径

图 16.4　左侧展示了一条 s-t 路径，右上方的蓝色路径为增广路径。顶点 5 和 6 之间的边相互抵消，最终留下了两条 s-t 路径

在考虑增广路径时，引入残余图（residual graph）可以提供更清晰的视角。如图 16.5 所示，当选择了一条 s-t 路径时，我们构建一个新图，其中包括路径上每条边的反向边。这就是所谓的残余图。然后我们继续在残余图上寻找 s-t 路径，直到残余图上没有更多的 s-t 路径为止。当残余图上没有更多的 s-t 路径时，可以证明已经达到了最大数量（将在后面详述）。综上所述，求解边连通度的算法可以描述如下。具体的实现方法将在 16.4 节中给出，作为各边容量为一般情况的福特－富尔克森方法的应用。

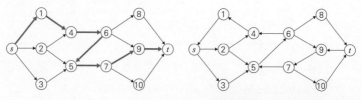

有关左图的 s-t 路径的残余图
（注意可以沿着边 5→6 前进）

图 16.5　残余图的创建方法。在残余图中，可以找到与图 16.4 中展示的增广路径对应的 s-t 路径（$s \to 3 \to 5 \to 6 \to 8 \to t$）

当算法结束时，假设我们得到了 $k$ 条边不相交的 $s$-$t$ 路径 $P_1$, $P_2$, $\cdots$, $P_k$。我们接下来展示如何基于这些路径构建一个容量为 $k$ 的割，从而确定边不相交的 $s$-$t$ 路径的最大数量为 $k$。如图 16.6 所示，在残余图 $G'$ 中，我们将从 $s$ 可达的顶点集合定义为 $S$，且设 $T = V - S$。由于在 $G'$ 上不存在 $s$-$t$ 路径，因此 $s \in S$，$t \in T$。

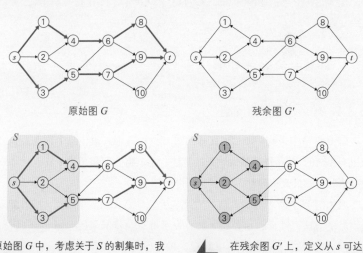

原始图 $G$      残余图 $G'$

$S$

在原始图 $G$ 中，考虑关于 $S$ 的割集时，我们观察到：

· 所有从 $S$ 出发的边都包含在 $s$-$t$ 路径中

· 所有进入 $S$ 的边都不包含在 $s$-$t$ 路径中

在残余图 $G'$ 上，定义从 $s$ 可达的顶点集合为 $S$

**图 16.6**   左上方展示了两条 $s$-$t$ 路径，这些路径达到了最大数量。在残余图 $G'$ 中，我们将从 $s$ 可达的顶点集合定义为 $S$。请注意，通过顶点 4 和 5，可以到达顶点 1 和 3。此时，在原始图 $G$ 中，$c(S, T) = 2$

另外，关于原始图 $G$ 和集合 $S$，以下陈述成立。

· 在原始图 $G$ 中，任何从 $S$ 出发的边 $e = (u, v)$（$u \in S$, $v \in T$）都包含在 $k$ 条

$s$-$t$ 路径 $P_1$, $P_2$, $\cdots$, $P_k$ 中的某一条中。如果不是这样，那么在残余图上也可以从顶点 $s$ 到达顶点 $v$，这与 $v \in T$ 相矛盾。

- 在原始图 $G$ 中，任何进入 $S$ 的边 $e=(u, v)$（$u \in T$, $v \in S$）都不包含在任何一条 $s$-$t$ 路径 $P_1$, $P_2$, $\cdots$, $P_k$ 中。如果包含在其中，那么在残余图上，边的方向会是相反的，这意味着也可以从顶点 $s$ 到达顶点 $u$，这与 $u \in T$ 相矛盾。

由于 $u \in S$, $v \in T$ 的边 $e=(u, v)$ 分别与 $P_1$, $P_2$, $\cdots$, $P_k$ 一一对应，因此 $c(S, T)=k$。这意味着上述算法结束时得到的 $k$ 条边不相交的 $s$-$t$ 路径 $P_1$, $P_2$, $\cdots$, $P_k$ 达到了最大数量。

最后，注意上述算法将在有限次迭代后结束。每次迭代将增加一条边不相交的 $s$-$t$ 路径，因此当边不相交的 $s$-$t$ 路径的最大数量为 $k$ 时，算法将在 $k$ 次迭代后结束。此外，$k$ 的最大值受限于 $O(|V|)$（顶点 $s$ 发出的边的数量最多为 $|V|-1$），每次迭代中找到 $s$-$t$ 路径的过程可以在 $O(|E|)$ 时间内完成，因此整体的计算复杂度为 $O(|V||E|)$。

## 16.3 ● 最大流问题和最小割问题

### 16.3.1 什么是最大流问题

在 16.2 节中，我们展示了在有向图 $G=(V, E)$ 中，对于两个顶点 $s$, $t \in V$，寻找边不相交的 $s$-$t$ 路径的最大数量的算法。本节将介绍每条边 $e$ 具有容量 $c(e)$ 的一般情况下的最大流问题。

例如图 16.7 所示的物流线，考虑从供应地点 $s$ 到需求地点 $t$ 尽可能多地运送物品的方法。然而，每条边 $e$ 都有表示可运输量上限的容量 $c(e)$（$c(e)$ 为整数）。例如，从顶点 1 到顶点 3 可以运输 37 单位的流量，但从顶点 1 到顶点 2 只能运输 4 单位的流量。此外，除顶点 $s$, $t$ 以外的顶点不能阻碍物流。比如对于顶点 3，如果从顶点 $s$ 和顶点 1 获得 $f$ 单位的流量，则必须向顶点 2 和顶点 4 发送 $f$ 单位的流量。在这些约束条件下，最多可以从顶点 $s$ 发送多少单位的流量到顶点 $t$？答案如图 16.7 右侧所示，为 9。

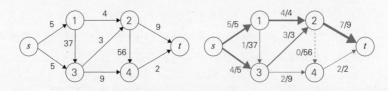

最大流量：9

**图 16.7**　具有容量的有向图中的最大流问题。右侧展示了一个最优解。每条边的流量以红色数字表示。此外，红色箭头的粗细可视化了流量的大小。例如，从顶点 3 到顶点 4 的流量是 2。对于边 $(s, 1)$, $(1, 2)$, $(3, 2)$, $(4, t)$，流量达到了上限并且饱和。其他边的流量有余量

当每条边 $e$ 对应的流量值 $x(e)$ 满足以下条件时，$x$ 被称为流（flow）或可行流。

- 对任意边 $e$，$0 \leqslant x(e) \leqslant c(e)$。
- 对任意非 $s$, $t$ 的顶点 $v$，进入 $v$ 的边 $e$ 对应的 $x(e)$ 的总和与从 $v$ 出发的边 $e$ 对应的 $x(e)$ 的总和相等。

在这种情况下，每条边 $e$ 对应的 $x(e)$ 称为边 $e$ 的流量，从顶点 $s$ 出发的边 $e$ 对应的 $x(e)$ 的总和称为流 $x$ 的总流量。总流量最大的流称为最大流（max-flow），寻找最大流的问题称为最大流问题（max-flow problem）。

### 16.3.2　流的性质

在最大流问题中，各边 $e$ 的容量 $c(e)$ 通常为正整数。因此，我们可以将 16.2 节中关于边连通度的问题看作每条边的容量为 1 的最大流问题。边连通度问题中的"边不相交"条件，相当于在容量为 1 的边上不能流动超过 1 的流量。

流 $x$ 满足以下性质：对于任意满足 $s \in S$, $t \in T$ 的割 $(S, T)$，从 $S$ 到 $T$ 的所有边 $e$ 的流量 $x(e)$ 的总和，减去从 $T$ 到 $S$ 的所有边 $e$ 的流量 $x(e)$ 的总和，得到的值与流 $x$ 的总流量相等（见图 16.8）。虽然这个性质从形式上可以通过流的定义证明，但如果将流想象成水流，那么无论在哪里观察，流量保持一致这一点在直觉上也是令人信服的。

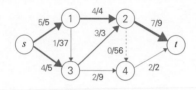

总流量：9

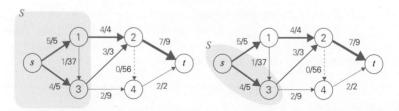

从顶点集合 $S = \{s, 1, 3\}$ 看到的流量是    从顶点集合 $S = \{s, 3\}$ 看到的流量是
$4 + 3 + 2 = 9$                                    $5 - 1 + 3 + 2 = 9$

图 16.8   在总流量为 9 的流中，无论如何选择顶点集合 $S$，从 $S$ 出发的流量减去进入 $S$ 的流量都是 9。特别是在右侧的例子中，进入 $S$ 的流量包括从边 (1, 3) 流入的 1，但由于出发的总流量为 10，因此净流量是 $10-1=9$

### 16.3.3 最小割问题与对偶性

对于求解边连通度的问题，通过考虑其对偶问题——最小割问题，我们能够提供最优解的证明。类似地，对于一般的最大流问题，我们也可以考虑其对偶问题，即有边权重的最小割问题。

首先，考虑在图 16.7 中，如何证明流量为 9 的流是最优解。这可以通过图 16.9 所示的方式来证明，即从顶点集合 $S=\{s, 1, 3, 4\}$ 流出的边的容量总和为 9，这意味着任何流的总流量都不可能超过 9。而我们已经得到了总流量为 9 的流，因此可以确定这是最优解。

这个过程与 16.2 节中关于边连通度问题的处理相似。与边连通度问题一样，我们可以构建以下的最小割问题。在给定容量的图中，$s$-$t$ 割 $(S, T)$ 的容量定义为割 $(S, T)$ 中包含的边 $e$ 的容量 $c(e)$ 的总和，并表示为 $c(S, T)$。

> **最小割问题**
>
> 给定一个具有容量的有向图 $G=(V, E)$ 和两个顶点 $s, t \in V$，请找出所有 $s$-$t$ 割中，容量最小的那个。

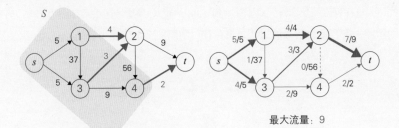

从 S 流出的边的容量总和为 9

**图 16.9** 顶点集合的子集 $S=\{s, 1, 3, 4\}$ 和 $T=V-S$ 的割集包含的边是 $(1, 2)$, $(3, 2)$, $(4, t)$ 这 3 条，它们的容量总和是 9。请注意，这个割集不包括边 $(2, 4)$（因为该边的方向相反）

与边连通度问题一样，以下的强对偶性（称为最大流最小割定理）成立。

---

**最大流最小割定理（强对偶性）**

　　最大流的总流量等于 $s$-$t$ 割的最小容量。

---

　　证明过程与求解边连通度问题的过程完全相同。我们在残余图上重复执行"在找到的 $s$-$t$ 路径上尽可能多地流动流量"这一过程，直到残余图上不再有 $s$-$t$ 路径为止。这种算法称为福特 – 富尔克森方法。假设当福特 – 富尔克森方法执行结束时，我们得到了总流量为 $F$ 的流 $x$。实际上，这时我们可以构建一个 $s$-$t$ 割，其容量正好为 $F$。这样就证明了最大流的总流量和 $s$-$t$ 割的最小容量均等于 $F$。下一节将具体解释福特 – 富尔克森方法。

### 16.3.4　福特 – 富尔克森方法

　　我们针对边连通度问题定义的残余图也可以用于有容量边的图。对于容量为 $c(e)$ 的边 $e=(u, v)$，如果流动了大小为 $x(e)$（$0<x(e)\leqslant c(e)$）的流，则边 $e$ 可以处于以下状态。

- 从 $u$ 到 $v$ 的方向可以进一步流动 $c(e) - x(e)$ 的流量（当 $x(e) = c(e)$ 时无法流动）。
- 从 $v$ 到 $u$ 的方向可以流动一些流以推回流量，最多可以推回 $x(e)$ 的流量。

　　因此，在残余图中，对于每条边 $e=(u, v)$，我们在从 $u$ 到 $v$ 的方向上设置一条容量为 $c(e)-x(e)$ 的边。即使在 $c(e)=x(e)$ 的情况下，也可以设置一条容量为 0

的边，这样可以简化实现。对于从 $v$ 到 $u$ 的方向，如果原始图中不存在边 $e'=(v, u)$，则添加一条容量为 $x(e)$ 的边；如果存在，则添加一条容量为 $c(e')+x(e)$ 的边。这样构建的图被称为残余图（见图 16.10）。

当沿着边 $e = (u, v)$ 流动了 $x(e)$ 的流量时

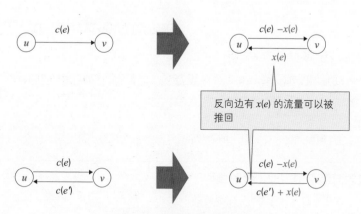

**图 16.10　残余图的构建方法**

然后，我们在残余图上重复找到 $s$-$t$ 路径 $P$，并在 $P$ 上流动流，直到残余图上没有更多的 $s$-$t$ 路径为止。具体来说，我们取路径 $P$ 中包含的边的容量的最小值作为 $f$，并在 $P$ 上流动大小为 $f$ 的流。注意 $f$ 是一个整数。总结起来，求解图 $G=(V, E)$ 的最大流的福特 – 富尔克森方法可以描述如下。图 16.11 展示了福特 – 富尔克森方法的一个执行示例。

---

**求解最大流的福特 – 富尔克森方法**

初始化表示流量的变量 $F$ 为 0（$F \leftarrow 0$）

用原始图 $G$ 初始化残余图 $G'$

当在残余图 $G'$ 中存在 $s$-$t$ 路径 $P$ 时，执行以下操作：

　　将 $f$ 设为路径 $P$ 上所有边的容量的最小值

　　令 $F+=f$

　　在路径 $P$ 上流动大小为 $f$ 的流

　　按照图 16.10 所示的方式更新残余图 $G'$

此时 $F$ 为所求的最大流量

---

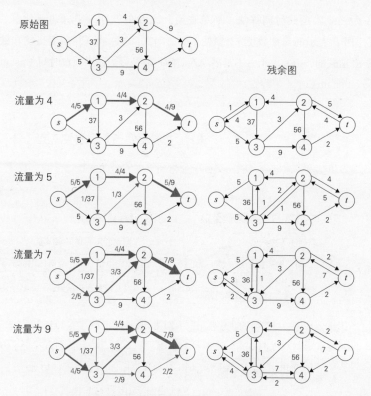

**图 16.11** 福特－富尔克森方法的执行示例。首先，沿着路径 $s \to 1 \to 2 \to t$ 流动流量为 4 的流。此时，残余图变成了右侧的图。接下来，沿着路径 $s \to 1 \to 3 \to 2 \to t$ 流动流量为 1 的流。然后，沿着路径 $s \to 3 \to 2 \to t$ 流动流量为 2 的流。最后，沿着路径 $s \to 3 \to 4 \to t$ 流动流量为 2 的流。这时残余图上已没有 $s$-$t$ 路径。因此，最大流量为 9

　　证明算法结束时 $F$ 达到最大流量的方法与 16.2 节中求解边连通度问题的方法完全相同。在残余图 $G'$ 中，我们将从 $s$ 可达的顶点集合定义为 $S$，并设 $T = V - S$。此时，可以证明割 $(S, T)$ 的容量为 $F$（见图 16.12）。这个割即为算法结束时得到的流是最大流量的证明。

　　此外，福特－富尔克森方法构建流的方式使得最大流在每条边上的流量是整数。这意味着，在最大流问题的最优解中，存在一种方案使每条边的流量为整数。

　　最后，我们评估一下福特－富尔克森方法的计算复杂度。当最大流量为 $F$ 时，每次迭代至少增加 1 的总流量，因此迭代次数可控制在 $F$ 次以内。由于每次迭代的计算复杂度为 $O(|E|)$，因此总体的计算复杂度为 $O(F|E|)$。实际上，这

并不是一个多项式时间算法。简单来说，原因在于 $|V|$ 和 $|E|$ 表示的是"数量"，而 $F$ 表示的是"数值"（参见 17.5.2 节）。这种计算复杂度虽然在数值上是多项式的，但实际上并不是多项式时间，故被称为伪多项式时间（pseudo-polynomial time）。

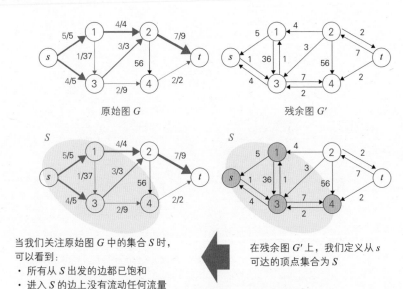

原始图 $G$

残余图 $G'$

当我们关注原始图 $G$ 中的集合 $S$ 时，
可以看到：
- 所有从 $S$ 出发的边都已饱和
- 进入 $S$ 的边上没有流动任何流量

在残余图 $G'$ 上，我们定义从 $s$
可达的顶点集合为 $S$

**图 16.12**　在福特 – 富尔克森方法执行结束时得到的流对应的总流量与一个割的容量相同。在残余图 $G'$ 上，我们将从 $s$ 可达的顶点集合定义为 $S$（$S=\{s, 1, 3, 4\}$）。在原始图 $G$ 中，从 $S$ 出发的边 (1, 2)、(3, 2)、(4, t) 都已经饱和，而进入 $S$ 的边 (2, 4) 上没有流动流量。因此，割 (S, T) 的容量等于得到的流的总流量

　　福特 – 富尔克森方法被提出以后，又出现了许多更快的最大流算法。1970 年，埃德蒙兹 – 卡普（Edmonds-Karp）和迪尼茨（Dinic）分别独立开发了多项式时间算法。2013 年，奥尔林（Orlin）开发了一个计算复杂度为 $O(|V||E|)$ 的算法。对这些算法感兴趣的读者可以参考推荐书目 [19]、[20]、[21] 等了解更多内容。

## 16.4 ● 福特 – 富尔克森方法的实现

　　现在，我们来实现福特 – 富尔克森方法。首先，回想一下如何创建残余图，如图 16.13 所示。请注意，当沿着边 $e=(u, v)$ 流动流时，不仅需要更改边 $e$ 的容量，还需要更改反向边 $e'=(v, u)$ 的容量。在实现上，为方便起见，即使图

$G$ 中不存在边 $e=(u, v)$ 的反向边 $e'=(v, u)$，我们也假设存在容量为 0 的边 $e'=(v, u)$。考虑到以上情况，在实现福特－富尔克森方法时，确保获取每条边 $e=(u, v)$ 的反向边 $e'=(v, u)$ 将成为难点。

当沿着边 $e = (u, v)$ 仅流动 $x(e)$ 的流量时

**图 16.13　残余图的创建方法**

为了应对挑战，我们采取以下方法。另外，对于图 $G$ 中的每个顶点 $v$，我们将以 $v$ 为起点的所有边存储在数组 $G[v]$ 中。

> **获取边 $e=(u, v)$ 的反向边 $e'=(v, u)$ 的方法**
>
> 当接收图 $G$ 的输入时，每当边 $e=(u, v)$ 被插入数组 $G[u]$ 的末尾时，在数组 $G[v]$ 的末尾插入容量为 0 的反向边 $e'=(v, u)$。在这个过程中，我们为边 $e$ 附加一个变量 rev，用以表示 $e'$ 在 $G[v]$ 中对应的元素的位置，并为 $e'$ 也附加一个同样的变量。
>
> 使用这种方法，边 $e = (u, v)$ 的反向边可以表示为 $G[v][e.\text{rev}]$。

基于以上讨论，我们可以像程序 16.1 那样实现福特－富尔克森方法。此外，我们假设输入数据以以下格式提供。

```
N M
a_0  b_0  c_0
a_1  b_1  c_1
...
a_{M-1}  b_{M-1}  c_{M-1}
```

$N$ 表示图的顶点数，$M$ 表示边数。第 $i$（$i=0, 1, \cdots, M-1$）条边表示顶点 $a_i$ 和顶点 $b_i$ 之间是一条容量为 $c_i$ 的边。在程序 16.1 中，我们假设 $s=0$，$t=N-1$，并最终输出 $s$-$t$ 路径的最大流值。

**程序 16.1　福特 – 富尔克森方法的实现**

```
1    #include <iostream>
2    #include <vector>
3    using namespace std;
4
5    // 表示图的结构体
6    struct Graph {
7        // 表示边的结构体
8        // rev: 反向边 (to, from) 在 G[to] 中的位置
9        // cap: 边 (from, to) 的容量
10       struct Edge {
11           int rev, from, to, cap;
12           Edge(int r, int f, int t, int c) :
13               rev(r), from(f), to(t), cap(c) {}
14       };
15
16       // 邻接列表
17       vector<vector<Edge>> list;
18
19       // N: 顶点数
20       Graph(int N = 0) : list(N) { }
21
22       // 获取图的顶点数
23       size_t size() {
24           return list.size();
25       }
26
27       // 将 Graph 实例命名为 G
28       // 设定可以将 G.list[v] 写为 G[v]
29       vector<Edge> &operator [] (int i) {
30           return list[i];
31       }
32
33       // 获取边 e = (u, v) 的反向边 (v, u)
34       Edge& redge(const Edge &e) {
35           return list[e.to][e.rev];
36       }
37
38       // 在边 e = (u, v) 上流动流量 f
39       // 边 e = (u, v) 的流量仅减少 f
40       // 同时增加反向边 (v, u) 的流量
41       void run_flow(Edge &e, int f) {
42           e.cap -= f;
43           redge(e).cap += f;
44       }
45
46       // 从顶点 from 到顶点 to 添加容量为 cap 的边
47       // 同时添加从 to 到 from 的容量为 0 的边
48       void addedge(int from, int to, int cap) {
```

```
49          int fromrev = (int)list[from].size();
50          int torev = (int)list[to].size();
51          list[from].push_back(Edge(torev, from, to, cap));
52          list[to].push_back(Edge(fromrev, to, from, 0));
53      }
54  };
55
56  struct FordFulkerson {
57      static const int INF = 1 << 30; // 表示无限大的值
58      vector<int> seen;
59
60      FordFulkerson() { }
61
62      // 在残余图上找到 s-t 路径 ( 深度优先搜索 )
63      // 返回值是 s-t 路径上容量的最小值 ( 如果未找到则为 0 )
64      // f : 从 s 到 v 的过程中各边的容量的最小值
65      int fodfs(Graph &G, int v, int t, int f) {
66          // 到达终点 t 后返回
67          if (v == t) return f;
68
69          // 深度优先搜索
70          seen[v] = true;
71          for (auto &e : G[v]) {
72              if (seen[e.to]) continue;
73
74              // 容量为 0 的边实际上不存在
75              if (e.cap == 0) continue;
76
77              // 寻找 s-t 路径
78              // 如果找到, 则 flow 是路径上的最小容量
79              // 如果未找到, 则 f = 0
80              int flow = fodfs(G, e.to, t, min(f, e.cap));
81
82              // 如果未找到 s-t 路径, 则尝试下一条边
83              if (flow == 0) continue;
84
85              // 在边 e 上流动容量为 flow 的流
86              G.run_flow(e, flow);
87
88              // 如果找到 s-t 路径, 则返回路径上的最小容量
89              return flow;
90          }
91
92          // 表明未找到 s-t 路径
93          return 0;
94      }
95
96      // 求解图 G 中 s 和 t 之间的最大流量
97      // 不过返回时 G 将变为残余图
98      int solve(Graph &G, int s, int t) {
```

```
99          int res = 0;
100
101          // 反复执行,直到残余图上没有s-t路径为止
102          while (true) {
103              seen.assign((int)G.size(), 0);
104              int flow = fodfs(G, s, t, INF);
105
106              // 如果未找到s-t路径则结束
107              if (flow == 0) return res;
108
109              // 累加答案
110              res += flow;
111          }
112
113          // no reach
114          return 0;
115      }
116  };
117
118  int main() {
119      // 图的输入
120      // N:顶点数, M:边数
121      int N, M;
122      cin >> N >> M;
123      Graph G(N);
124      for (int i = 0; i < M; ++i) {
125          int u, v, c;
126          cin >> u >> v >> c;
127
128          // 添加容量为c的边 (u, v)
129          G.addedge(u, v, c);
130      }
131
132      // 执行福特 - 富尔克森方法
133      FordFulkerson ff;
134      int s = 0, t = N - 1;
135      cout << ff.solve(G, s, t) << endl;
136  }
```

## 16.5 ● 应用示例(1):二部匹配

网络流的一个典型应用是二部匹配。如图 16.14 所示,假设有若干男士和女士,如果两人可以配对,就在他们之间画一条线。当试图尽可能多地配对时,最多可以组成多少对?需要注意的是,同一个人不能属于多个配对。答案是可以组成 4 对。

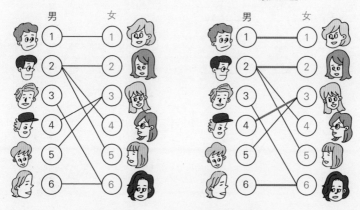

最大匹配

图 16.14　二部匹配问题的示意图

这种考虑两个类别之间关系的问题在多个领域中非常重要，例如有以下多种应用。

- 在互联网广告领域中，"用户"与"广告"的匹配。
- 在推荐系统中，"用户"与"商品"的匹配。
- 在员工班次分配中，"员工"与"班次"的匹配。
- 在卡车运输计划中，"货物"与"卡车"的匹配。
- 在团队对抗赛中，"己方成员"与"对方成员"的匹配。

对于二部匹配问题，可以如图 16.15 所示，通过准备新的顶点 $s$ 和 $t$ 并创建图网络来解决。在原始的二部图中，边没有方向，但在新的图网络中，我们给边指定方向，并将每条边的容量设为 1。

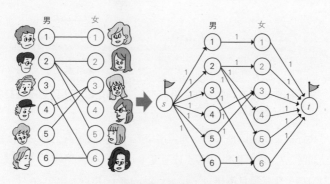

图 16.15　从二部匹配问题到最大流问题的转化

在这样创建的图网络中寻找 *s-t* 的最大流，然后移除顶点 *s* 和 *t*，就可以找到最大规模的二部匹配，如图 16.16 所示。

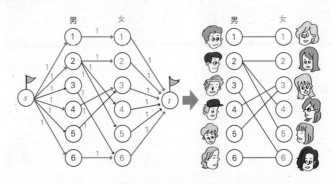

**图 16.16**　由最大流问题构建原始的二部匹配问题

## 16.6 ● 应用示例（2）：点连通度

最大流问题和最小割问题一直以来都是研究网络稳健性的重要问题。在 16.2 节中，我们解决了一个问题，即计算在有向图的两个顶点 *s* 和 *t* 之间最多可以取得多少条边不相交的路径（边连通度），如图 16.17 所示。边连通度为 *k* 意味着即使破坏了任意 *k*−1 条边，仍然可以保证 *s* 和 *t* 之间的连接。因此，我们可以将边连通度作为在边故障模式下，即当网络破坏发生在边上时，评估网络稳健性的一个指标。

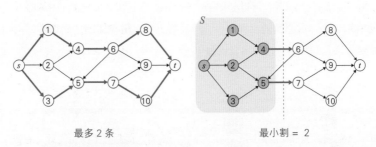

**图 16.17**　求解边连通度的问题。在 *s* 和 *t* 之间，最多可以有 2 条边不相交的路径。此外，*s-t* 割的最小容量为 2

如果要评估在点故障模式下，即当网络破坏发生在顶点上时的网络稳健性，情况又会如何呢？这个问题引出了点连通度（vertex-connectivity）的概念。与边不相交对应的概念是顶点不相交（vertex-disjoint），顶点不相交的路径是指不共享顶点的路径。实际上，在点故障模式下，顶点不相交的 *s-t* 路径的最大数量与

必须破坏以切断 $s$-$t$ 连接的最小顶点数相等，这被称为强对偶性。这个值被称为点连通度。

求解点连通度的问题可以通过转化为求解边连通度的问题来解决。如图 16.18 所示，将每个顶点 $v$ 分裂成两个顶点 $v_{in}$ 和 $v_{out}$。对于 $v_{in}$，仅复制进入 $v$ 的边；对于 $v_{out}$，仅复制从 $v$ 出发的边。然后，在顶点 $v_{in}$ 和顶点 $v_{out}$ 之间添加一条边。原始图的点连通度与这样创建的新图的边连通度相对应。

**图 16.18** 将求解点连通度的问题转化为求解边连通度的问题，即将每个顶点分裂成两个顶点

## 16.7 ● 应用示例（3）：项目选择

我们将一个看上去与图形完全无关的问题转化为网络流问题并加以解决。假设有 $N$ 个按钮，当按下第 $i$（$i=0, 1, \cdots, N-1$）个按钮时，可以获得收益 $g_i$。$g_i$ 可以是负值。如果不按下按钮，则认为收益为 0。对于每个按钮，我们可以选择"按下"或"不按下"。总收益是各按钮获得的收益总和。我们考虑如何获得总收益的最大值。

如果没有任何约束，那么很明显，总收益的最大值为

$$\sum_{i=0}^{N-1} \max(g_i, 0)$$

因此，我们考虑具有以下约束条件的情况。

---

**在项目选择问题中考虑的约束条件**

如果按下第 $u$ 个按钮，则必须按下第 $v$ 个按钮。

---

我们考虑在这个限制下如何最大化总收益的问题。这样的问题，自 20 世纪 60 年代起在采矿领域被称为露天采矿问题（open-pit mining problem），在历史上一直是一个热门话题。假设有 $N$ 个采矿区域，每个区域都估算了采矿收益（扣除采矿成本后，收益有可能为负值）。在一些区域之间存在如"为了采掘区

域 $A$，必须先采掘区域 $B$"这样的限制[①]。

我们回到有关按钮的问题。首先，我们重新考虑每个按钮的规格，如表 16.1 所示。具体来说，我们将问题从最大化收益转变为最小化成本。假设按下按钮可以获得 $g_i$ 的收益，那么当 $g_i \geq 0$ 时，可以理解为"按下按钮的基础成本为 0，不按下按钮的成本为 $g_i$"；当 $g_i < 0$ 时，可以理解为"按下按钮的成本为 $|g_i|$，不按下按钮的基础成本为 0"。

表 16.1　按钮的规格

| 按钮的性质 | 按下按钮时产生的成本 | 不按下按钮时产生的成本 |
|---|---|---|
| $g_i \geq 0$ | 0 | $g_i$ |
| $g_i < 0$ | $|g_i|$ | 0 |

接下来，我们考虑如何处理约束条件。为了简化问题，假设只有两个按钮 0 和 1。设定当选择按下按钮 0, 1 时的成本分别为 $a_0, a_1$，而选择不按下按钮 0, 1 时的成本分别为 $b_0, b_1$（假定 $a_0, a_1, b_0, b_1$ 都为非负整数）。另外，如果按下按钮 0，则必须同时按下按钮 1。在这种情况下，每种选择的成本可以按照表 16.2 进行整理。

表 16.2　各选择的成本

| 选择 | 按下按钮 1 | 不按下按钮 1 |
|---|---|---|
| 按下按钮 0 | $a_0 + a_1$ | $\infty$[②] |
| 不按下按钮 0 | $b_0 + a_1$ | $b_0 + b_1$ |

由于只有两个按钮，因此只需检查 $2^2 = 4$ 种模式就可以找到最优解。然而，如果有 $N$ 个按钮，那么需要检查 $2^N$ 种模式，这将变得难以处理。因此，我们考虑是否可以实现以下巧妙的想法。

> **将项目选择问题转化为割问题的想法**
>
> 希望构建一个以 $\{s, t, 0, 1\}$ 作为顶点集的图，满足以下条件：
>
> - 同时按下按钮 0 和按钮 1 时的成本等于 $S = \{s, 0, 1\}$, $T = V - S$ 的割容量；
> - 仅按下按钮 0 时的成本等于 $S = \{s, 0\}$, $T = V - S$ 的割容量；
> - 仅按下按钮 1 时的成本等于 $S = \{s, 1\}$, $T = V - S$ 的割容量；
> - 两个按钮都不按下时的成本等于 $S = \{s\}$, $T = V - S$ 的割容量。

---

① 推荐书目 [10] 中有关于这个内容的描述。
② 我们将实施被禁止的事情的成本视为无穷大。

我们将实现这个想法的结果展示在图 16.19 中。

- 从顶点 $s$ 到顶点 0 和 1 分别有容量为 $b_0$ 和 $b_1$ 的边。
- 从顶点 0 和 1 到 $t$ 分别有容量为 $a_0$ 和 $a_1$ 的边。
- 从顶点 0 到顶点 1 有容量为 $\infty$ 的边。

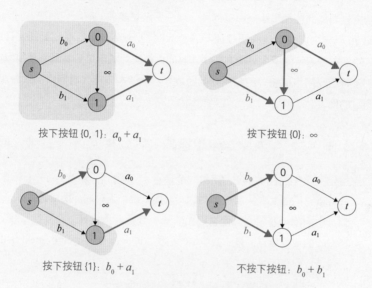

按下按钮 $\{0, 1\}$：$a_0 + a_1$

按下按钮 $\{0\}$：$\infty$

按下按钮 $\{1\}$：$b_0 + a_1$

不按下按钮：$b_0 + b_1$

**图 16.19** 将项目选择问题表示为割问题的图形化展示

容量为 $\infty$（无穷大）的边 (0, 1) 巧妙地表示了"禁止在按下按钮 0 的同时不按下按钮 1"这一约束。通过解决这个图上的最小割问题，我们可以找到最佳的按钮按压方式。

以上过程也可以自然地扩展到有 $N$ 个按钮和 $M$ 个约束条件的情况。首先，准备 $N+2$ 个顶点 $0, 1, \cdots, N-1, s, t$。然后，对于第 $i$（$i=0, 1, \cdots, N-1$）个按钮，拉出容量适当的边 $(s, i), (i, t)$。此外，为了表示第 $j$（$j=0, 1, \cdots, M-1$）个制约条件，即"如果按下按钮 $u_j$，则必须也按下按钮 $v_j$"的约束，拉出容量为 $\infty$ 的边 $(u_j, v_j)$。最后，求出这个图的最小割。

## 16.8 • 小结

网络流理论是一个非常美丽的理论体系，特别是在 1956 年，福特和富尔克森提出最大流最小割定理之后，其研究迅速发展。为了证明某个问题的算法得到的解的最优性，构建对偶问题的可行解，并以此作为"最优性的证据"的论证方法，已经成为组合优化问题中的典型方法。通过这种方法，丰富的组合结构逐渐显现出来。除了理论研究，网络流理论的应用也在各个领域广泛扩展，成功地解决了各种问题。

然而，虽然越来越多的问题在多项式时间内得到有效解决，但一些问题，如哈密顿回路问题和最小点覆盖问题，似乎无法在多项式时间内解决。直到 20 世纪 70 年代，许多困难问题被证明属于 NP 完全或 NP 困难难度类别。目前，这些难题被普遍认为不太可能在多项式时间内解决。关于这一背景，第 17 章将详细解释。与网络流相关的一系列问题成了"能够在多项式时间内高效解决的问题"的代表。

●●●●●●●●●● **思考题** ●●●●●●●●●●

**16.1** 给定一个无向图 $G=(V, E)$ 和一个顶点 $s$。除了 $s$，还给定了 $M$ 个顶点，并希望它们都无法从顶点 $s$ 到达。具体来说，通过删除图的边或从 $M$ 个顶点中删除一些顶点，使它们无法从 $s$ 到达。请设计一个算法，找到需要删除的边或顶点的最小数量。（来源：AtCoder Beginner Contest 010 D-边连通度优化，难易度★★★☆☆）

**16.2** 给定一个带权重的有向图 $G=(V, E)$ 和两个顶点 $s, t \in V$。希望通过适当增加每条边的权重，增加 $s$ 和 $t$ 之间的最短路径长度。每条边 $e$ 的权重增加 1 的成本为 $c_e$。请设计一个算法，求解使 $s$ 和 $t$ 之间的最短路径长度增加至少 1 所需的最小成本。（来源：立命馆大学编程竞赛 2018 day3 F-增加最短距离的"小虾问题"，难易度★★★☆☆）

**16.3** 给定一个有向图 $G=(V, E)$ 和两个顶点 $s, t \in V$。现在，可以选择一条边并反转其方向。请设计一个算法，找到使 $s$-$t$ 之间的最大流量增加的边的数量。（来源：JAG Practice Contest for ACM-ICPC Asia Regional 2014 F-Reverse a Road II，难易度★★★★☆）

**16.4** 有 $N$ 张写有正整数 $a_0, a_1, \cdots, a_{N-1}$ 的红色卡片和 $M$ 张写有正整数 $b_0, b_1, \cdots, b_{M-1}$ 的蓝色卡片。只有当红色卡片和蓝色卡片上的整数不互质时，才可以将它们成对匹配。请设计一个算法，以确定最多可以形成多少对匹配。（来源：ICPC 2009 年日本预选赛 E-卡牌游戏，难易度★★★☆☆）

**16.5** 给定一个 $H \times W$ 的二维棋盘，每个格子上都写有"."或"*"。我们可以将格子中的"."替换为"#"，但不能将相邻的格子同时替换为"#"。请设计一个算法，确定最多可以将多少个格子替换为"#"。（来源：AtCoder SoundHound Inc. Programming Contest 2018( 春 ) C-广告，难易度★★★★☆ ）

**16.6** 有 $N$ 颗宝石，每颗宝石上分别标记了 1, 2, $\cdots$, $N$，它们各自的价值为 $a_0$, $a_1$, $\cdots$, $a_N$（价值可能为负）。你可以选择一个正整数 $x$，并执行以下操作任意次数：打碎所有标记为 $x$ 的倍数的宝石。最终的得分是所有未被打碎的宝石的价值总和。请设计一个算法求出最大可能得分。（来源：AtCoder Regular Contest 085 E-MUL，难易度★★★★☆ ）

**16.7** 给定一个 $H \times W$ 的二维棋盘，希望用细长的矩形来填充棋盘上的"#"部分（如下面的示例，至少需要 2 个矩形）。请设计一个算法，确定需要的最少矩形数量。（来源：会津大学编程竞赛 2018 day1 H-Board，难易度★★★★★ ）

```
1   4 10
2   ##########
3   ....#.....
4   ....#.....
5   ..........
```

第 **17** 章

# P 与 NP 问题

在之前的章节中，我们探讨了解决各种问题的算法。然而，也有许多问题被广泛认为找不到有效算法。事实上，现实世界中的许多问题属于这一类。在本章中，我们将介绍特征化这类问题的，被称为 NP 完全和 NP 困难的难度类别。

## 17.1 ● 问题难度的衡量方式

到目前为止，我们已经设计了针对各种问题的算法，特别是运用动态规划（第 5 章）、二分搜索（第 6 章）、贪婪法（第 7 章）和图搜索（第 13 章）等设计技巧，可以跨领域地解决各种问题。

然而，实际上，即使运用这些技巧，也依然存在许多难以高效解决的问题。那么，如何合理地划定问题是否可以被高效解决的界限呢？一般来说，算法被认为是高效的，意味着它可以在多项式时间内解决问题。可以用多项式时间算法解决的问题被认为是"可处理的"（tractable），而无法在多项式时间内解决的问题则被认为是"不可处理的"（intractable）。的确，$O(N^{100})$ 的算法实际上可能比 $O(2^N)$ 这样的指数时间算法更加不切实际。然而，多数可在多项式时间内解决的问题，在最坏情况下的计算复杂度为 $O(N^3)$ 级别。因此，当我们着手解决一个问题时，目标通常是以下之一。

- 提供一个多项式时间算法（如果做到了，尝试进一步减少计算量）。
- 证明问题似乎无法用多项式时间算法解决。

但是，对于一个问题，从数学上证明不存在多项式时间算法可能会让人感到无助。是否有方法能够有说服力地评估问题的难度呢？本章将介绍的 NP 完全、NP 困难的概念，正是在这样的探索和尝试中诞生的。令人惊讶的是，在各个领域已知的众多难以在多项式时间内解决的难题，事实上具有相同的难度。

首先，我们考虑将问题的难度进行如下比较。

---

**多项式时间归约**

　　问题 $X$ 至少和问题 $Y$ 具有同等的难度，意味着如果我们能够找到一个多项式时间算法来解决问题 $X$，那么我们也可以利用这个算法来找到一个解决问题 $Y$ 的多项式时间算法。[a]

---

a　更准确地说，如果存在解决问题 $X$ 的算法 $P(X)$，那么问题 $Y$ 可以通过调用 $P(X)$ 多项式次数以及除此之外的多项式次数的计算步骤来解决。

---

　　这种论证方法不仅可以用于将我们想解决的问题归约为已知可解的问题，而且可以反过来使用。例如，对于我们认为可能难以解决的问题 $X$，我们可以将一个已知难度较高的问题 $Y$ 归约到 $X$ 上。假设问题 $X$ 可以在多项式时间内解决，那么问题 $Y$ 也可以在多项式时间内解决。这样就证明了问题 $X$ 至少和问题 $Y$ 一样难（见图 17.1）。如果 $Y$ 是被广泛认为无法在多项式时间内解决的问题（如 NP 完全问题或 NP 困难问题），这就为放弃设计针对 $X$ 的多项式时间算法

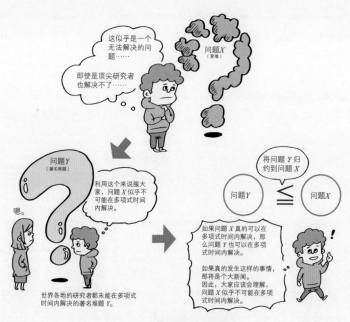

**图 17.1　多项式归约的思想**

提供了充分的依据。这种将 $Y$ 归约到 $X$ 的方法称为多项式时间归约（polynomial-time reduction），如果问题 $Y$ 可以在多项式时间内归约到问题 $X$，则称问题 $Y$ 对问题 $X$ 是多项式时间归约可能的（polynomial-time reducible）。

## 17.2 ● P 类与 NP 类

在 17.1 节中，我们提到存在一些被普遍认为不能用多项式时间算法解决的问题。本节将对 P 类和 NP 类这样的问题分类进行整理，这样我们就可以讨论问题的难度了。但是，P 类和 NP 类仅考虑那些可以用"是"或"否"回答的问题，这类问题被称为判定问题。例如，"从 $N$ 个整数中选取若干个整数，其总和是否可以达到一个特定的值"这样的子集和问题（参见 3.5 节）是一个判定问题，而"从 $N$ 个物品中选择若干个，使得在重量总和不超过 $W$ 的情况下，价值总和最大化"的背包问题（参见 5.4 节）则不是判定问题，而是一个最优化问题。P 类和 NP 类都是表示判定问题集合的术语。

然而，正如我们在第 6 章的应用示例中看到的，最优化问题也可以作为判定问题来处理。例如对于背包问题，我们可以考虑相应的判定问题。如果这个判定问题可以在多项式时间内解决，那么利用二分搜索法，背包问题也可以在多项式时间内解决。但实际上，这种"将背包问题视为判定问题"的问题属于我们稍后将要讨论的 NP 完全问题，普遍被认为不可能在多项式时间内解决。

> **将背包问题归约为判定问题**
>
> 设有 $N$ 个物品，其中第 $i$（$i=0, 1, \cdots, N-1$）个物品的重量为 $weight_i$，价值为 $value_i$。
>
> 从这 $N$ 个物品中选择若干个，使得所选物品的总重量不超过 $W$。请判断是否可以使得所选物品的总价值达到或超过 $x$（$W$、$x$ 以及 $weight_i$ 都是非负整数）。

我们回到 P 类和 NP 类的定义。P 类（class P）是指存在多项式时间算法的判定问题的集合。例如，13.8 节讨论的"判断给定的无向图是否为二部图"的问题，因为可以在多项式时间内解决，所以属于 P 类。而像独立集问题和哈密顿回路问题这样的问题，到目前为止还没有找到多项式时间算法来解决，也没有证据表明不存在这样的多项式时间算法。因此，它们是否属于 P 类，目前仍是未解决的问题。

---

**独立集问题**

在无向图 $G=(V, E)$ 中，顶点集合的子集 $S \subset V$ 被称为独立集，是指集合 $S$ 中的任意两个顶点都不通过边相连（见图 17.2 左侧）。给定一个正整数 $k$，请判断是否存在大小至少为 $k$ 的独立集。

---

**哈密顿回路问题**

在有向图 $G=(V, E)$ 中，经过每个顶点恰好一次的路径被称为哈密顿回路（Hamilton cycle）（见图 17.2 右侧）。请判断图 $G$ 是否存在哈密顿回路。

---

NP 类（class NP）是指若判定问题的答案为"是"，可以在多项式时间内验证这个答案的问题的集合[①]。根据 NP 类的定义，属于 P 类的问题也属于 NP 类。例如，对于独立集问题，如果答案为"是"，那么具体的独立集 $S$（大小至少为 $k$）可以作为证据。可以以下列方式在多项式时间内验证这个证据，因此它属于 NP 类。

- 可以以 $O(|V^2|)$ 的计算复杂度验证 $S$ 中任意两个顶点之间没有边相连。
- 能够轻松验证 $S$ 的大小至少为 $k$。

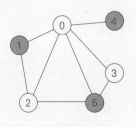

独立集

图中红色顶点的集合 {1, 4, 5} 中没有任何两个顶点通过边相连

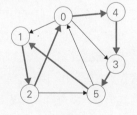

哈密顿回路

$0 \rightarrow 4 \rightarrow 3 \rightarrow 5 \rightarrow 1 \rightarrow 2 \rightarrow 0$ 是经过每个顶点恰好一次的路径

**图 17.2　独立集与哈密顿回路**

---

[①]　NP 并不是 non-polynomial time 的缩写，而是 non-deterministic polynomial time 的缩写。

同样地，可以轻松地证明哈密顿回路问题也属于 NP 类（作为思考题 17.1）。

然而，有一个常见的误解是"NP 类指的是可以用指数时间算法解决的问题的集合"。实际上，可以用指数时间算法解决的问题的集合被称为 EXP 类，它包含 NP 类。总结起来，如下关系成立（见图 17.3）。

$$P \subset NP \subset EXP$$

NP 类的定义可能让人感觉复杂且不自然，但通过使用图灵机进行讨论，可以加深理解。感兴趣的读者可以阅读推荐书目 [15]、[16] 等相关资料。

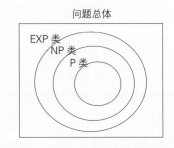

图 17.3　P 类、NP 类和 EXP 类的关系

## 17.3 ● P ≠ NP 猜想

在 17.2 节中，我们讨论了 P⊂NP⊂EXP 这一关系。尽管 EXP 是一个非常广泛的问题类，但实际上，世界上许多难题被认为属于 NP 类。因此，人们产生了一个疑问：NP 类的所有问题都属于 P 类吗？如果 P＝NP，那么现实世界中的许多难题都可以在多项式时间内解决。这不仅会在计算机科学领域产生巨大影响，还会影响依赖难度作为安全性依据的加密技术等，对整个社会产生深远的影响。然而，经过许多研究者多年的努力，仍有许多难以找到多项式时间算法的难题存在于 NP 类中。因此，许多人猜测 P≠NP。

然而奇怪的是，目前尚未发现任何属于 NP 类但不属于 P 类的问题。就像之前提到的独立集问题和哈密顿回路问题，尽管它们被广泛认为不太可能在多项式时间内解决，但还没有证据表明不存在解决这些问题的多项式时间算法。一般来说，证明某事不存在通常伴随着巨大的困难。

因此，许多研究者一直在努力弄清楚 P＝NP 还是 P≠NP。这个问题被称为"P≠NP 猜想"，是计算机科学领域的一个重要的未解决问题，也是"千禧年七大难题"之一，由美国克雷数学研究所于 2000 年公布，解决问题者可获得 100

万美元的奖金。

在 17.4 节中，我们将介绍与这个猜想相关的 NP 完全问题。这是 NP 问题中最难的类别。如果能为 NP 完全问题开发出多项式时间算法，那么就可以为 NP 问题开发出多项式时间算法。

## 17.4 • NP 完全问题

在尚未找到解决 P≠NP 是否成立问题的线索的情况下，人们自然想知道 NP 中最难的问题是什么。这里，我们回想一下 17.1 节介绍的多项式时间归约技术，即"将解决难度较大的问题 $X$ 归约到被广泛认为不太可能存在多项式时间算法的难题 $Y$ 上"。像这样能被有效地当作难题 $Y$ 来使用的问题就是所谓的 NP 完全问题[①]。可以说，NP 完全问题是 NP 问题中最难的。换言之，如果找到了 NP 完全类中的任何一个问题的多项式时间算法，那么可以确认 P=NP。

> **NP 完全问题**
>
> 当一个判定问题 $X$ 满足以下条件时，它就属于 NP 完全类（class NP-complete）：
>
> - $X \in$ NP；
> - 对于所有属于 NP 类的问题 $Y$，都可以在多项式时间内归约到 $X$。
>
> 属于 NP 完全类的问题称为 NP 完全问题。

从历史上看，可满足性问题（satisfiability problem，SAT）是第一个被证明的 NP 完全问题。也就是说，如果 SAT 可以在多项式时间内解决，则属于 NP 类的所有问题也都可以在多项式时间内解决。SAT 是一个关于逻辑函数的问题。设 $X=\{X_1, X_2, \cdots, X_N\}$ 为一组布尔变量（取值为 true 或 false 的变量）的集合，例如：

$$(X_1 \vee \neg X_3 \vee \neg X_4) \wedge (\neg X_2 \vee X_3) \wedge (\neg X_1 \vee X_2 \vee X_4)$$

---

① 在本书中，我们使用被称为图灵归约的多项式时间归约方法来定义 NP 完全。在计算复杂性理论中，一种主流定义使用的是多项式时间多一归约。这两种定义是否等价，目前仍是一个未解决的问题。对此感兴趣的读者可以参考推荐书目 [15]、[16]、[20] 等相关资料。

是否存在一种将各布尔变量 $X_1, X_2, \cdots, X_N$ 赋值为 true/false 的方法，使得上述逻辑表达式整体为 true？

证明 SAT 是 NP 完全问题相当困难，因此本书省略了这部分内容[①]。但是，一旦发现一个 NP 完全问题，那么可以通过多项式时间归约到这个问题的其他问题也被认为是 NP 完全问题。这样，许多在各个领域中已知的著名难题陆续被证明实际上是 NP 完全问题。令人惊讶的是，虽然 NP 完全问题本应是 "NP 中最难的问题"，但实际上许多著名的难题都属于这一类。这意味着这些难题的难度相当。前文提到的独立集问题和哈密顿回路问题也是 NP 完全问题。

回到我们在 17.1 节最初提出的问题：当面对似乎无法解决的困难问题时，我们应该如何应对？当你在努力解决看起来不可能设计出多项式时间算法的问题 $X$ 时，应该怀疑它可能是 NP 完全问题，并考虑是否可以将已知的某个 NP 完全问题 $Y$ 归约到 $X$ 上。如果成功做到这一点，就可以放弃为 $X$ 设计多项式时间算法，从而避免无谓的努力。

## 17.5 ● 多项式时间归约的例子

本节将介绍几个针对似乎无法解决的判定问题 $X$，从某个已知的 NP 完全问题 $Y$ 进行多项式时间归约的例子。

### 17.5.1 点覆盖问题

已知 17.2 节介绍的独立集问题是 NP 完全问题，下面展示的点覆盖问题也是 NP 完全问题[②]。

---

**点覆盖问题**

在无向图 $G=(V, E)$ 中，顶点集合的子集 $S \subset V$ 称为点覆盖（vertex cover），是指对于 $G$ 中的任意边 $e=(u, v)$，$u$ 和 $v$ 中至少有一个属于 $S$（见图 17.4 右侧）。给定一个正整数 $k$，请判断是否存在不大于 $k$ 的点覆盖。

---

① 请阅读推荐书目 [15] 等。

② 相反，也可以将点覆盖问题归约为独立集问题。

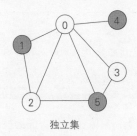 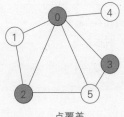

独立集                                      点覆盖

图中红色顶点的集合 {1,4,5} 中                图中任何一条边的两端至少有一端包含
没有任何两个顶点通过边相连                    在图中紫色顶点的集合 {0, 2, 3} 中

**图 17.4　独立集与点覆盖**

点覆盖问题属于 NP 问题是显然的。我们将证明如果点覆盖问题可以在多项式时间内解决，那么独立集问题也可以在多项式时间内解决。首先，我们证明 $S$ 是独立集与 $V-S$ 是点覆盖这两个概念是等价的。如果 $S$ 是独立集，那么对于任意边 $e=(u, v)$，$u$ 和 $v$ 不可能都属于 $S$。因此，$u$ 和 $v$ 中至少有一个属于 $V-S$，$V-S$ 是点覆盖。反之，如果 $V-S$ 是点覆盖，那么对于任意边 $e=(u, v)$，$u$ 和 $v$ 中至少有一个属于 $V-S$，所以 $u$ 和 $v$ 不可能都属于 $S$。这意味着 $S$ 是独立集。

因此，如果存在大小为 $|V|-k$ 或更小的点覆盖，那么存在大小为 $k$ 或更大的独立集。反之，如果不存在大小为 $|V|-k$ 或更小的点覆盖，那么也不存在大小为 $k$ 或更大的独立集。所以，如果点覆盖问题可以在多项式时间内解决，那么独立集问题也可以在多项式时间内解决。

### 17.5.2　部分和问题（＊）

作为另一个例子，我们将使用点覆盖问题是 NP 完全问题的事实来证明部分和问题也是 NP 完全问题。我们在 3.5 节和 4.5 节中反复探讨了部分和问题。在 5.4 节中，我们讨论了涵盖部分和问题的核心内容的背包问题。正如 4.5.3 节和 5.4 节所述，可以通过动态规划法来解决这个问题，其计算复杂度为 $O(NW)$。乍一看，这似乎是多项式时间算法，但仔细考虑输入大小后，可以看出这实际上是一个指数时间算法。$N$ 表示"数量"，而 $W$ 表示"数值"。例如，当 $W=2^{10000}$ 时，接收 $W$ 作为输入需要用二进制表示约 10001 位的内存。这意味着接收 $W$ 这个数值所需的输入大小 $M$ 实际上是 $M=O(\log W)$。由于 $NW=N2^{\log W}$，因此计算复杂度为 $O(NW)$ 的算法实际上是指数时间算法。这种实际上是指数时间算法，但对于输入的数值大小来说似乎可以在多项式时间内运行的算法称为伪多项式时间算法（pseudo-polynomial-time algorithm）。

给定 $N$ 个正整数 $a_0$, $a_1$, $\cdots$, $a_{N-1}$ 和一个正整数 $W$，判断是否可以从 $a_0$, $a_1$, $\cdots$, $a_{N-1}$ 中选择若干个整数，使它们的和为 $W$。

部分和问题很明显属于 NP 问题。实际上，只需验证作为证据提出的 $a_0$, $a_1$, $\cdots$, $a_{N-1}$ 的子集的总和是否与 $W$ 一致，这可以在多项式时间内完成。

下面我们将证明如果部分和问题可以在多项式时间内解决，那么点覆盖问题也可以在多项式时间内解决。也就是说，给定一个具体的无向图 $G=(V, E)$ 和一个正整数 $k$，我们将构造一组整数 $a = \{a_1, a_2, \cdots, a_N\}$ 和一个正整数 $W$，使得当且仅当 $G$ 有大小为 $k$ 的点覆盖时，存在 $a$ 的一个子集，其总和为 $W$。具体来说，我们将按如下方式定义整数序列 $a$ 和 $W$（见图 17.5）。我们用 $I(v)$ 表示与顶点 $v$ 相连的边的编号集合。

- 对于顶点编号为 $i$ 的每个顶点，令 $a_i = 4^{|E|} + \sum_{t \in I(v)} 4^t$。
- 对于边编号为 $j$ 的每条边 $e$，令 $a_{j+|V|} = 4^i$。
- 令 $W = k4^{|E|} + 2\sum_{t=0}^{|E|-1} 4^t$。

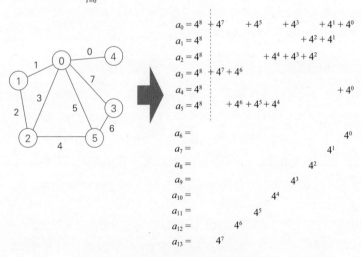

$$W = k4^8 + 2(4^7 + 4^6 + 4^5 + 4^4 + 4^3 + 4^2 + 4^1 + 4^0)$$

**图 17.5　点覆盖问题归约到部分和问题**

如图 17.5 所示，对于每个 $t=0, 1, \cdots, |E|-1$，序列 $a$ 中含有 $4^t$ 作为项的个数恰好是 3 个。因此，无论如何选择 $a$ 的子集并计算其总和，都不会发生"进位"（只有 $t=|E|$ 是例外）。

假设图 $G=(V, E)$ 有一个明确的大小为 $k$ 的点覆盖 $S$，那么我们将其与序列 $a$ 的一个子集相对应，该子集的总和为 $W$。首先，对于点覆盖 $S$ 中的每个顶点 $i$，选择 $a_i$（见图 17.6）。这时，选中的 $a$ 中包含的 $4^{|E|}$ 的数量恰好是 $k$ 个。而对于每个 $t=0, 1, \cdots, |E|-1$，选中的 $a$ 中含有的 $4^t$ 的个数将是 1 或 2 个（注意，因为 $S$ 是点覆盖，所以不会是 0）。因此，对于选中的 $a$ 中含有 $4^t$ 的个数为 1 的每个 $t$，可以额外选择 $a_{t+|V|}$，使得每个 $t$ 对应的 $4^t$ 恰好有 2 个（见图 17.6）。这时，选中的 $a$ 的总和将与 $W$ 相等。

同样地，如果存在一个序列 $a$ 的子集，其总和与 $W$ 相等，那么也可以构造出图 $G$ 的一个大小为 $k$ 的点覆盖。

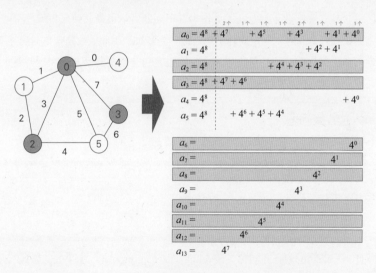

$$W = k4^8 + 2(4^7 + 4^6 + 4^5 + 4^4 + 4^3 + 4^2 + 4^1 + 4^0)$$

**图 17.6　点覆盖与部分和的对应**

综上所述，如果部分和问题可以在多项式时间内解决，那么点覆盖问题也可以在多项式时间内解决。因此，部分和问题是 NP 完全问题。

## 17.6 • NP 困难问题

到目前为止，我们所看到的 P 类、NP 类、NP 完全类都是判定问题的类别。然而，我们也希望能够讨论判定问题以外的一般问题的难度，比如最优化问题和计数问题等。因此，我们将 NP 困难问题定义如下。

> ### NP 困难问题
> 对于问题 $X$，如果存在某个 NP 完全问题 $Y$，使得如果 $X$ 可以用多项式时间算法解决，则 $Y$ 也可以用多项式时间算法解决时，我们称问题 $X$ 是 NP 困难问题。

换言之，NP 困难问题不限于判定问题，它包括与 NP 完全问题同等或更难的问题。许多 NP 困难问题包含相应的 NP 完全问题。例如，下面的最大独立集问题包含独立集问题（判定问题）作为其子问题。如果最大独立集问题得以解决，那么独立集问题（判定问题）也立即得到解决，因此最大独立集问题是 NP 困难问题。同样，下面的最小点覆盖问题也是包含点覆盖问题（判定问题）作为其子问题的 NP 困难问题。

> ### 最大独立集问题
> 在无向图 $G=(V, E)$ 中，求解独立集的最大规模。

> ### 最小点覆盖问题
> 在无向图 $G=(V, E)$ 中，求解点覆盖的最小规模。

此外，著名的旅行商问题（traveling salesman problem，TSP）也是 NP 困难问题，因为它包含哈密顿回路问题。解决旅行商问题意味着要从图 $G$ 的哈密顿回路中选择最佳的一个。因此，当知道了最优解时，同时知道了图 $G$ 是否有哈密顿回路。

> ### 旅行商问题
> 给定一个加权有向图 $G=(V, E)$，其每条边的权重均为非负整数。请求出恰好访问每个顶点一次的环路的最短长度。

## 17.7 • 停机问题

我们之前列举的 NP 困难问题主要是包含 NP 完全问题的最优化问题。这些问题不是判定问题，因此不属于 NP 完全问题。一些判定问题本质上也不属于 NP 问题。下面的停机问题（halting problem）就是这类问题的一个例子。停机问题不属于 NP 问题，但它是 NP 困难问题。

> **停机问题**
>
> 给定一个计算机程序 $P$ 和对该程序的输入 $I$。请判断当以 $I$ 为输入执行 $P$ 时，$P$ 是否会在有限时间内停止。

一方面，停机问题可以容易地被证明属于 NP 困难问题。如果存在解决停机问题的多项式时间算法 $H$，我们可以证明可满足性问题（SAT）也可以在多项式时间内解决。考虑这样一个程序：它接收一个逻辑表达式作为输入，如果存在满足该表达式的真值赋值则输出该赋值，如果不存在则进入无限循环。将这个程序和逻辑表达式输入 $H$，就可以在多项式时间内判断它是否会在有限时间内停止。这意味着可以在多项式时间内判断给定的逻辑表达式是否存在满足它的真值赋值。因此，停机问题属于 NP 困难问题。

另一方面，停机问题实际上是已知的"无解问题"，它不属于 NP 问题。具体来说，可以通过假设存在解决停机问题的程序，并由此推导出矛盾来证明这一点。对此感兴趣的读者可以阅读推荐书目 [3] 中的"无解问题"一节。

## 17.8 • 小结

在历史上，许多未能找到多项式时间算法的著名难题被证明是可能不存在多项式时间算法的 NP 困难问题。

在实践中，当面对看似无法解决的难题 $X$ 时，考虑将已知的某个 NP 困难问题 $Y$ 归约到 $X$ 是一种有效的方法。如果能证明 $X$ 也是 NP 困难的，那么就可以放弃为 $X$ 设计多项式时间算法，转而朝向更具可行性的方向探索。如果 $X$ 是一个最优化问题，那么我们不一定要找到确切的最优解，而是可以考虑寻找尽可能好的近似解。在第 18 章中，我们将介绍一些针对 NP 困难问题的策略。

**17.1** 请证明哈密顿回路问题属于 NP 问题。（难易度 ★☆☆☆☆）

**17.2** 给定图 $G=(V, E)$ 和一个正整数 $k$，判断 $G$ 是否包含大小至少为 $k$ 的完全子图的问题称为团问题（clique problem）。请证明团问题属于 NP 问题。（难易度 ★☆☆☆☆）

**17.3** 请利用独立集问题是 NP 完全问题的事实，证明团问题也是 NP 完全问题。（难易度 ★★★☆☆）

第 **18** 章

# 难题应对策略

在第 17 章中，我们介绍了被认为无法高效解决的 NP 困难问题，同时看到现实世界中的许多问题属于 NP 困难问题。这对于致力于通过算法解决问题的人来说是一个令人震惊的事实。然而，这个事实在现实世界的问题解决中并不是那么可怕，本章将探讨针对这些问题的策略。

## 18.1 ● 面对 NP 困难问题

在第 17 章中，我们看到许多问题属于 NP 困难问题。我们在现实世界中面对的问题也很可能属于 NP 困难问题。在这种情况下，我们是否只能放弃解决问题呢？

确实，为 NP 困难问题设计出一个能在多项式时间内解决所有可能输入案例的算法几乎是不可能的。但这是因为我们试图覆盖所有案例，包括极端案例。对于个别的输入案例，有可能在合理的时间内导出解决方案。此外，如果我们正在处理的 NP 困难问题是一个最优化问题，即使我们无法得到真正的最优解，获得一个接近最优的近似解也可能足以满足实际需要。本章将介绍一些处理 NP 困难问题的方法。

## 18.2 ● 特定情况下的解决方法

即使是 NP 困难问题，在特定的输入案例下也可能被高效地解决。例如，我们可以将 7.3 节中的区间调度问题视为特殊图上的最大独立集问题（见 17.6 节）。具体来说，我们可以考虑做以下处理。

- 将每个区间视为一个顶点。
- 在两个相交区间之间构建边。

这样就构成了图上的最大独立集问题（见图 18.1）。这表明，虽然最大独立集问题是 NP 困难问题，但对于表示区间交叉关系的图而言，它可以在多项式时间内求解。因此，即使发现我们面对的难题属于 NP 困难问题，通过仔细审视实际给定的输入案例的特性，有时也可以找到高效的解决方案。

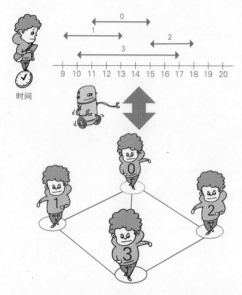

**图 18.1　区间调度问题与最大独立集问题的对应**

值得注意的是，可以在多项式时间内解决最大独立集问题的图主要有以下两种[①]：

- 二部图
- 树

在此省略关于二部图的详细内容，但众所周知，该问题可以归约为二部图上的最大匹配问题（见 16.5 节），并且可以在多项式时间内解决[②]。

另外，关于树的问题，由于树也是二部图，因此显然可以在多项式时间内解决。利用树特有的结构，我们也可以通过贪婪法来解决（参见思考题 18.1）。此外，对于每个顶点附加权重的情况，下面的加权最大独立集问题可以通过动

---

① 已知存在一种可以在多项式时间内解决最大独立集问题的图，这种图被称为完美图（perfect graph）。
② 请参考推荐书目 [5] 中的"网络流量"内容。

态规划法来解决。我们将针对加权最大独立集问题，讲解一种基于动态规划的求解方法。

　　我们先回顾一下 13.10 节的内容。对于无根树，我们可以选择一个节点作为根节点，将其变为有根树，这样做在很多情况下可以使问题更加清晰。加权独立集问题就是这类问题的一个典型例子。通过确定一个根节点，将无根树变为有根树，然后利用树上动态规划方法求解最优解（见图 18.2）。在加权最大独立集问题中，我们可以如下定义子问题。

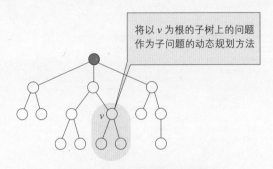

将以 $v$ 为根的子树上的问题作为子问题的动态规划方法

**图 18.2　树上动态规划方法的思路**

　　对于每个节点 $v$，我们将汇总以其子节点 $c$ 为根的子树的信息。

#### 对于 dp1

　　对于以 $v$ 的每个子节点 $c$ 为根的子树，我们需要求得它们的最大权重总和，因此可以表示为：

$$dp1[v] = \sum_{c:v\text{的子节点}} \max\left(dp1[c],\ dp2[c]\right)$$

### 对于 dp2

对于以 $v$ 的每个子节点 $c$ 为根的子树，在不选择 $c$ 的情况下，我们需要求得它们的最大权重总和，因此可以表示为：

$$dp2[v] = w(v) + \sum_{c:v\text{的子节点}} dp1[c]$$

上述过程可以像程序 18.1 那样实现，其计算复杂度为 $O(|V|)$，$|V|$ 是节点数。

**程序 18.1** 解决加权最大独立集问题的树上动态规划方法

```cpp
#include <iostream>
#include <vector>
#include <cmath>
using namespace std;
using Graph = vector<vector<int>>;

// 输入
int N; // 节点数
vector<long long> w; // 各节点的权重
Graph G; // 图

// 树上的动态规划表
vector<int> dp1, dp2;

void dfs(int v, int p = -1) {
    // 首先遍历每个子节点
    for (auto ch : G[v]) {
        if (ch == p) continue;
        dfs(ch, v);
    }

    // 在返回的时候应用动态规划
    dp1[v] = 0, dp2[v] = w[v]; // 初始条件
    for (auto ch : G[v]) {
        if (ch == p) continue;
        dp1[v] += max(dp1[ch], dp2[ch]);
        dp2[v] += dp1[ch];
    }
}

int main() {
    // 节点数（因为是树，所以边数固定为 N-1）
    cin >> N;

    // 接收权重和图的输入
```

```
36        w.resize(N);
37        for (int i = 0; i < N; ++i) cin >> w[i];
38        G.clear(); G.resize(N);
39        for (int i = 0; i < N - 1; ++i) {
40            int a, b;
41            cin >> a >> b;
42            G[a].push_back(b);
43            G[b].push_back(a);
44        }
45
46        // 遍历
47        int root = 0; // 假设该节点为根
48        dp1.assign(N, 0), dp2.assign(N, 0);
49        dfs(root);
50
51        // 结果
52        cout << max(dp1[root], dp2[root]) << endl;
53    }
```

这种基于动态规划的解法很重要，因为它不仅适用于树结构，还可以自然地扩展到树状性质较强的图上。对此感兴趣的读者可以进一步研究表示图与树接近程度的参数——树宽（tree-width）。对于树宽在一定值以下的图，我们可以设计出有效的算法。在现实世界的图网络中，有许多树宽较小的例子，这使得树宽成为一个具有高实用潜力和吸引力的话题。

## 18.3 ● 贪婪法的局限

如第 7 章所述，贪婪法并不总是能导出最优解。更确切地说，那些能够通过贪婪法得到最优解的问题本质上具有一些良好性质。然而，在现实世界的许多问题中应用贪婪法往往能得到接近最优解的结果。这里，我们将重新考虑在 5.4 节中讨论过的背包问题。

---

**背包问题（重现）**

有 $N$ 个物品，第 $i$（$i=0, 1, \cdots, N-1$）个物品的重量为 weight$_i$，价值为 value$_i$。

从这 $N$ 个物品中选择一些物品，使其总重量不超过 $W$，求所选物品的总价值的最大值（$W$ 和 weight$_i$ 均为非负整数）。

---

在 5.4 节中，我们展示了基于动态规划的算法，现在我们考虑是否可以用贪婪法来解决。直觉上，我们可能会倾向于优先选择单位重量价值较高的物品。然而，存在以下输入案例，即使使用贪婪法也无法得到最优解。

$$N=2，W=1000，(weight, value) = \{(1, 5), (1000, 4000)\}$$

这是一个非常不利的输入案例。最优解显然是选择 (weight, value) 为 (1000, 4000) 的物品，此时总价值为 4000，但基于贪婪法的解决方案得到的总价值只有 5。在实际情况中，这种极端的案例并不多。虽然通过贪婪得到的解不一定是最优解，但通常会接近最优解。

关于解决背包问题的贪婪法，有两点需要注意。第一点，稍微改变背包问题的设定，就可以利用贪婪法得到最优解。当选择物品时，不局限于"选择"或"不选择"这种 0 或 1 的二元选择，而是考虑进行"只选 4/5 个"这样不完整数量的选择。我们假设可以选择的每个物品的数量是 0～1 的实数。这种略微放宽问题条件以简化处理的方法称为松弛（relaxation），而被简化的问题称为松弛问题（relaxed problem）。特别地，将只能取整数值的变量改为可以取连续值的松弛称为连续松弛（continuous relaxation）。在连续松弛的背包问题中，贪婪法可以导出最优解。这是因为在通常的背包问题中可能出现"剩下一些空间，本来想放进去的物品放不进去"的情况，而在连续松弛的背包问题中可以将空间完全填满。我们在 18.5 节中考虑解决背包问题的分支限界（branch and bound）法时，会有效地利用这种连续松弛。

第二点，考虑对贪婪法不利的输入案例，在改进算法方面也是有效的。例如，对于解决背包问题的贪婪法，采取以下措施可以提高性能。

---

### 背包问题的改良版贪婪法

将 $N$ 件物品按 value/weight 的值从大到小进行排序，然后依次放入背包中。假设在某个阶段，由于空间不足而无法将物品 $p$（价值和容量分别为 $v_p$ 和 $w_p$）放入背包。这里假定 $w_p \leqslant W$（$W$ 为背包的总容量）。此时，如果背包中已有物品的总价值 $v_{greedy}$ 小于 $v_p$，则将背包中的所有物品取出，仅放入物品 $p$。

---

通过这种改进，我们可以成功地得到前述不利输入案例的最优解 (1000, 4000)。此外，这种改进实际上也提高了近似算法的基本性能。我们将在 18.7 节详细介绍近似算法。

## 18.4 • 局部搜索与模拟退火法

我们将介绍一种应用广泛的思想——局部搜索（local search），它可以作为在多项式时间内无法解决的最优化问题的应对方法。局部搜索是一种非常通用的技术，在实际中也被广泛使用。

局部搜索是这样一种方法：在试图最小化函数 $f(x)$ 的问题中，从某个初始值 $x=x_0$ 开始，逐步改变 $x$，使 $f(x)$ 朝着减小的方向发展。在这种情况下，我们将对 $x$ 做出微小改变后的解的集合称为邻域（neighborhood）。例如，我们在 15.4.2 节中介绍过，对于生成树 $T$，取其不包含的边 $e$，并在 $T$ 和 $e$ 形成的基本环路中选择一条边 $f$，然后在 $T$ 中交换 $e$ 和 $f$，这可以被视为生成树 $T$ 的一个邻域（见图 18.3）。局部搜索最终会在邻域集合中没有能进一步减小 $f(x)$ 的选项时结束（实际上，设定限制步数或限制时间来提前终止的方法很有效）。此时，可以说 $x$ 是局部最优解。

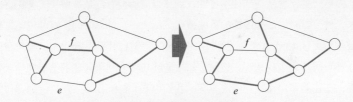

图 18.3　生成树的邻域

虽然局部搜索是一种非常便利的方法，但它有一个重大缺点。如图 18.4 所示，即使找到了局部最优解，也不一定是全局最优解。在求解最小生成树的问题中，确实可以保证局部最优解是全局最优解，但这是非常罕见的情况。

条件 B 意味着生成树 $T$ 位于最低点

但真正的最优解可能位于此处

图 18.4　局部最优解的示例（再现）

即使陷入局部搜索解，也有许多创新方法可以帮助我们跳出困境，或至少使寻找更好的局部搜索解变得更容易。例如，模拟退火（simulated annealing）法是一种在进行局部搜索时，允许以一定概率转移到不会改善函数 $f(x)$ 值的邻域的方法。如果这个概率一直很高，那么它就与简单随机更新解决方案无异，因此，通过名为温度的参数来控制这个概率。随着搜索步骤的推进，温度逐渐降低，相应的概率也会降低。这个过程类似于逐渐冷却金属的退火操作，因此被称为模拟退火法。对此感兴趣的读者可以参考推荐书目 [10] 中的"局部搜索"内容。

## 18.5 ● 分支限界法

分支限界法是解决最优化问题的一种算法设计技巧。这种方法通常进行穷举搜索，但是一旦发现某些选择不可能找到比目前所拥有的最佳解决方案更好的解决方案，就会省略对这些选择的后续搜索，从而缩短计算时间。这种省略搜索的操作被称为剪枝（pruning）。在最坏的情况下，剪枝几乎不起作用，导致我们在现实计算时间内无法找到解。然而，如果能够巧妙地利用问题的结构和输入案例的特性，往往能够快速找到解决方案。我们以 5.4 节和 18.3 节讨论过的背包问题为例，简要介绍分支限界法的思想。

我们考虑用穷举搜索方法解决背包问题。这时，对于每件物品，都有"选择"和"不选择"两种情况，总共有 $2^N$ 种情况。搜索所有情况显然是不可行的。因此，在搜索过程中，我们始终记录目前得到的最佳解 $L$，并且如果搜索即将搜索的节点及其之后的节点不可能得到比当前最佳解 $L$ 更好的解，那么就终止对该节点及其之后节点的搜索（见图 18.5）。这种方法称为分支限界法。

那么，在什么情况下可以判定"搜索即将搜索的节点及其之后的节点不可能得到比当前最佳解 $L$ 更好的解"呢？这时，我们在 18.3 节中讨论的"背包问题的连续松弛"就派上了用场。例如，在图 18.5 所示的节点 $a$ 阶段，已经决定不选择物品 1 和 2，但尚未决定如何处理物品 3 和 4。此时，我们解决物品 3 和 4 相关的背包问题的连续松弛问题。将通过这种方式得到的解 $U$ 和暂定最佳解 $L$ 进行比较。如果 $U$ 不大于 $L$，则没有希望更新 $L$。在这种情况下，可以终止对节点 $a$ 及其之后节点的搜索。

需要注意的是，分支限界法在许多情况下并不会降低理论上的计算量。对于不利的输入案例，它仍然可能需要非常长的计算时间。尽管如此，通过各种创新和调整，分支限界法在解决现实世界中的问题时往往能够非常高效地运行。

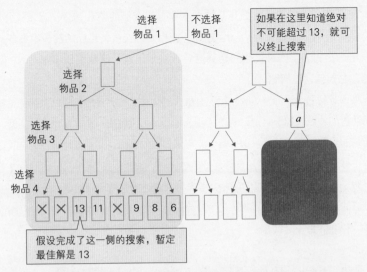

图 18.5　分支限界法的理念，用红色 × 标记的部分表示超过了背包的容量

## 18.6 ● 整数规划问题的表述

一般来说，最优化问题是指给定一个集合 $S$ 和一个函数 $f:S \to \mathbb{R}$，在满足条件 $x \in S$ 的 $x$ 中，寻找使 $f(x)$ 最小（最大）的 $x$ 的问题。最优化问题可以用以下形式描述：

$$最小（最大）化 \quad f(x)$$
$$条件 \quad\quad\quad x \in S$$

在最优化问题中，$f$ 被称为目标函数（objective function），条件 $x \in S$ 被称为约束（constraint），满足约束的 $x$ 被称为可行解（feasible solution）。使 $f$ 最小的 $x$ 被称为最优解（optimal solution），而最优解 $x$ 对应的 $f$ 的值被称为最优值（optimal value）。例如，背包问题可以表述如下。

背包问题的表述

最大化　　$value^T x$

条件　　　$weight^T x \leqslant W$

　　　　　$x_i \in \{0, 1\}$（$i = 0, \cdots, N-1$）

在这里，每个变量 $x_i$ 都是只能取 0 和 1 两个值的整数变量，表示选择第 $i$ 件物品为 $x_i=1$，不选择为 $x_i=0$。这样，使用整数变量，目标函数和约束条件都可以用一次式表示的最优化问题称为整数规划问题。整数规划问题是 NP 困难问题，它包括背包问题。

将困难问题表述为整数规划问题有很大的优势。世界各地长期以来都在竞相开发高性能的整数规划求解器，利用这些求解器，可以解决一些规模惊人的问题。许多著名的整数规划求解器采用了基于分支限界法的算法，并且进行了各种高效化的改进。截至 2020 年，即使是整数变量超过 1000 个的问题，求得其最优解也并不罕见。对于被认为是 NP 困难的问题，考虑将其表述为整数规划问题，所以说是一种有价值的选择。对将各种问题转化为整数规划问题的技巧感兴趣的读者可以阅读推荐书目 [22] 等相关资料。

## 18.7 ● 近似算法

在应对 NP 困难问题的方法中，除了 18.2 节提到的方法，其他方法存在以下问题。

- 与最优解相比，所得的解有多好在理论上是未知的（局部搜索、元启发式优化算法）。
- 平均需要多少计算时间才能解决问题没有理论保证（分支限界法、使用整数规划求解器的方法）。

实际上，对于这些情况的看法，理论研究者和实践者的立场往往有所不同。

对于理论研究者来说，提供理论保证本身就大大提升了研究成果的价值。具有理论保证的算法有数学依据作为支撑，这使得它们的优劣易于被明确评估。如果这种方法的理念是创新的，有发展潜力，并且能够应用于其他问题以创造出具有优秀理论保证的算法，那就更有价值。

对于实践者来说，即使无法为所设计的方法提供理论保证，只要该方法从经验上展示出足够的性能，他们通常也会感到满足。使用具有理论保证的近似算法的机会可能不会太多。即便如此，能够展示具有理论保证的思路通常都是有价值的。这对于理论研究者和实践者而言都极具学习价值。

在最大化问题[1]中，假设有一个多项式时间的近似算法 $A$，针对输入 $I$ 的解

---

[1] 对于最小化问题，我们也可以类似地定义近似比。

为 $A(I)$，而 $I$ 的最优值为 $\mathrm{OPT}(I)$。如果对于任何输入都满足

$$A(I) \geq \frac{1}{k} \times \mathrm{OPT}(I)$$

那么算法 $A$ 被称为 $k$- 因子近似算法（$k$-factor approximation algorithm），$k$ 被称为 $A$ 的近似比（approximation ratio）。

作为一个例子，我们将证明 18.3 节介绍的背包问题的改良版贪婪法是一个 2- 因子近似算法。

> ### 背包问题的改良版贪婪法（再现）
>
> 　　将 $N$ 件物品按 value/weight 的值从大到小进行排序，然后依次放入背包中。假设在某个阶段，由于空间不足而无法将物品 $p$（价值和容量分别为 $v_p$ 和 $w_p$）放入背包。这里假定 $w_p \leq W$（$W$ 为背包的总容量）。此时，如果背包中已有物品的总价值 $v_{\mathrm{greedy}}$ 小于 $v_p$，则将背包中的所有物品取出，仅放入物品 $p$。

　　为简单起见，我们将采取以下步骤：将物品按照价值 / 重量（value/weight）的值从大到小的顺序放入背包，当遇到第一个无法放入背包的物品时，进行上述的策略调整，然后结束处理（即使之后还有能够放入背包的物品，也忽略它们）。

　　在终止处理的时候，将背包内物品的价值总和定义为 $V_{\mathrm{greedy}}$，并将未能放入背包的物品 $p$ 的价值定义为 $v_p$，将最优解的价值定义为 $V_{\mathrm{opt}}$。

　　在这里，我们稍微增加背包的容量 $W$，使得价值为 $v_p$ 的物品"刚好"可以放入，这时候的背包容量被定义为 $W'$。需要注意的是，在处理终止时，背包内已有的物品加上物品 $p$ 的集合，就是容量为 $W'$ 的背包问题的最优解。这是因为这个解也是容量为 $W'$ 的背包问题在连续松弛情况下的最优解。因此，有以下不等式成立：

$$V_{\mathrm{greedy}} + v_p \geq V_{\mathrm{opt}}$$

将改良版贪婪法得到的解表示为 $V$，那么：

$$V = \max(V_{\mathrm{greedy}}, v_p) \geq V_{\mathrm{greedy}}$$

$$V = \max(V_{\mathrm{greedy}}, v_p) \geq v_p$$

因此，我们得到：

$$V_{\text{opt}} \leqslant V_{\text{greedy}} + v_p \leqslant 2V$$

这表明改良版贪婪法是一种适用于背包问题的 2- 因子近似算法。

## 18.8 ● 小结

最后，我们对全书进行总结。本书以"磨炼实用的算法设计技能"为目标。这不仅仅是为了简明地解释现有算法的原理，更是希望读者通过提升算法设计技能来有效解决问题。为了将算法作为自己的工具，根据待解决的问题灵活地修改已有的算法，或者自如地运用算法设计技巧是非常重要的。

世界上确实存在许多似乎无法被有效解决的难题。熟知这些难以解决的问题也是算法设计师的一个重要技能。如果我们发现正在处理的问题似乎是一个难以解决的问题，我们就可以采取更可行的方法，比如尝试在现实计算时间内寻找近似解。此外，在处理这样的难题时，我们可以利用图搜索、动态规划、贪婪法等算法设计技巧来解决局部出现的小问题。

● ● ● ● ● ● ● ● ● ● ● ● **思考题** ● ● ● ● ● ● ● ● ● ● ● ●

18.1　给定一棵包含 $N$ 个节点的树 $G = (V, E)$。请设计一种贪婪法来求解树 $G$ 的最大独立集的大小。（这是一个著名问题，难易度 ★ ★ ★ ☆ ☆ ）

18.2　给定一棵包含 $N$ 个节点的树 $G = (V, E)$。请设计一种算法来计算树 $G$ 的可能独立集的数量（由于结果可能非常大，因此我们采取一些方法，如取某个系数 $P$ 的余数来简化计算）。（来源：AtCoder Educational DP Contest P-Independent Set，难易度 ★ ★ ★ ★ ☆ ）

18.3　将无向图 $G=(V, E)$ 的最大独立集问题表述为整数规划问题。（难易度 ★ ★ ★ ☆ ☆ ）

18.4　假设有 $N$ 个物品，每个物品的大小为 $a_0, a_1, \cdots, a_{N-1}$（$0<a_i<1$）。考虑将它们放入容量为 1 的箱子中。我们想要求出放置所有物品所需的最小箱子数量。请证明针对这个问题，"对于每个物品 $i$，按顺序检查箱子，并将物品 $i$ 放入第一个能容纳它的箱子"的贪婪法是一个 2- 因子近似算法。（这是针对装箱问题的 First Fit 方法，难易度 ★ ★ ★ ☆ ☆ ）

# ● 后 记

在经过长达 18 章的旅程之后，我们终于来到了这里。我知道其中有些内容可能很难理解，但你能够读到这里，我感到非常高兴。在撰写本书的过程中，我始终秉持着一个信念，那就是"算法必须在解决实际问题中得以应用"。因此，我不仅仅介绍了诸如快速排序等现有算法，还详细解释了它们的数学基础，并深入讲解了动态规划、贪婪法等算法设计技巧。尽管这使得书的页数增加了很多，但如果能对更多人有所帮助，那将是我的荣幸。

在出版本书的过程中，我得到了许多人的帮助与支持。讲谈社科学出版社的横山真吾先生在阅读了我在 Qiita 上的文章后主动与我联系，如果没有他，本书将不会诞生，我对此深感感激。八木航先生为本书的复杂图表绘制了精美的插图。此外，秋叶拓哉先生为本书提供了大量有益的建议。对于一个学术写作经验有限的作者来说，秋叶先生的指点非常宝贵。还要感谢河原林健一老师对本书的推荐，我非常感激并备受鼓舞。

同时，我还要感谢与我一起享受编程竞赛的嘉户裕希、木村悠纪、所泽万里子、竹川洋都，以及与我在同一工作场所使用算法解决问题的田边隆人、丰冈祥、岸本祥吾、清水翔司、折田大祐、守屋尚美、田中大毅、伊藤元治、原田耕平、五十岚健太。他们在原稿阶段提供了大量的宝贵意见，使得本书更加通俗易懂。

此外，我想提及一下个人经历。在撰写本书时，我观看了株式会社京都动画公司制作的《吹响！悠风号》，这给了我极大的动力。该公司对细节的高质量追求深深影响了我的写作活动。最后，我要感谢一直以来给予我鼓励和支持的家人。

大槻兼资

# 版 权 声 明

**日语原书设计人员**

插图 / 八木航

封面漫画 /Science Manga Studio